OSVALDEMAR MARCHETTI

PONTES DE CONCRETO ARMADO

2ª edição

Pontes de concreto armado
© 2018 Osvaldemar Marchetti
1ª edição – 2007
2ª edição – 2018
Editora Edgard Blücher Ltda.

Blucher

Rua Pedroso Alvarenga, 1245, 4º andar
04531-934 – São Paulo – SP – Brasil
Tel.: 55 11 3078-5366
contato@blucher.com.br
www.blucher.com.br

Segundo o Novo Acordo Ortográfico, conforme 5. ed. do *Vocabulário Ortográfico da Língua Portuguesa*, Academia Brasileira de Letras, março de 2009.

Dados Internacionais de Catalogação na Publicação (CIP)
Angélica Ilacqua CRB-8/7057

Marchetti, Osvaldemar
  Pontes de concreto armado / Osvaldemar Marchetti. – 2. ed. – São Paulo : Blucher, 2018.
  246 p. : il.

  ISBN 978-85-212-1278-2

  1. Pontes de concreto – Projetos e construção 2. Concreto armado I. Título

18-0244   CDD 624.20284

Índice para catálogo sistemático:
1. Pontes de concreto – Projetos e construção

PREFÁCIO

Este trabalho é um produto derivado de muitas horas de teorias, cálculos, experiências, reuniões, discussões, mudanças de planos e práticas necessárias para se chegar à memória de cálculo.

Cada passo necessário para se chegar ao resultado final de uma ponte de concreto armado é descrito de maneira fácil, didática e compreensível, para que cada estudante de engenharia civil, arquitetura, tecnólogos e profissionais da construção civil possam chegar ao seu objetivo.

A verdadeira sabedoria está na busca incansável do conhecimento.

Esta obra é mais uma atividade que devo a DEUS, o Grande Doador da Vida e da Inteligência.

CONTEÚDO

— 1 —
PONTES EM CONCRETO ARMADO – ISOSTÁTICAS

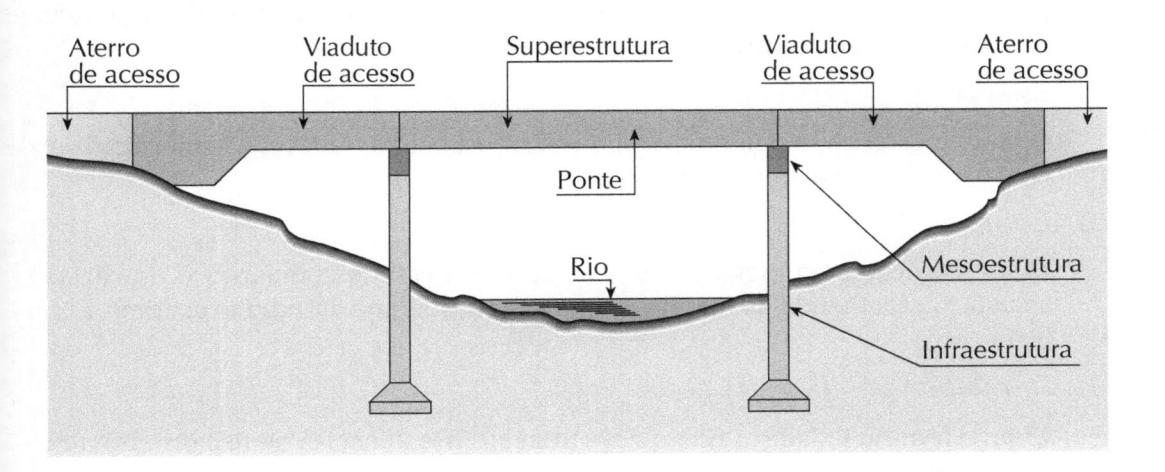

Denomina-se *Ponte* a obra destinada a permitir a transposição de obstáculos à continuidade de uma via de comunicação qualquer. Os obstáculos podem ser: rios, braços de mar, vales profundos, outras vias etc.

Propriamente, denomina-se *Ponte* quando o obstáculo transposto é um rio. Denomina-se *Viaduto* quando o obstáculo transposto é um vale ou outra via.

Quando temos um curso d'água de grandes dimensões, a *ponte* necessita de uma parte extensa antes de atravessar o curso d'água. Essa parte em seco é denominada de *Viaduto de acesso*.

Infraestrutura é a parte da ponte constituída por elementos que se destinam a apoiar no terreno (rocha ou solo) os esforços transmitidos da *Superestrutura* para a *Mesoestrutura*.

A *infraestrutura* é constituída por blocos de estacas, sapatas, tubulões etc.

Mesoestrutura é a parte da ponte constituída pelos pilares. É o elemento que recebe os esforços da superestrutura e os transmite à *infraestrutura*.

A *superestrutura* é constituída de vigas e lajes. É o elemento de suporte do estrado por onde se trafega, sendo assim, a parte útil da obra.

Requisitos principais de uma ponte:

1) *Funcionalidade*

   Quanto à funcionalidade, deverá a ponte satisfazer de forma perfeita as exigências de tráfego, vazão etc;

2) *Segurança*

   Quanto à segurança, a ponte deve ter seus materiais constituintes solicitados por esforços que neles provoquem tensões menores que as admissíveis ou que possam provocar ruptura;

3) *Estética*

   Quanto à estética, a ponte deve apresentar aspecto agradável e se harmonizar com o ambiente em que se situa;

4) *Economia*

   Quanto à economia, deve-se fazer sempre um estudo comparativo de várias soluções, escolhendo-se a mais econômica, desde que atendidos os itens 1, 2, 3, 4 e 5;

5) *Durabilidade*

   Quanto à durabilidade, a ponte deve atender às exigências de uso durante um certo período previsto.

— 2 —
CLASSIFICAÇÃO DAS PONTES

1) *Segundo a extensão do vão (total)*

Vão até 2 metros	Bueiros
Vão de 2 m a 10 m	Pontilhões
Vão maior do que 10 m	Pontes

2) *Segundo a durabilidade*

Pontes *permanentes* são aquelas construídas em carater definitivo, sendo que sua durabilidade deverá atender até que forem alteradas as condições da estrada.

Pontes *provisórias* são as construídas para uma duração limitada, geralmente até que se construa a obra definitiva, prestam-se quase sempre a servir como desvio de tráfego.

Pontes desmontáveis são construídas para uma duração limitada, sendo que diferem das provisórias por serem reaproveitáveis.

3) *Segundo a natureza do tráfego*

Pontes rodoviárias	Pontes ferroviárias
Pontes para pedestres (passarelas)	Pontes canal
Pontes aqueduto	Pontes aeroviárias
Pontes mistas	

4) *Segundo o desenvolvimento planimétrico*

Ao considerarmos a projeção do eixo da ponte em um plano horizontal (planta), podemos ter:

a) Pontes retas – ortogonais, esconsas

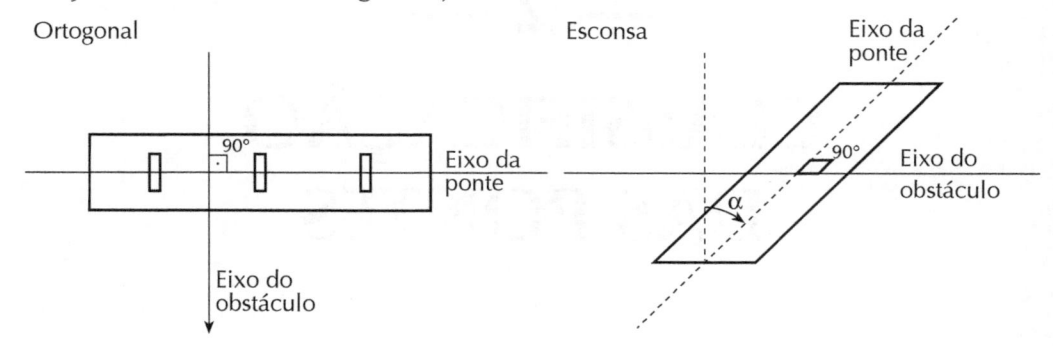

b) Pontes curvas

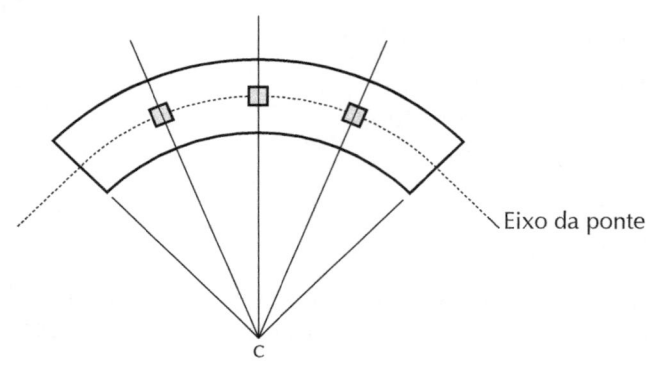

5) *Segundo o desenvolvimento altimétrico*

Ao considerarmos a projeção do eixo da ponte em plano vertical (elevação), podemos ter:

a) Pontes horizontais ou em nível

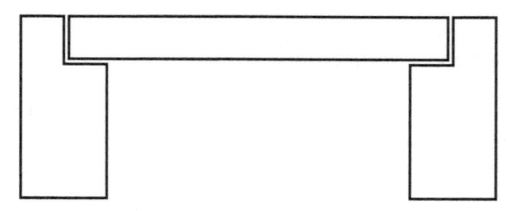

b) Pontes em rampa, retilíneas ou curvilíneas

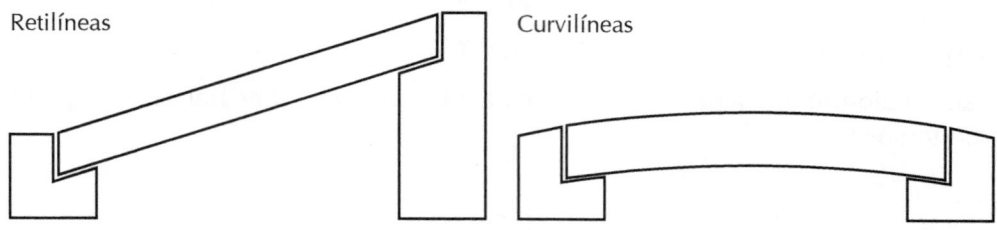

6) *Segundo o sistema estrutural da superestrutura*

   a) Em vigas
   b) Em pórticos
   c) Em arco
   d) Pênseis
   e) Pontes atirantadas

Ponte em laje

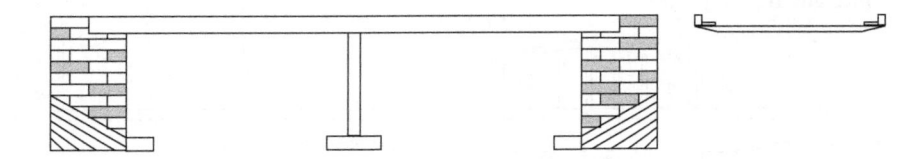

Ponte em viga reta de alma cheia

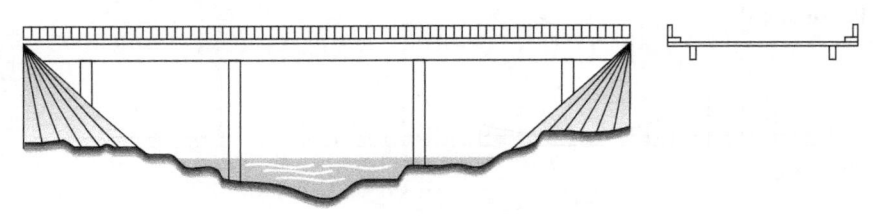

Ponte em viga reta de treliça

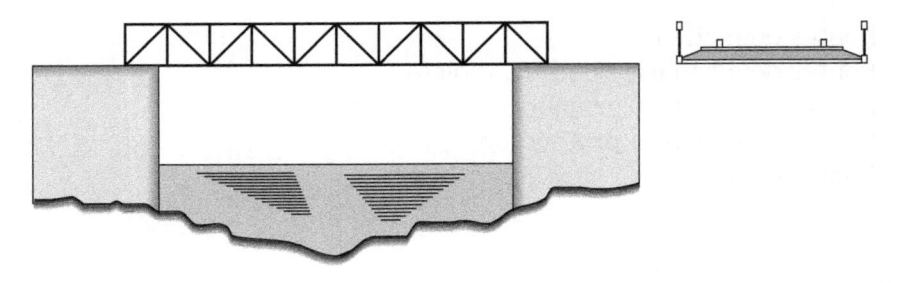

Ponte em quadro rígido

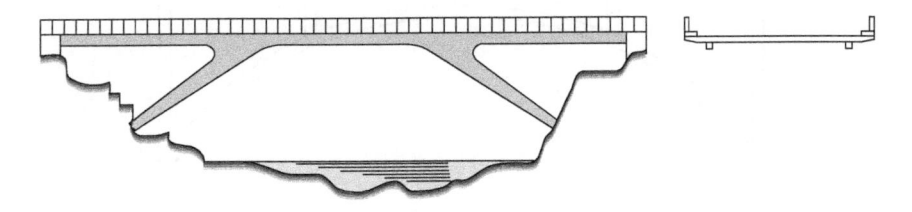

Ponte em abóbada

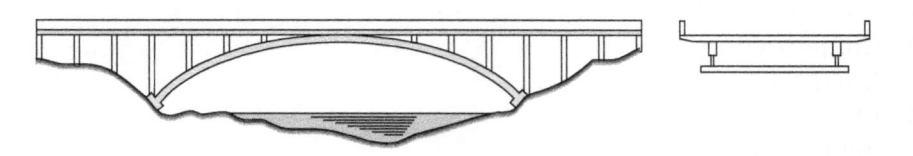

Ponte em arco superior

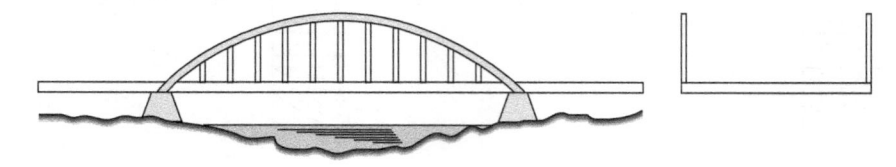

Ponte pênsil

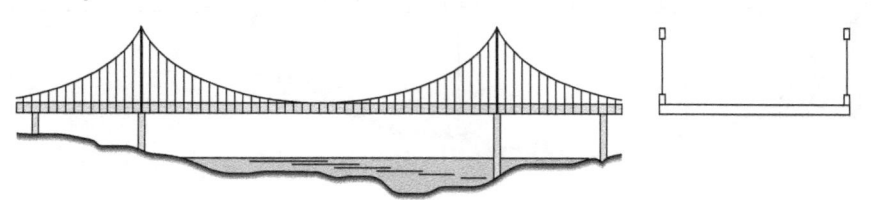

7) *Segundo o material da superestrutura*

   a)   Pontes de madeira
   b)   Pontes de alvenaria (pedras, tijolos)
   c)   Pontes de concreto armado
   d)   Pontes de concreto protendido
   e)   Pontes de aço

8) *Segundo a posição do tabuleiro*

   a)   Tabuleiro superior

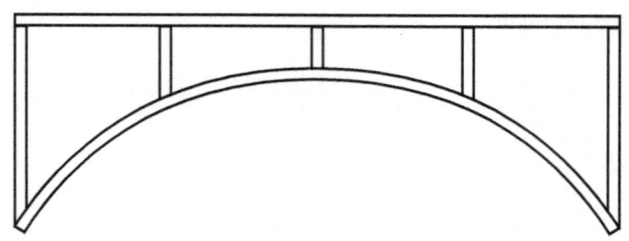

b) Tabuleiro intermediário

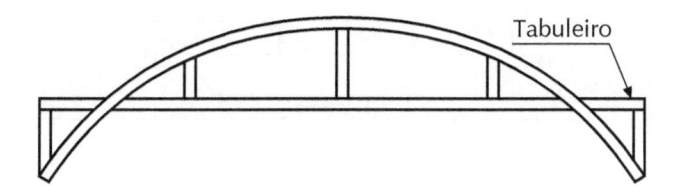

c) Tabuleiro inferior

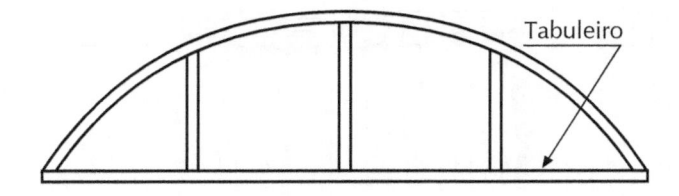

9) *Segundo a mobilidade dos tramos*

Ponte basculante de pequeno vão

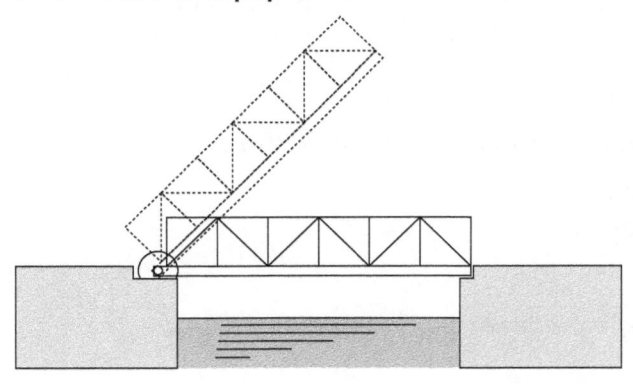

Ponte levadiça

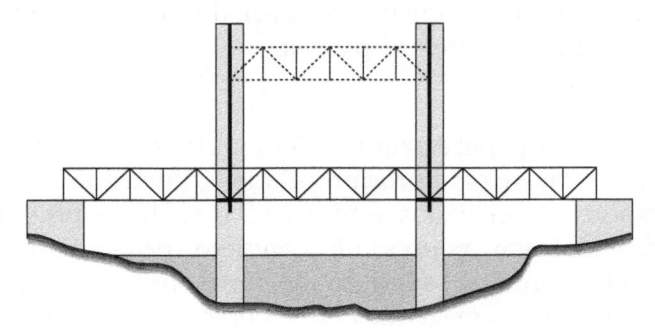

Ponte corrediça

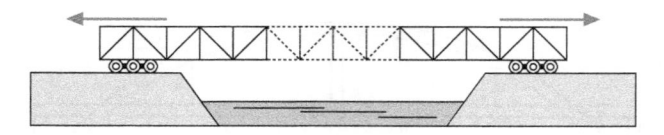

Ponte giratória

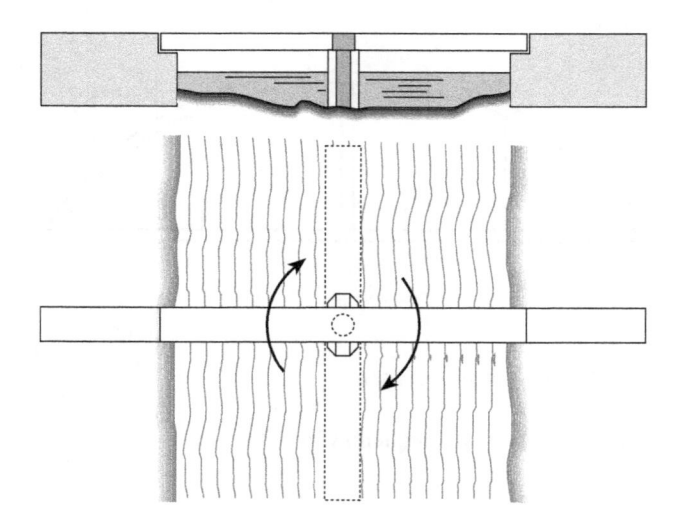

10) *Segundo o tipo estático da superestrutura*

    a)   Isostáticas

    b)   Hiperestáticas

11) *Segundo o tipo construtivo da superestrutura*

    a)   "In loco"

    A superestrutura é executada no próprio local da ponte, na posição definitiva, sobre escoramento apropriado (cimbramento, treliça etc.), apoiando-se diretamente nos pilares.

    b)   "Pré-moldada"

    Os elementos da superestrutura são executados fora do local definitivo (na própria obra, em canteiro apropriado ou em usina distante) e, a seguir, transportados e colocados sem os pilares. Esse processo construtivo é muito usual em pontes de concreto protendido, principalmente quando houver muita repetição de vigas principais. A pré-moldagem da superestrutura, em geral, não é completa (são pré-moldados quase sempre, apenas os elementos do sistema principal, vigas principais), o restante da superestrutura deve ser executado "in loco".

c) "Em balanços sucessivos"

Neste caso, a ponte tem sua superestrutura executada progressivamente a partir dos pilares já construídos. Cada parte nova da superestrutura apoiando-se em balanço na parte já executada. A grande vantagem deste processo construtivo é a eliminação total (quase sempre) dos escoramentos intermediários, isto é, eliminando-se os cimbramentos, treliças etc. Trata-se de uma execução "In loco", porém, com características especiais. O processo é empregado em superestruturas de concreto protendido, embora a primeira parte desse tipo de ponte tenha sido executada em concreto armado. A utilização em concreto protendido é indicada em grandes vãos, e quando o cimbramento é muito dispendioso ou mesmo impossível de ser executado.

d) "Em aduelas ou segmentos"

Este processo construtivo é semelhante ao dos balanços sucessivos, permitindo eliminar o cimbramento, sendo também utilizado em obras de concreto protendido. Difere porém do processo anterior, em que as partes sucessivamente colocadas em balanço e apoiadas no trecho já construído são pré-moldadas.

— 3 —
PLANTA E CORTES DA PONTE

Corte longitudinal

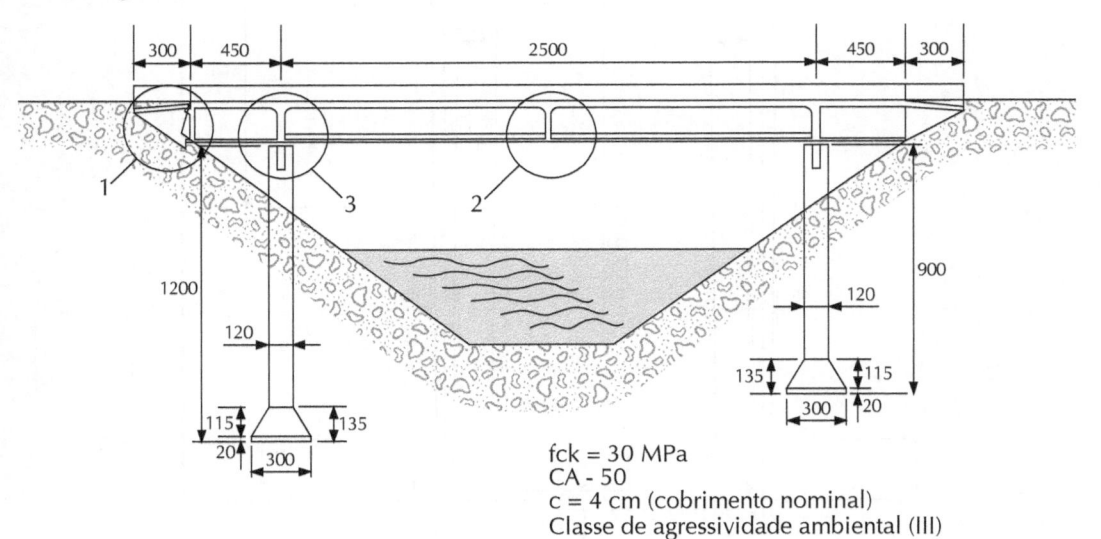

fck = 30 MPa
CA - 50
c = 4 cm (cobrimento nominal)
Classe de agressividade ambiental (III)

1/2 Vista inferior

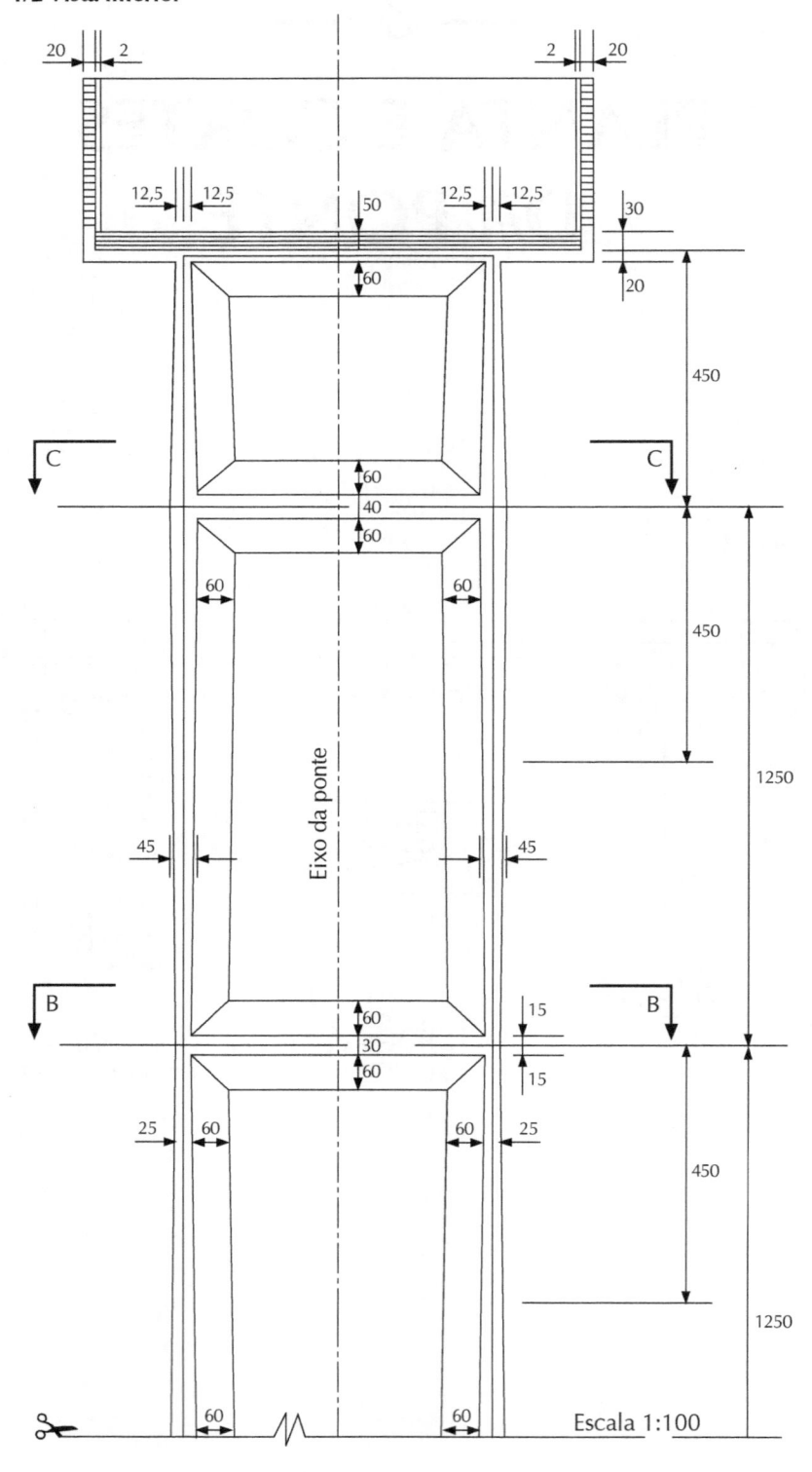

Escala 1:100

1/2 Planta do tabuleiro

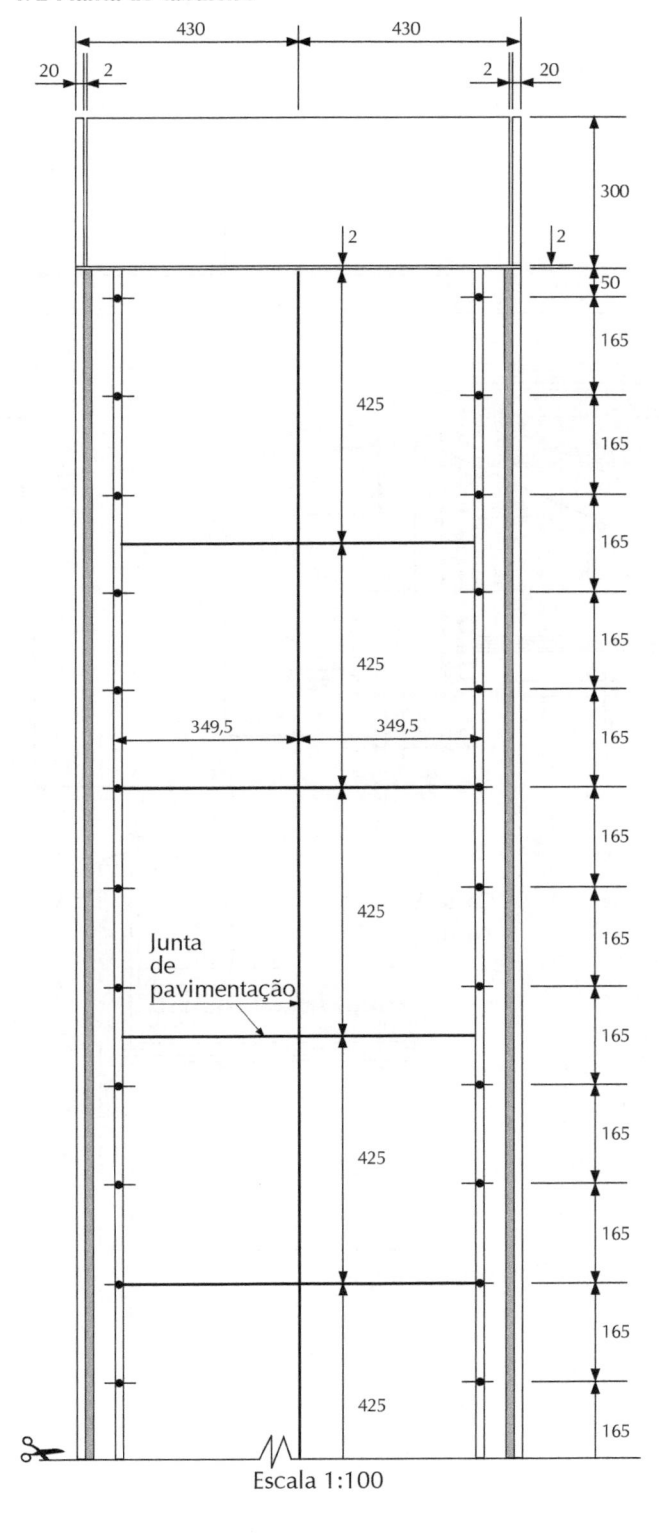

Junta
de
pavimentação

Escala 1:100

Detalhe 1
Escala 1:50

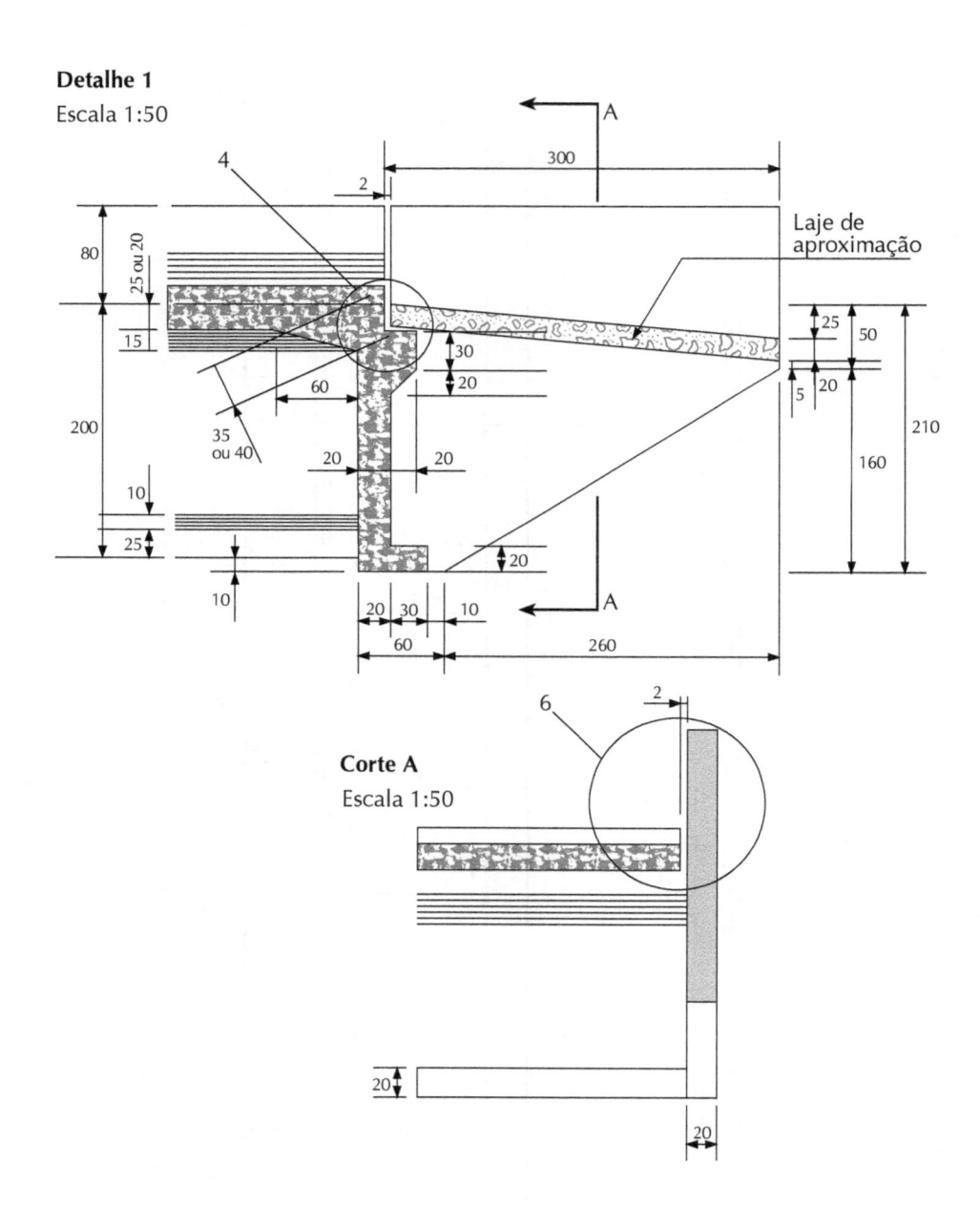

Corte A
Escala 1:50

Detalhe 2

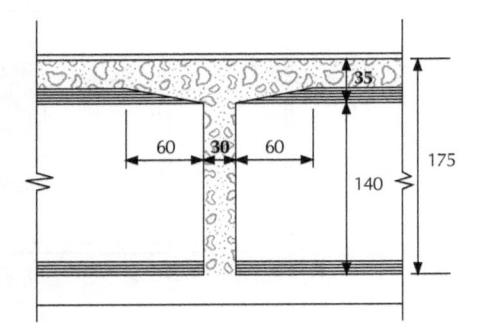

Detalhe 3

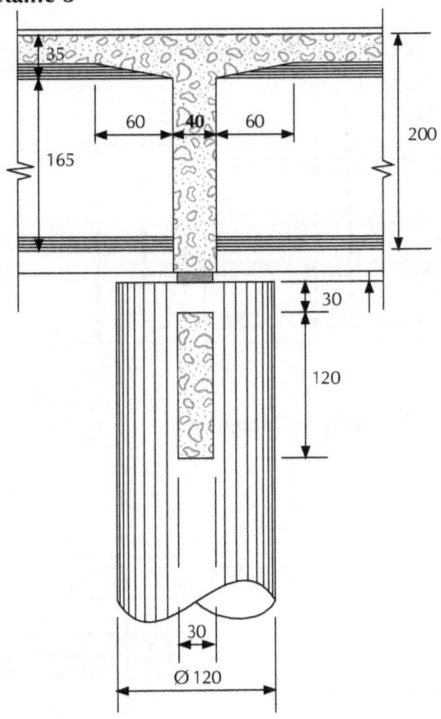

Detalhe 4

Preencher com betume ou mastique

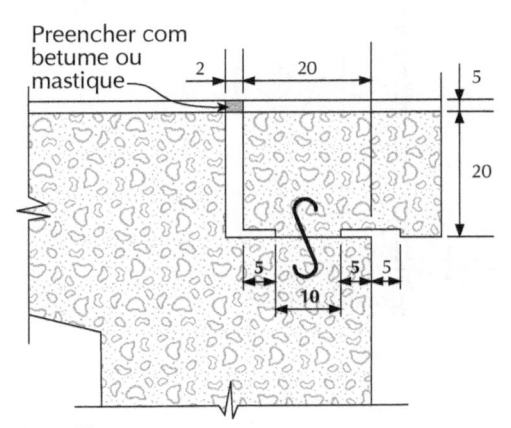

Detalhe 6

Laje de aproximação

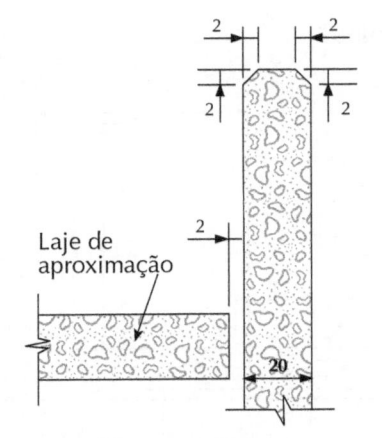

Detalhe da junta de pavimentação

Pavimento de concreto
Tábua de pinho
Asfalto

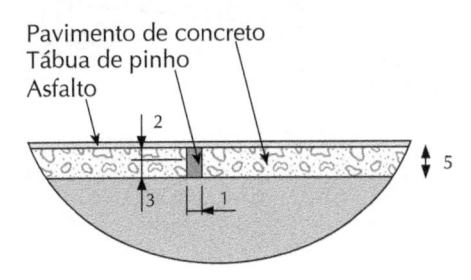

1/2 Mesoestrutura

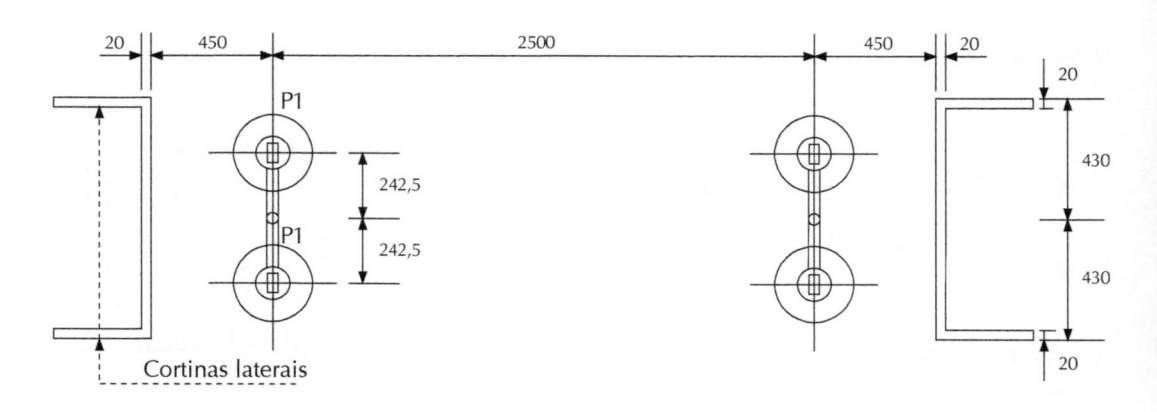

Detalhe 5

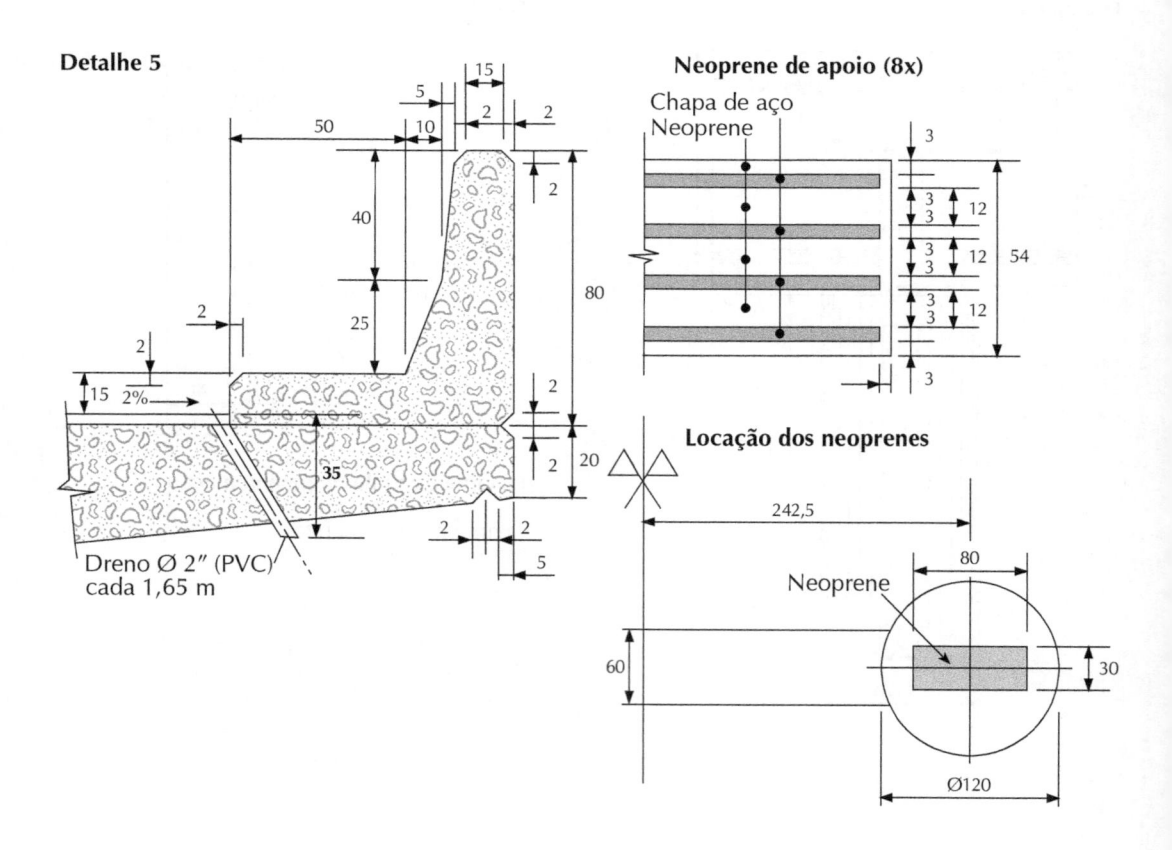

Dreno Ø 2″ (PVC) cada 1,65 m

Neoprene de apoio (8x)

Chapa de aço
Neoprene

Locação dos neoprenes

Neoprene

Detalhe das abas

Corte D

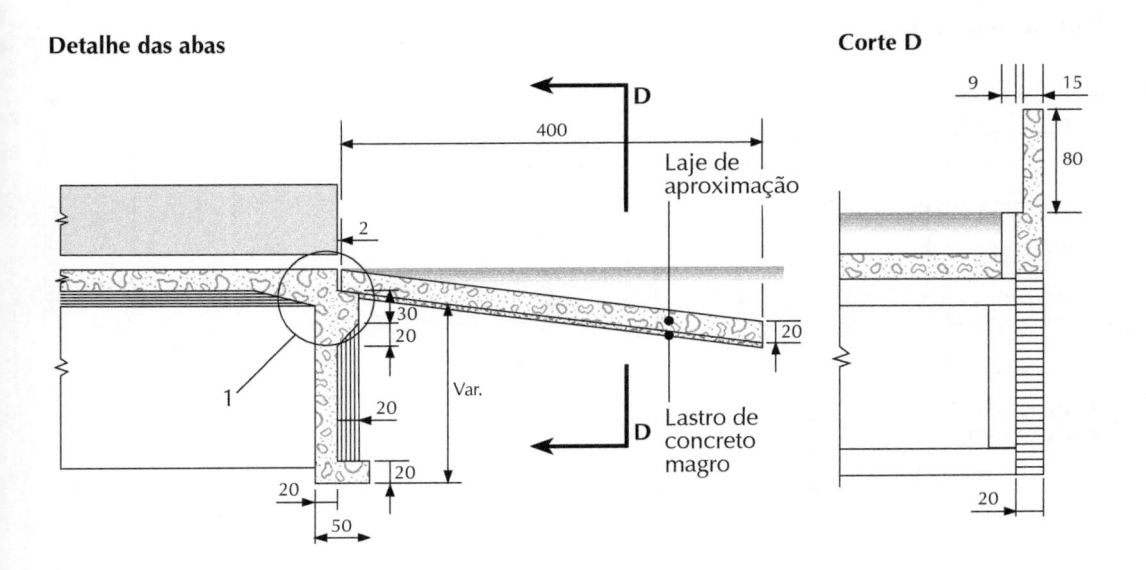

Vista

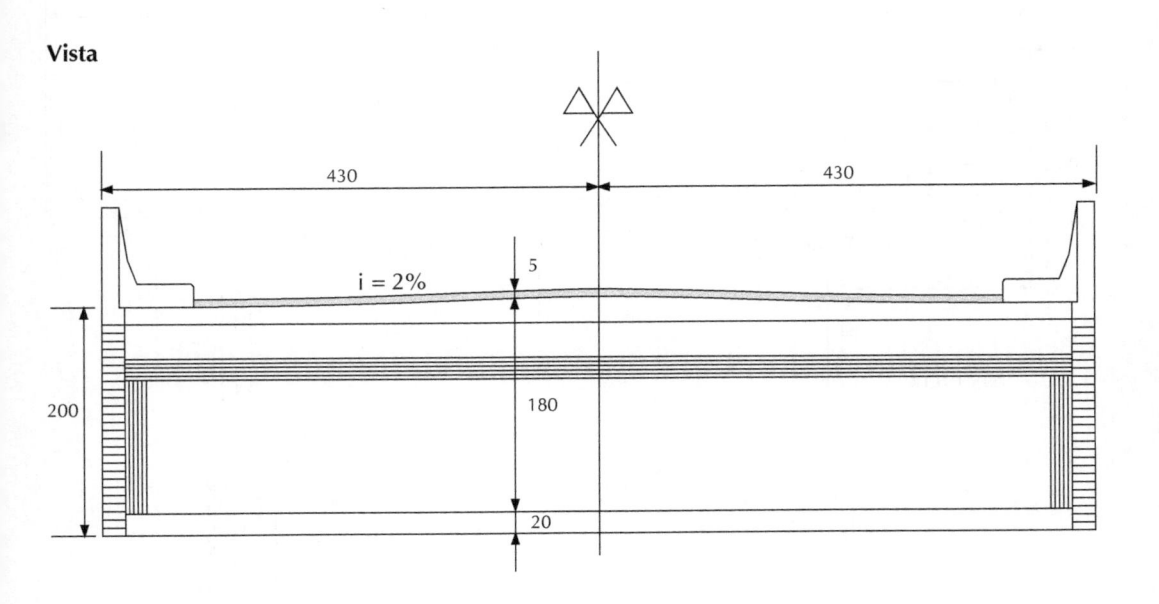

Corte transversal B

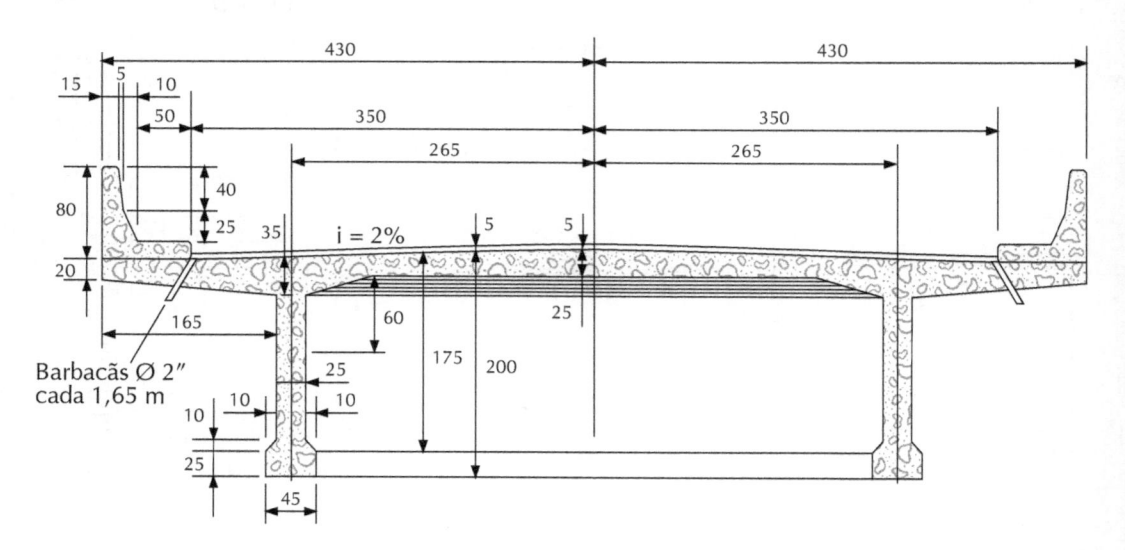

Corte transversal C

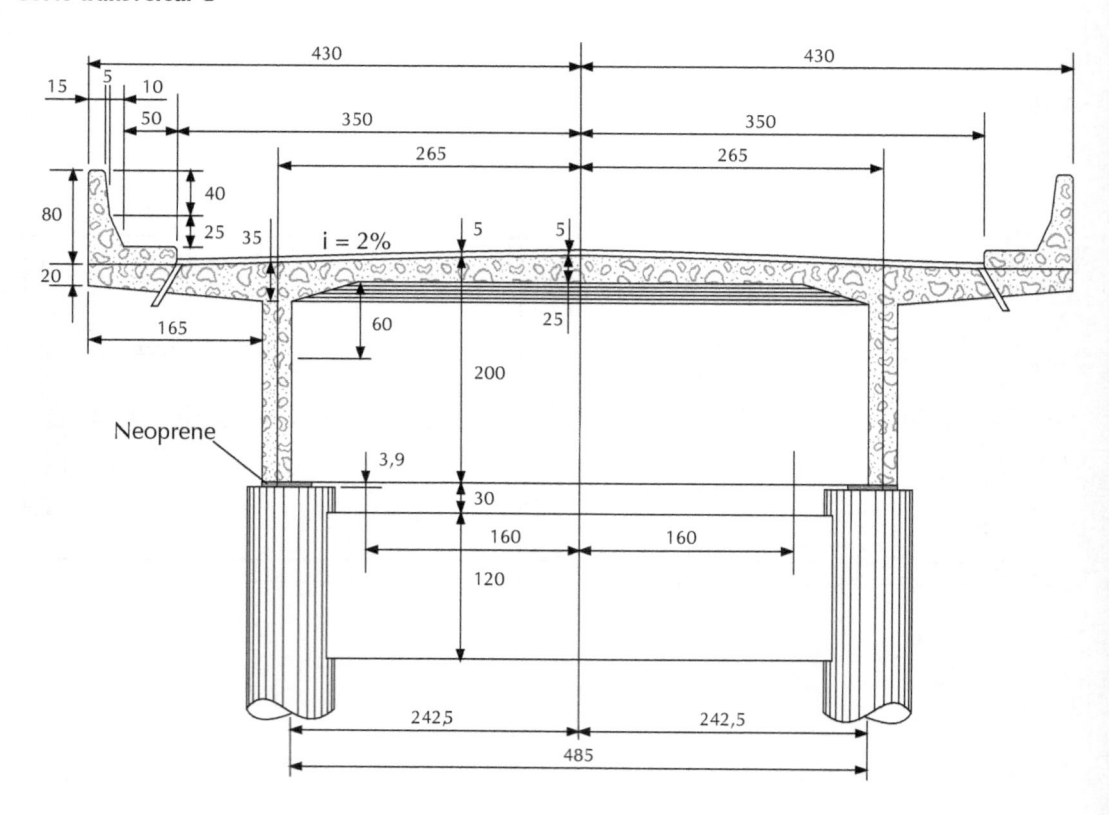

Transversina de vão – detalhe

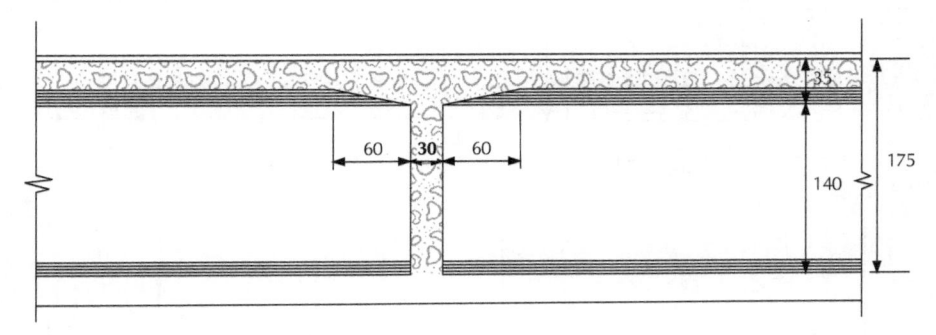

Transversina de apoio – detalhe

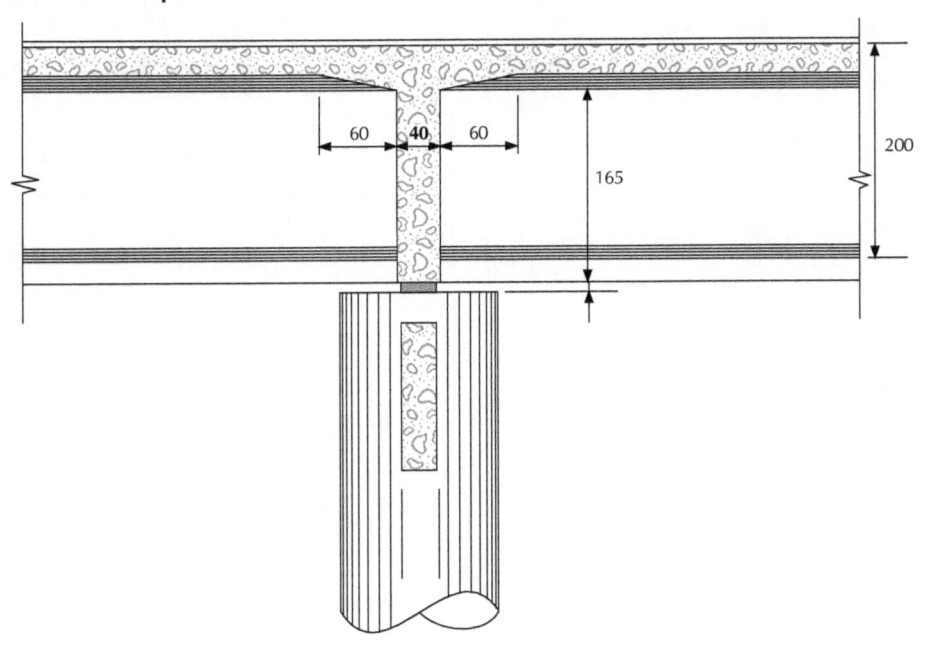

Detalhe do guarda-corpo

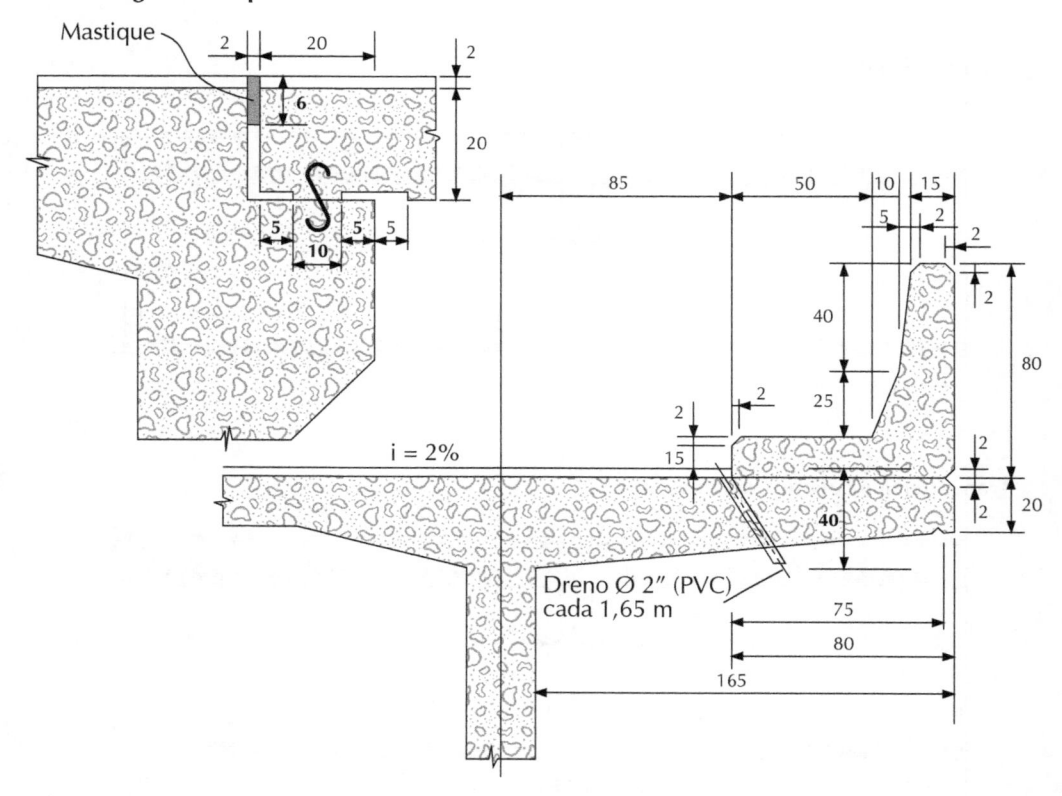

— 4 —
FORÇAS EXTERNAS NAS PONTES (CARGAS PERMANENTES)

Cargas permanentes são representadas pelo peso próprio dos elementos estruturais e também dos elementos que estão permanentemente fixos à estrutura da ponte, tais como guarda-corpo, guarda-rodas, defensas, passeio, pavimentação, postes de iluminação, trilhos, lastro etc.

As cargas permanentes podem ser de dois tipos:

a) Distribuídas
b) Concentradas

No caso de cargas permanentes distribuídas, usa-se o volume relativo ao comprimento unitário do elemento.

Material	$\gamma\,(tf/m^3)$	$\gamma\,(kN/m^3)$
Concreto armado	2,5	25
Concreto protendido	2,5	25
Concreto simples	2,2	22
Aço	7,85	78,5
Madeira	0,8	8,0

Conhecidos o volume do elemento da ponte e o peso específico (γ) do material que a constitui, o peso próprio será:

Carga permanente distribuída $q = \gamma \cdot v$ (kN/m)
Carga permanente concentrada $G = \gamma \cdot V$ (kN)

Em seguida, devemos fazer o esquema de cargas que agem nas vigas principais, com o qual traçaremos os diagramas de N, Q, M, Mt. O esquema permite também calcularmos as reações de apoio.

CARGA PERMANENTE COM UMA VIGA PRINCIPAL

Seção estrutural:

Viga ...... $0,45 \times 0,25 + \dfrac{0,45 + 0,25}{2} \times 0,1 + 0,25 \times 1,6 = 0,56 \text{ m}^3/\text{m}$ corte B

Laje em balanço .... $\dfrac{1}{2}(0,2 + 0,350) \times 1,525 = 0,42 \text{ m}^3/\text{m}$ corte B

Laje entre vigas .... $\dfrac{1}{2}(0,2 + 0,25) \times 2,65 = 0,60 \text{ m}^3/\text{m}$ corte B

Misula long. da laje............................ $\dfrac{1}{2} \times 0,6 \times 0,15 = \underline{0,05 \text{ m}^3/\text{m}}$ corte B

$$1,63 \text{ m}^3/\text{m}$$

Barreira lateral (guarda-corpo):

Viga $0,15 \times 0,8 + \dfrac{0,3 + 0,2}{2} \times 0,25 + \dfrac{0,2 + 0,15}{2} \times 0,4 = 0,25 \text{ m}^3/\text{m}$

Camada de regularização .... $0,05 \times 3,5 = 0,18 \text{ m}^3/\text{m}$

Peso próprio total:

$g = (1,63 + 0,25 + 0,18) \times 25 \cong 51,5 \text{ kN/m}$

A seguir, calcularemos as cargas permanentes localizadas, formadas por alargamentos das vigas, transversinas e cortinas. Os alargamentos das vigas nos apoios constituem uma carga triangular, numa extensão de 4,5 m para cada lado dos apoios, com ordenadas máximas:

Apoios extremos: $(0,45 \times 2 - 0,56) \times 25 = 8,5 \text{ kN/m}$

A transversina do meio do vão tem largura de 30 cm e altura de 140 cm, até o fundo da laje:

Transversina intermediária: .... $0,3 \times 1,4 \times 2,525 \times 25 = 26,5 \text{ kN}$

Misula da laje: .... $0,15 \times 0,6 \times 2,525 \times 25 = \underline{5,7 \text{ kN}}$

$$32,2 \text{ kN}$$

A transversina sobre o apoio extende-se até a face inferior da viga principal:

Transversina de apoio: .... $0,4 \times 1,65 \times 2,425 \times 25 = 40,0$ kN

Misula das lajes: .... $0,15 \times 0,6 \times 2,425 \times 25 = \underline{5,5}$ kN

$$45,5 \text{ kN}$$

Volume da cortina referida à meia ponte:

Cortina... $0,2 \times (2,1 + 0,3) \times 4,3 = 2,06$ m^3

Misula da laje...................................... $\dfrac{1}{2} \times 0,15 \times 0,6 \times 4,3 = 0,19$ m^3

Consolo de apoio da laje de
aproximação...................................... $\dfrac{1}{2} \times (0,3 + 05) \times 0,2 \times 4,3 = 0,34$ m^3

Laje de aproximação..................................... $0,2 \times \dfrac{2,5}{2} \times 4,3 = 1,08$ m^3

(descolamento 2,5 m do solo)

Cortina lateral................ $0,2 \left(0,4 \times 2,1 + (2,1 + 0,5) \times \dfrac{2,6}{2} \right) = \underline{0,85}$ m^3

total $4,52$ m^3

Volume de terra sobre a laje de aproximação:

$$\frac{1}{3} \left(0,22 \times \frac{2,5}{2} \times 4,3 \right) = 0,39 \text{ m}^3 \quad \text{(descolamento 2,5 m do solo)}$$

$$\gamma = 19 \text{ kN/m}^3 \text{ (solo)} \quad \text{ou} \quad \gamma = 19 \text{ kN/m}^3$$

Peso total da cortina referido à meia ponte:

$4,52 \times 25 + 0,39 \times 19 \cong 120,41$ kN

Esquema de cargas permanentes na viga principal:

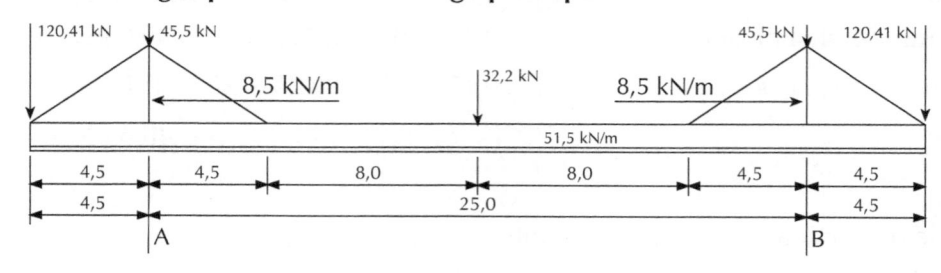

$$I = \frac{0,25 \times \overline{2,0}^{3}}{12} = 0,167 \text{ m}^{4}$$

REAÇÕES DE APOIO E DIAGRAMA DE FORÇAS CORTANTES

Cargas permanentes:

$$RA = \left(4,5 + \frac{25}{2}\right) \times 51,5 + 8,5 \times \frac{9}{2} + 120,41 + 45,5 + \frac{32,2}{2} = 1.095,76 \text{ kN}$$

$$RA = RB = 1.095,76 \text{ kN}$$

Gira seção no sentido horário

Façamos o diagrama de forças cortantes:

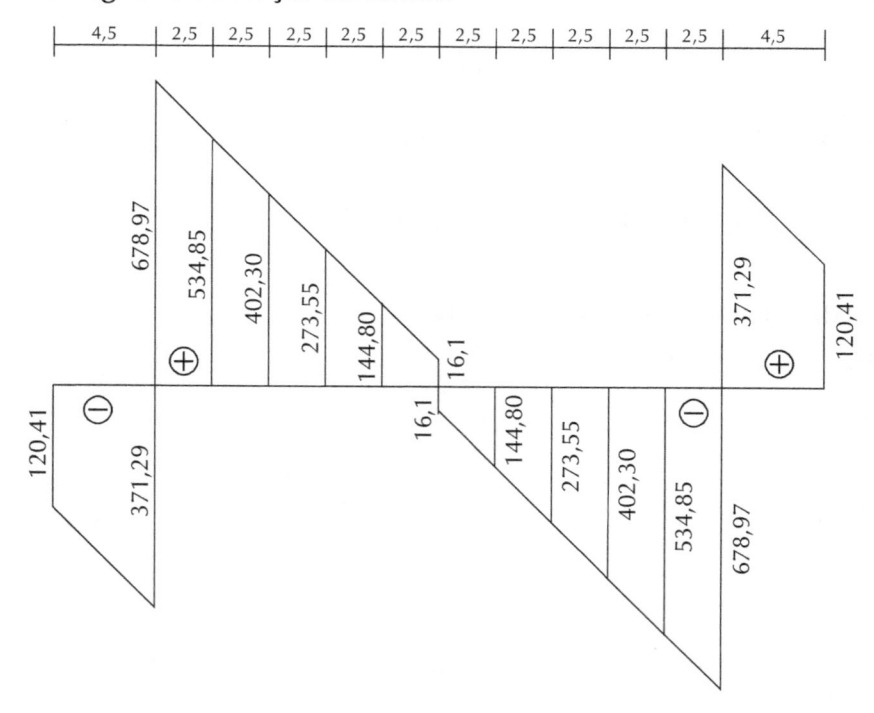

- Cortante no apoio esquerdo $= -120,41 - 4,5 \times 51,5 - 8,5 \times \dfrac{4,5}{2} = -371,29$ kN

- Cortante no apoio direito $= 1.095,76 - 4,5 \times 51,5 - 45,5 = 678,97$ kN

- Cortante a 2,5 m do apoio $= 678,97 - \dfrac{8,5 + 3,8}{2} \times 2,5 - 51,5 \times 2,5 = 534,85$ kN

- Cortante a 5 m do apoio $= 534,85 - \dfrac{2 \times 3,8}{2} - 51,5 \times 2,5 = 402,30$

- Cortante a 7,5 m do apoio $= 402,30 - 51,5 \times 2,5 = 273,55$
- Cortante a 10 m do apoio $= 273,55 - 51,5 \times 2,5 = 144,80$ kN
- Cortante a 12,5 m do apoio $= 144,80 - 51,5 \times 2,5 = 16,10$ kN

DIAGRAMA DE MOMENTOS FLETORES

Cargas permanentes:

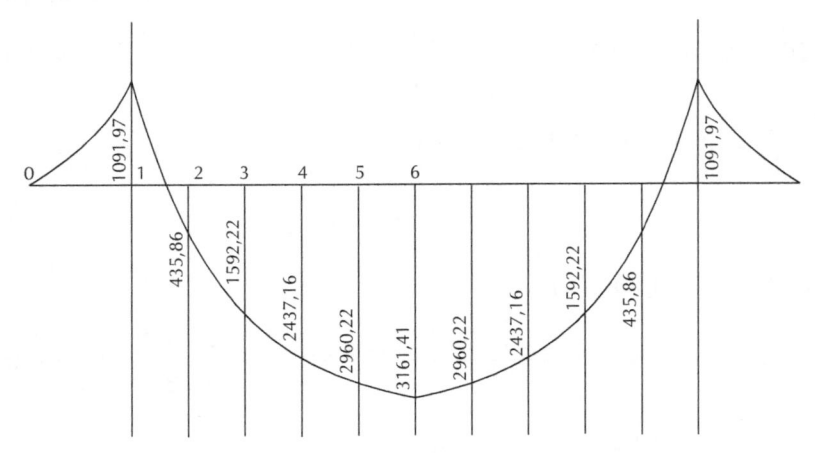

Momento fletor no apoio (1):

$$\left(4,5 \times 120,41 + 51,5 \times \dfrac{\overline{4,5}^2}{2} + \dfrac{8,5 \times 4,5}{2} \times \dfrac{1}{3} \times 4,5 \right) = -1.091,97 \text{ kNm}$$

Momento a 2,5 m do apoio (2):

$$1.095,76 \times 2,5 - 120,41 \times 7 - \dfrac{51,5 \times 7^2}{2} - 45,5 \times 2,5 - \dfrac{8,5 \times 4,5}{2} \left(\dfrac{1}{3} \times 4,5 + 2,5 \right) -$$

$$- \dfrac{8,5 + 3,8}{2} \left(\dfrac{2 \times 8,5 + 3,8}{8,5 + 3,8} \right) \times \dfrac{2,5}{3} = 435,86 \text{ kNm}$$

Momento a 5 m do apoio (3):

$$1.095,76 \times 5 - 120,41 \times 9,5 - 51,5 \times \frac{\overline{9,5}^2}{2} - 45,5 \times 5 - \frac{8,5 \times 4,5}{2}\left(\frac{1}{3} \times 4,5 + 5\right) -$$

$$- \frac{8,5 \times 4,5}{2}\left(\frac{2}{3} \times 4,5 + 0,5\right) = 1.592,22 \text{ kNm}$$

Momento a 7,5 m do apoio (4):

$$1.095,76 \times 7,5 - 120,41 \times 12 - 51,5 \times \frac{12^2}{2} - 45,5 \times 7,5 - \frac{8,5 \times 4,5}{2}\left(\frac{1}{3} \times 4,5 + 7,5\right) -$$

$$- \frac{8,5 \times 4,5}{2}\left(\frac{2}{3} \times 4,5 + 3\right) = 2.437,16 \text{ kNm}$$

Momento a 10 m do apoio (5):

$$1.095,76 \times 10 - 120,41 \times 14,5 - \frac{51,5 \times 14,5^2}{2} - 45,5 \times 10 - \frac{8,5 \times 4,5}{2}\left(\frac{1}{3} \times 4,5 + 10\right) -$$

$$- \frac{8,5 \times 4,5}{2}\left(\frac{2}{3} \times 4,5 + 5,5\right) = 2.960,22 \text{ kNm}$$

Momento a 12,5 m do apoio (6):

$$1.095,76 \times 12,5 - 120,41 \times 17 - \frac{51,5 \times 17^2}{2} - 45,5 \times 12,5 - \frac{8,5 \times 4,5}{2}\left(\frac{1}{3} \times 4,5 + 12,5\right) -$$

$$- \frac{8,5 \times 4,5}{2}\left(\frac{2}{3} \times 4,5 + 8\right) = 3.161,41 \text{ kNm}$$

— 5 —
CARGAS MÓVEIS

As cargas móveis são representadas pelas produzidas por meio dos veículos que circulam sobre a ponte. A norma atual para carga móvel em ponte é a NBR 7188 (1984).

CARGA MÓVEL RODOVIÁRIA

Os trens-tipo compõem-se de um veículo e de cargas uniformemente distribuídas, de acordo com a tabela e figura a seguir, e dispositivos como adiante se prescrevem.

Cargas dos veículos								
Classe de ponte	Veículo			Cargas uniformemente distribuídas				
	Tipo	Peso total		p		p'		Disposição da carga
		kN	tf	kN/m^2	kgf/m^2	kN/m^2	kgf/m^2	
45	45	450	45	5	500	3	300	Carga p em toda a pista Carga p' nos passeios
30	30	300	30	5	500	3	300	
12	12	120	12	4	400	3	300	

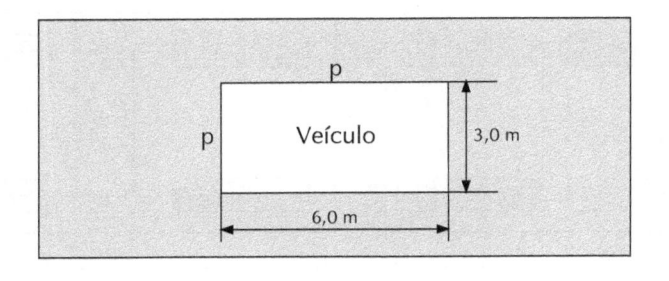

Os veículos são de três tipos, com as características da tabela seguinte e a próxima figura.

Características dos veículos				
	Unidade	Tipo 45	Tipo 30	Tipo 12
Quantidade de eixos	Eixo	3	3	2
Peso total do veículo	kN – tf	450 – 45	300 – 30	120 – 12
Peso de cada roda dianteira	kN – tf	75 – 7,5	50 – 5	20 – 2
Peso de cada roda traseira	kN – tf	75 – 7,5	50 – 5	40 – 4
Peso de cada roda intermediária	kN – tf	75 – 7,5	50 – 5	–
Largura de contato b, roda dianteira	m	0,50	0,40	0,20
Largura de contato b, roda traseira	m	0,50	0,40	0,30
Largura de contato b, roda intermediária	m	0,50	0,40	–
Comprimento de contato de cada roda	m	0,20	0,20	0,20
Área de contato de cada roda	m^2	$0,20 \times b$	$0,20 \times b$	$0,20 \times b$
Distância entre eixos	m	1,50	1,50	3,00
Distância entre os centros de roda/eixo	m	2,00	2,00	2,00

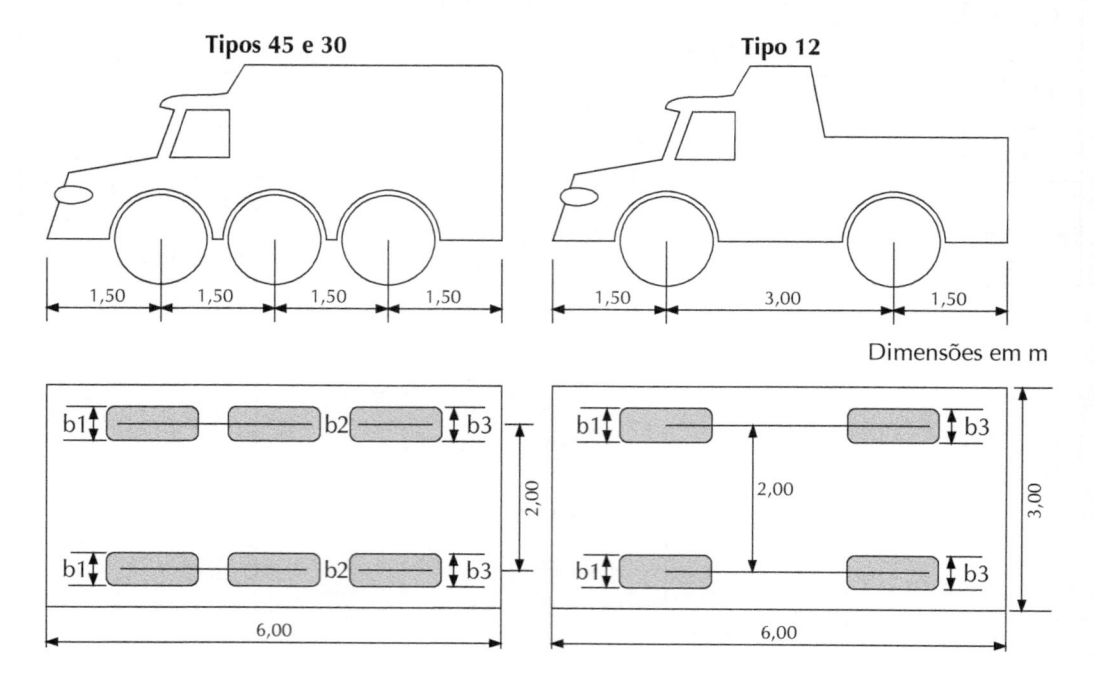

DISTRIBUIÇÃO DOS ESFORÇOS NA DIREÇÃO TRANSVERSAL

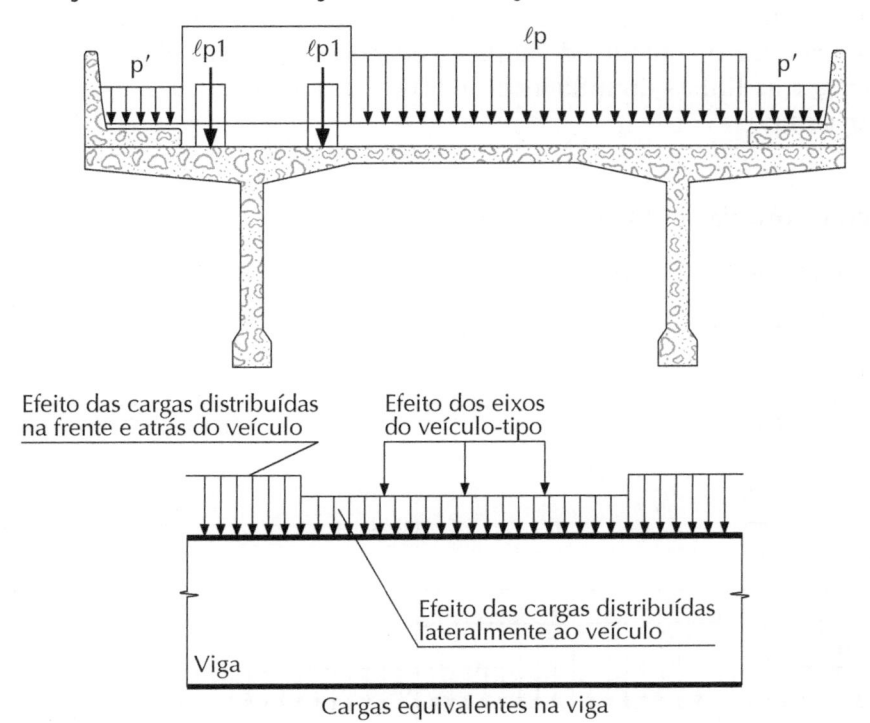

Cargas equivalentes na viga

Para o cálculo de elementos da ponte, as cargas dos veículos e da multidão são utilizadas em conjunto, formando os chamados "trens-tipo". O trem-tipo da ponte é sempre colocado no sentido longitudinal da parte e a sua ação, uma determinada seção do elemento a calcular, é obtida por meio do carregamento da correspondente "linha de influência" conforme determina a NBR 7188 (1984). Não devem ser consideradas nesse carregamento as cargas dos eixos ou rodas que produzam a redução da solicitação em estudo. As cargas concentradas e distribuídas que constituem o trem-tipo mantêm entre si distâncias constantes, mas a sua posição com a linha de influência é variável e deve ser tal que produza na seção considerada do elemento em estudo (viga principal, transversina, laje etc.) um máximo ou mínimo da solicitação.

Diz ainda a NBR 7188 (1984) que, no cálculo de longarinas, lajes etc., para obter efeitos mais desfavoráveis deve-se encostar a roda do veículo no guarda-rodas.

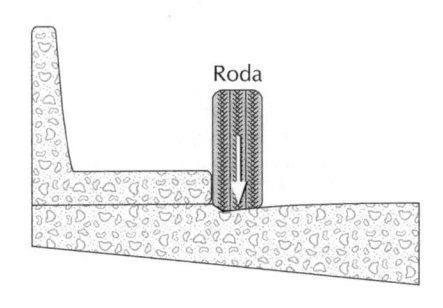

No cálculo da ação das cargas móveis sobre os elementos de uma ponte, é importante o chamado preparo do trem-tipo relativo ao elemento considerado. Trata-se de determinar o conjunto de cargas concentradas e distribuídas que servirão para carregar as linhas de influência relativas, correspondentes às seções do elemento em estudo.

Cargas concentradas e distribuídas em uma ponte:

Adotaremos Ponte Classe 45

$$P_1 = 7,5 \text{ tf} = 75 \text{ kN}$$

$$p = 0,5 \text{ tf/m}^2 = 5 \text{ kN/m}^2$$

$$p' = 0,3 \text{ tf/m}^2 = 3 \text{ kN/m}^2$$

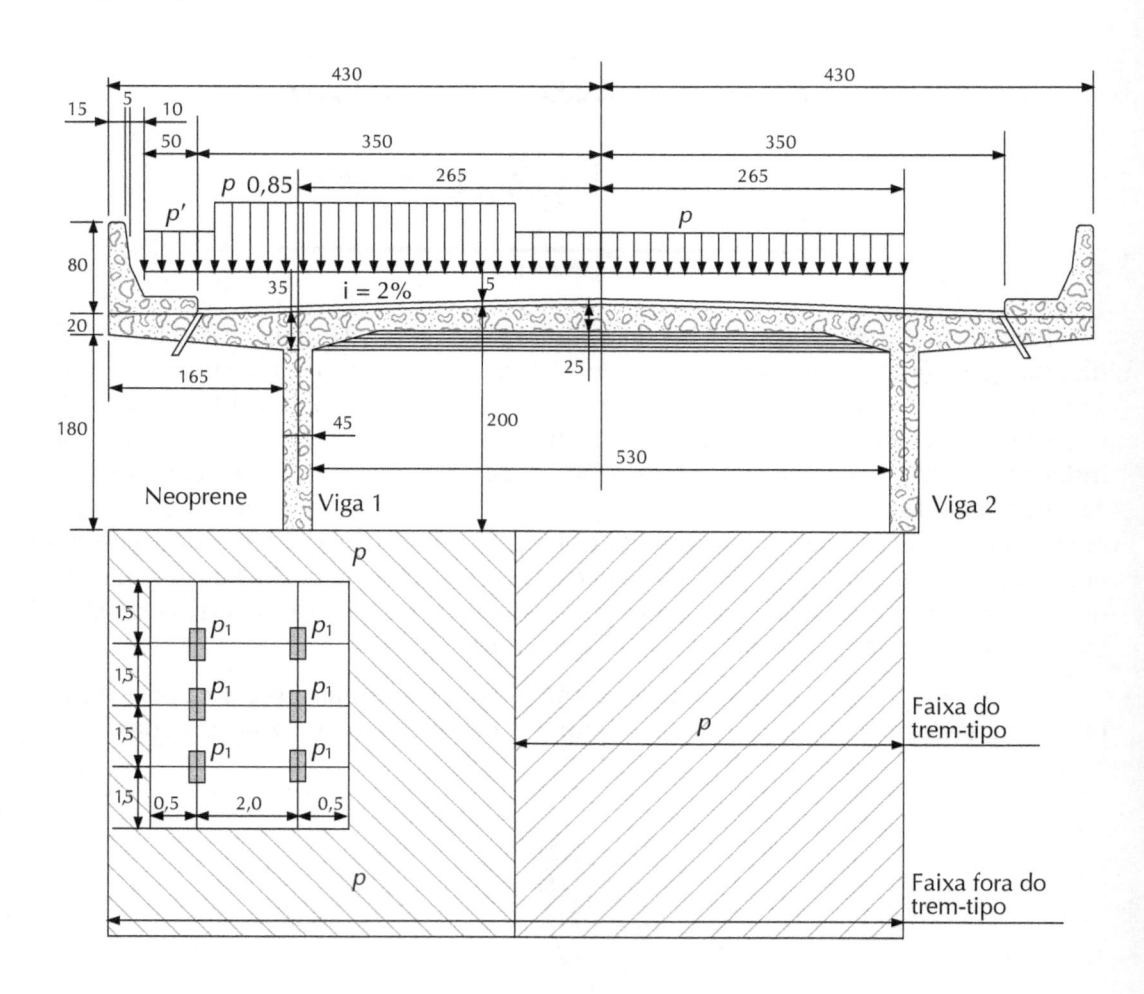

Faixa fora do trem-tipo (carga distribuída):

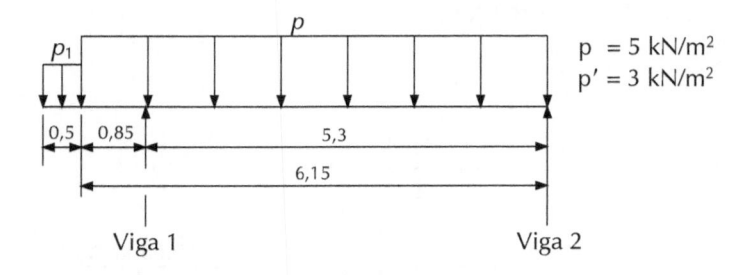

Relação na viga 1:

$$\frac{3 \times 0,5 \times (6,15 + 0,25)}{5,3} + \frac{5 \times 6,15}{5,3} \times \frac{6,15}{2} = 1,81 + 17,84 = 19,65 \text{ kN/m}$$

Faixa do trem-tipo (carga distribuída):

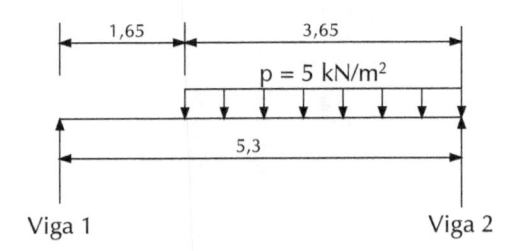

Reação na viga 1:

$$\frac{5 \times 3,65}{5,3} \times \frac{3,65}{2} = 6,28 \text{ kN/m}$$

Faixa do trem-tipo (carga veículo):

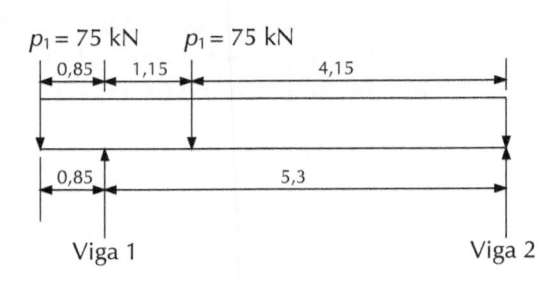

Reação na viga 1:

$$\frac{75 \times 6,15 + 75 \times 4,15}{5,3} = 145,75 \text{ kN}$$

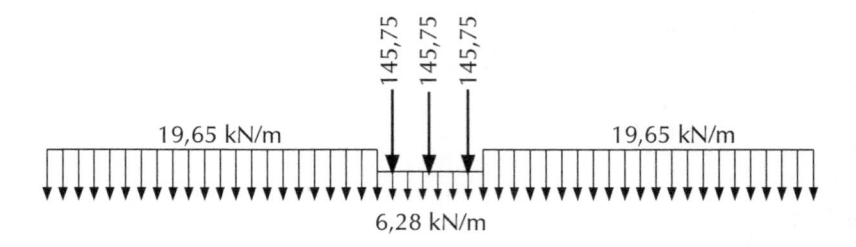

Podemos usar também o trem-tipo simplificado:

$$\Delta P = (19,65 - 6,28) \times \frac{6}{3} = 26,74 \text{ kN}$$

$$P = 145,75 - 26,74 = 119,01 \text{ kN}$$

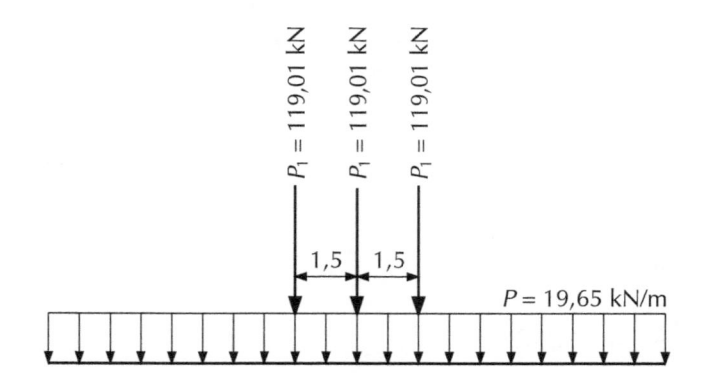

É esse conjunto de cargas que constitui propriamente o trem-tipo para a viga principal. Esse conjunto será utilizado na determinação dos esforços solicitantes e reações de apoio, deformações etc., para as seções da viga principal utilizando-se as respectivas linhas de influência. O carregamento das linhas de influência deve ser feito de forma a obter o efeito máximo ou mínimo procurado.

Cálculo das reações de apoio utilizando-se a L.I. (linha de influência)

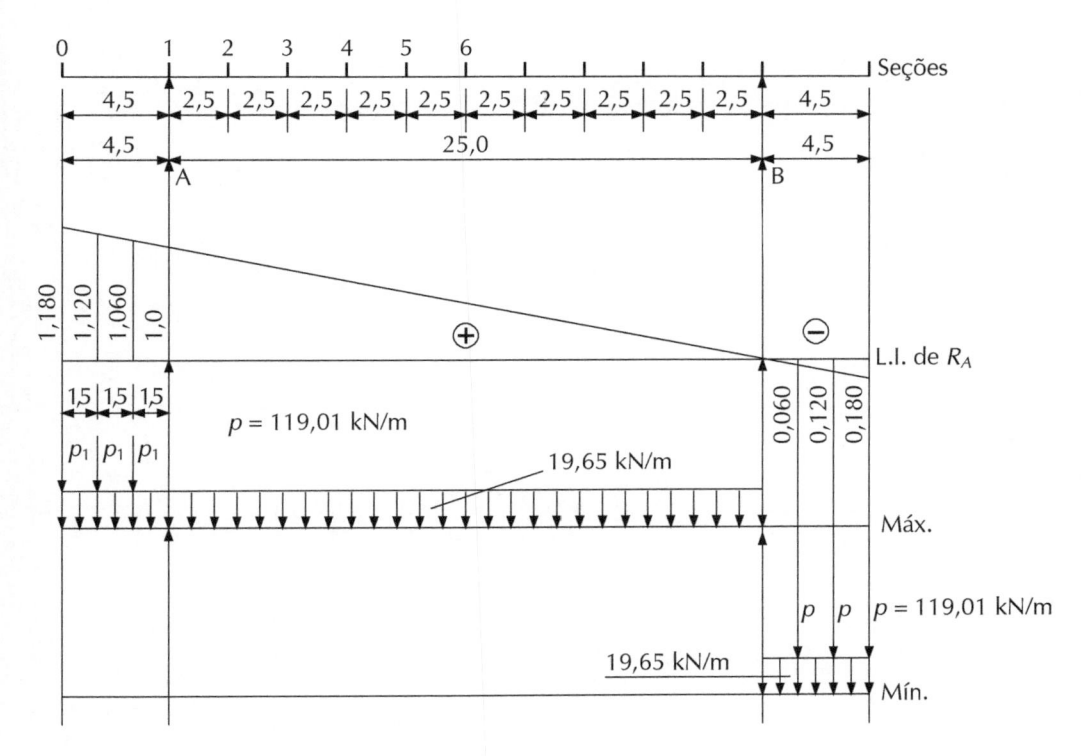

$$\text{Máximo } RA = 119{,}01(1{,}18 + 1{,}12 + 1{,}06) + \frac{1{,}18 \times 29{,}5}{2} \times 19{,}65 = 741{,}88 \text{ kN}$$

$$\text{Mínimo } RA = 119{,}01(0{,}18 + 0{,}12 + 0{,}06) + \frac{0{,}18 \times 4{,}5}{2} \times 19{,}65 = -50{,}80 \text{ kN}$$

— 6 —
LINHA DE INFLUÊNCIA DAS FORÇAS CORTANTES

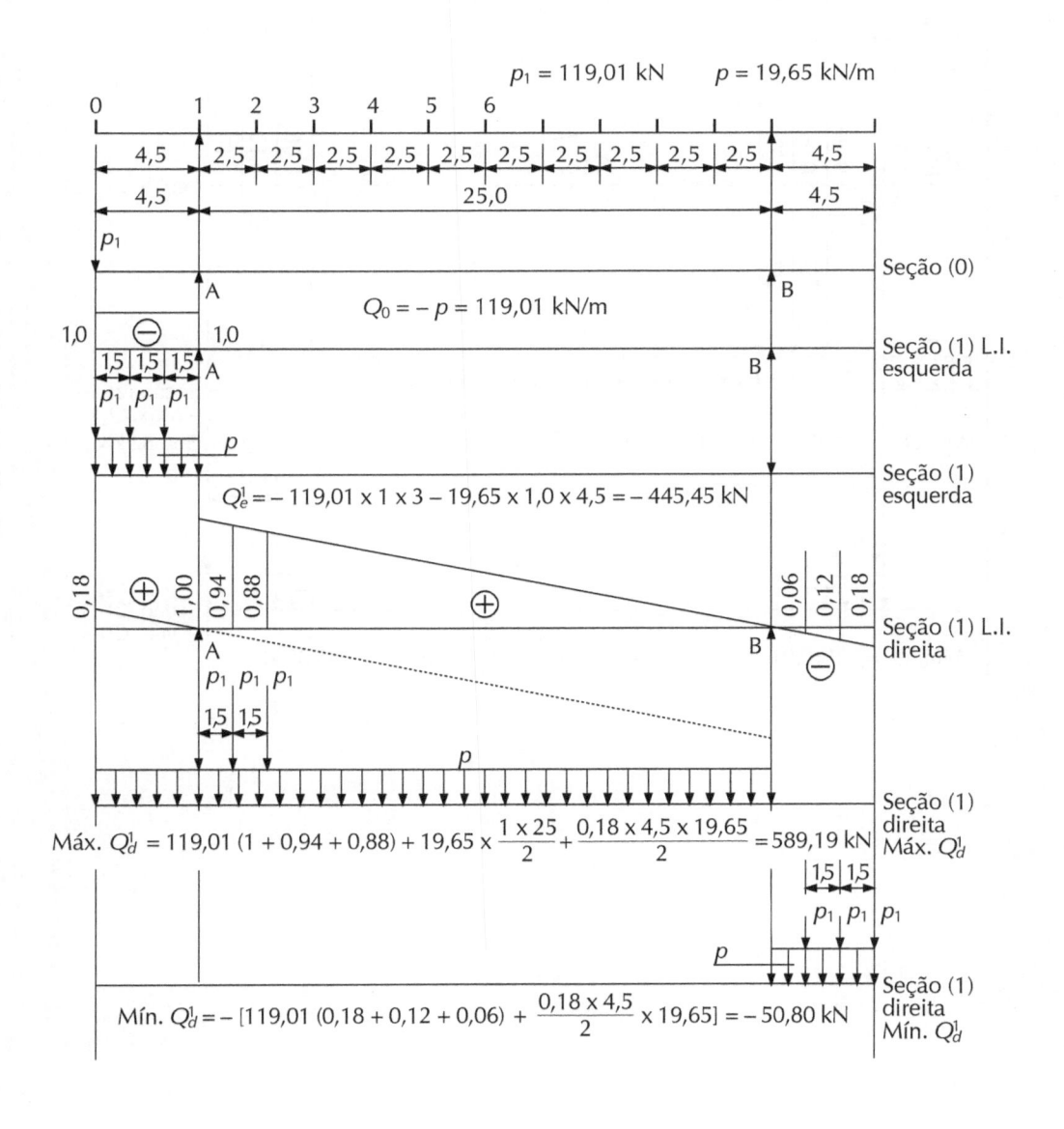

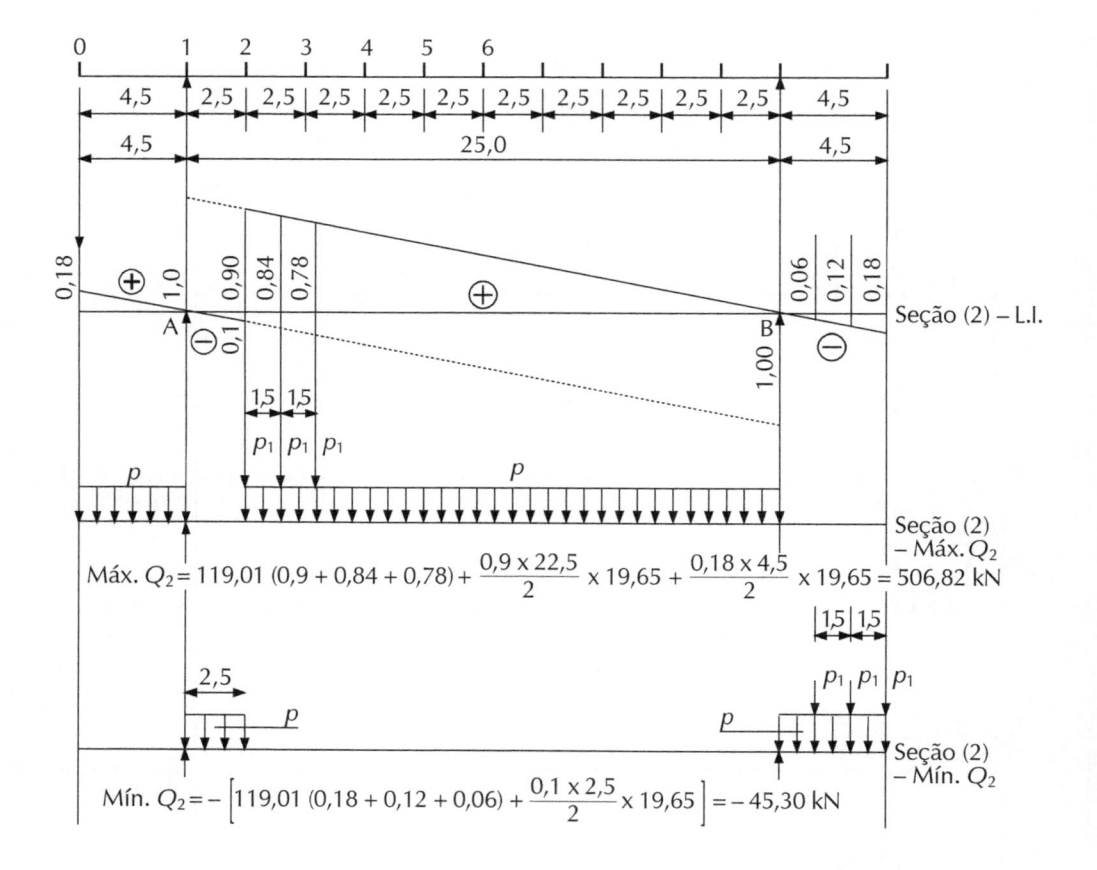

$$\text{Máx. } Q_2 = 119{,}01\,(0{,}9 + 0{,}84 + 0{,}78) + \frac{0{,}9 \times 22{,}5}{2} \times 19{,}65 + \frac{0{,}18 \times 4{,}5}{2} \times 19{,}65 = 506{,}82 \text{ kN}$$

$$\text{Mín. } Q_2 = - \left[119{,}01\,(0{,}18 + 0{,}12 + 0{,}06) + \frac{0{,}1 \times 2{,}5}{2} \times 19{,}65 \right] = -45{,}30 \text{ kN}$$

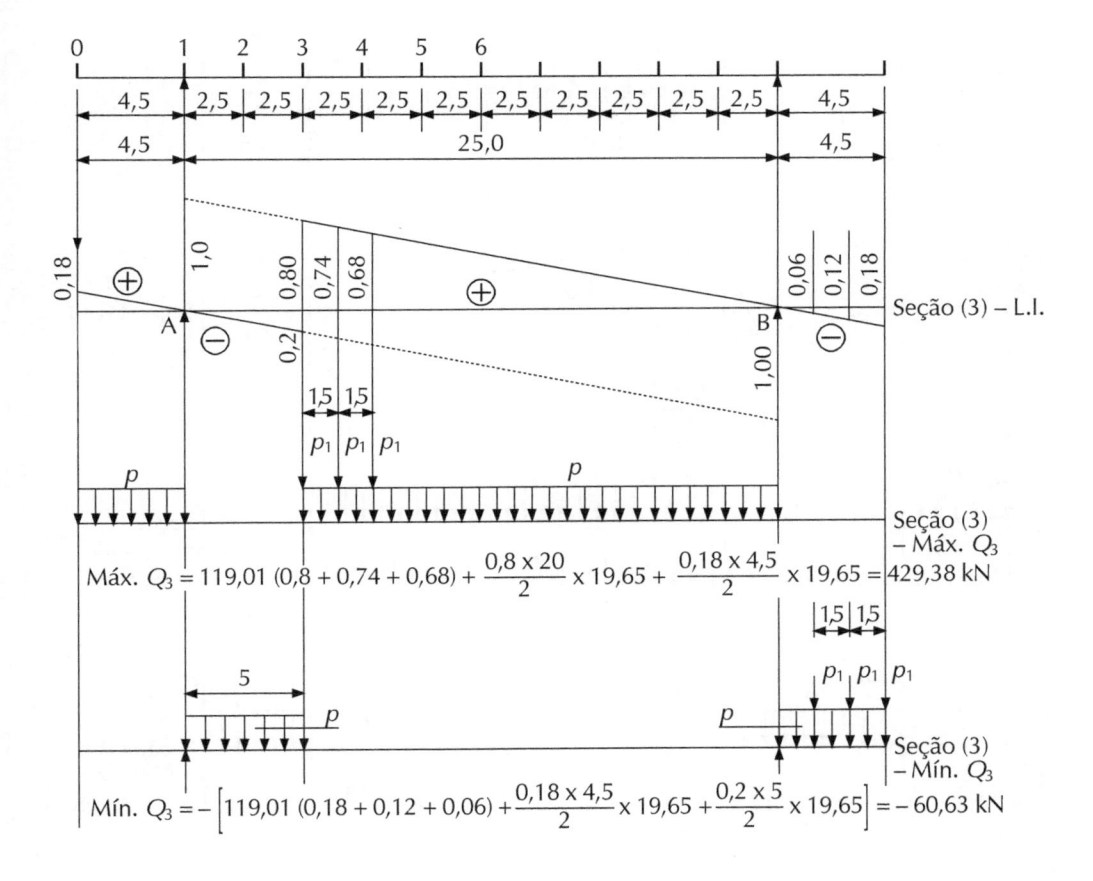

$$\text{Máx. } Q_3 = 119{,}01 \,(0{,}8 + 0{,}74 + 0{,}68) + \frac{0{,}8 \times 20}{2} \times 19{,}65 + \frac{0{,}18 \times 4{,}5}{2} \times 19{,}65 = 429{,}38 \text{ kN}$$

$$\text{Mín. } Q_3 = -\left[119{,}01 \,(0{,}18 + 0{,}12 + 0{,}06) + \frac{0{,}18 \times 4{,}5}{2} \times 19{,}65 + \frac{0{,}2 \times 5}{2} \times 19{,}65 \right] = -60{,}63 \text{ kN}$$

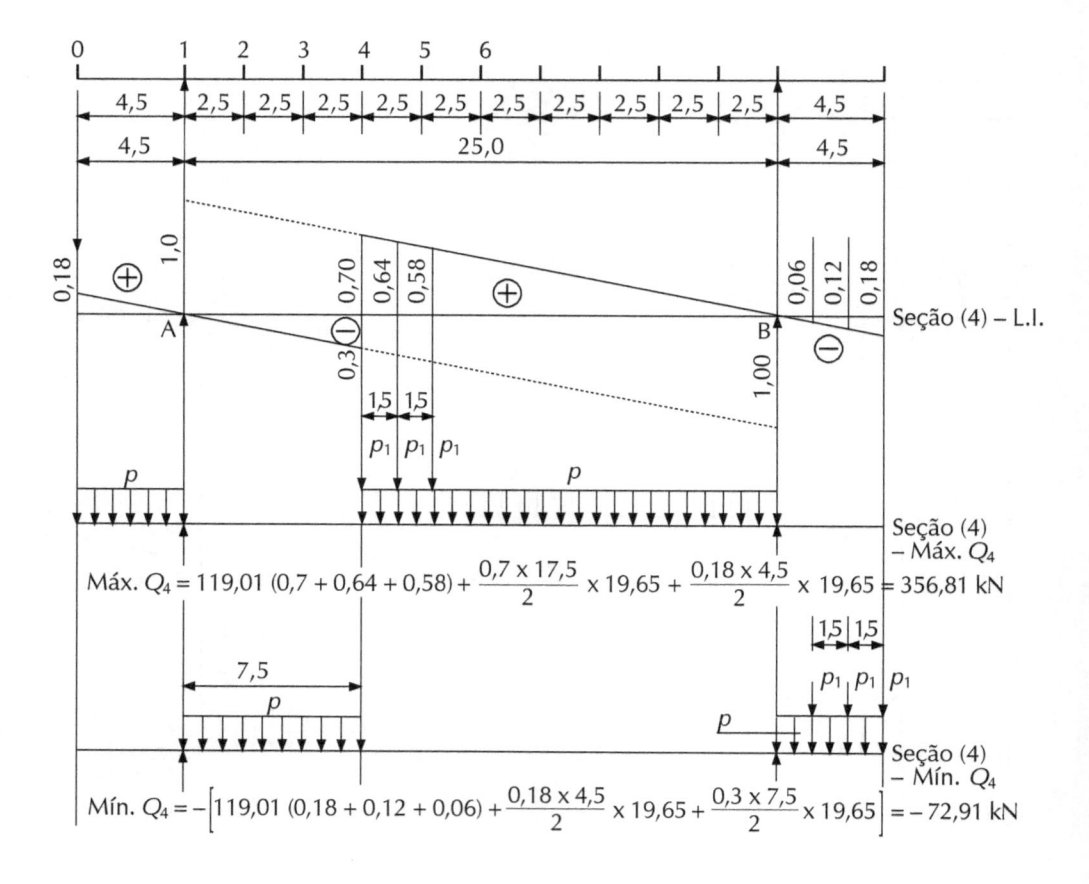

$$\text{Máx. } Q_4 = 119{,}01\,(0{,}7 + 0{,}64 + 0{,}58) + \frac{0{,}7 \times 17{,}5}{2} \times 19{,}65 + \frac{0{,}18 \times 4{,}5}{2} \times 19{,}65 = 356{,}81 \text{ kN}$$

$$\text{Mín. } Q_4 = -\left[119{,}01\,(0{,}18 + 0{,}12 + 0{,}06) + \frac{0{,}18 \times 4{,}5}{2} \times 19{,}65 + \frac{0{,}3 \times 7{,}5}{2} \times 19{,}65\right] = -72{,}91 \text{ kN}$$

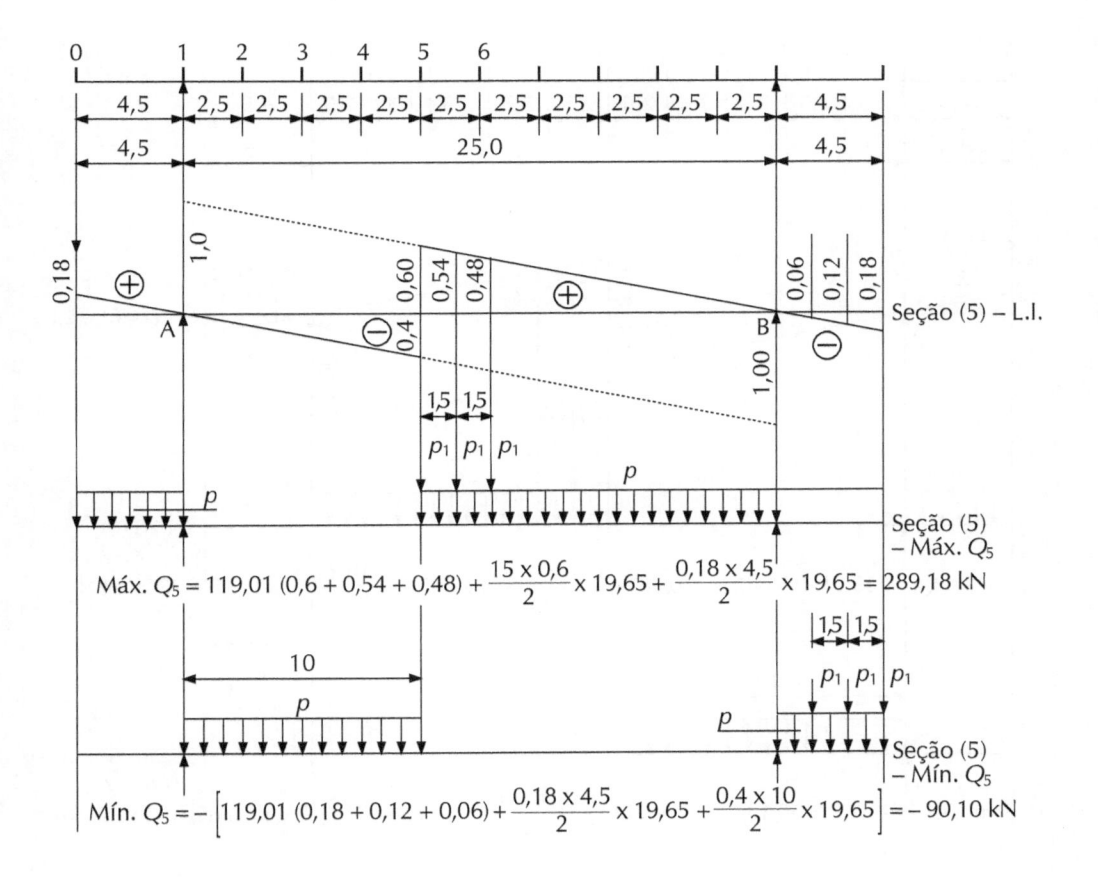

$$\text{Máx. } Q_5 = 119{,}01\,(0{,}6 + 0{,}54 + 0{,}48) + \frac{15 \times 0{,}6}{2} \times 19{,}65 + \frac{0{,}18 \times 4{,}5}{2} \times 19{,}65 = 289{,}18 \text{ kN}$$

$$\text{Mín. } Q_5 = -\left[119{,}01\,(0{,}18 + 0{,}12 + 0{,}06) + \frac{0{,}18 \times 4{,}5}{2} \times 19{,}65 + \frac{0{,}4 \times 10}{2} \times 19{,}65\right] = -90{,}10 \text{ kN}$$

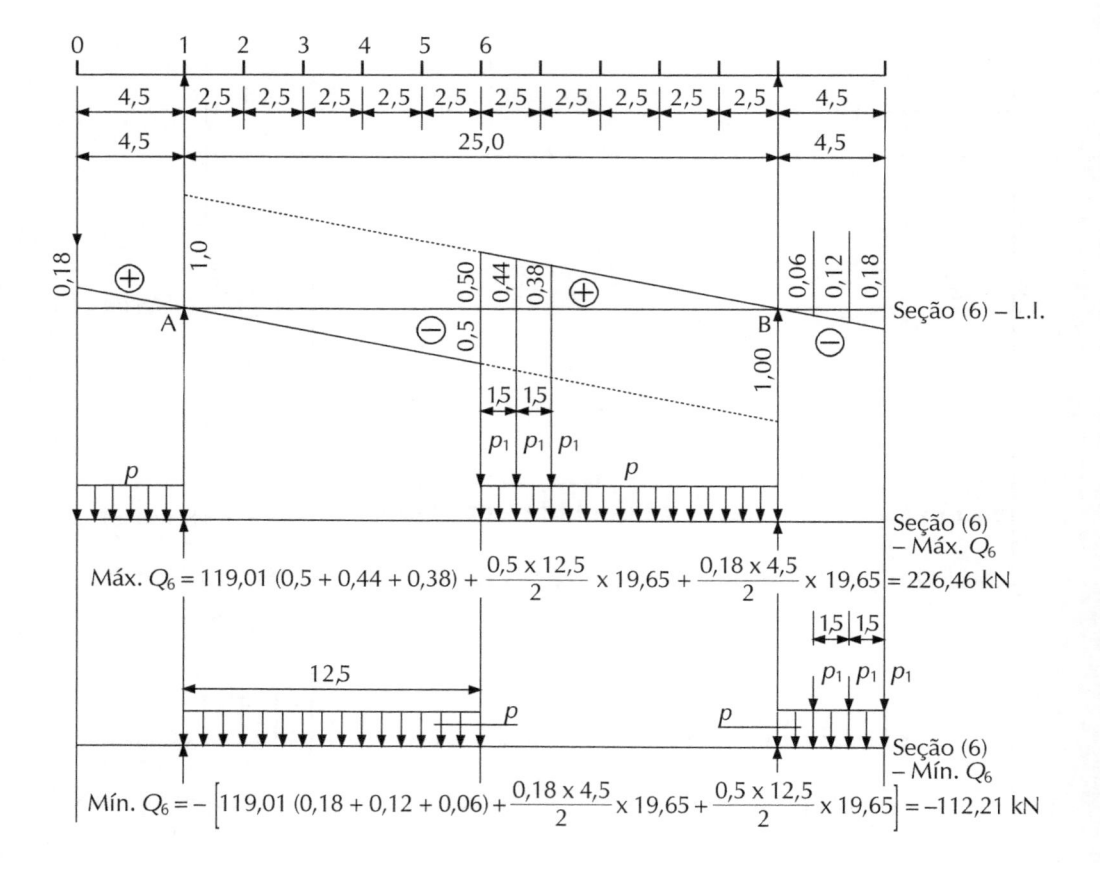

$$\text{Máx. } Q_6 = 119,01 \, (0,5 + 0,44 + 0,38) + \frac{0,5 \times 12,5}{2} \times 19,65 + \frac{0,18 \times 4,5}{2} \times 19,65 = 226,46 \text{ kN}$$

$$\text{Mín. } Q_6 = - \left[119,01 \, (0,18 + 0,12 + 0,06) + \frac{0,18 \times 4,5}{2} \times 19,65 + \frac{0,5 \times 12,5}{2} \times 19,65 \right] = -112,21 \text{ kN}$$

— 7 —
LINHA DE INFLUÊNCIA DOS MOMENTOS FLETORES

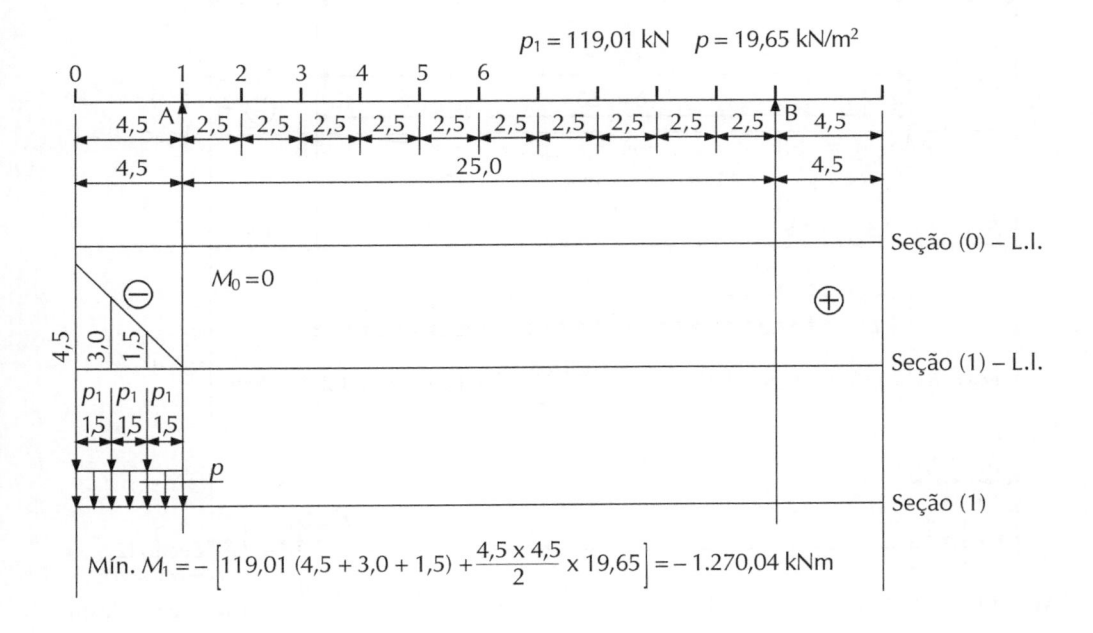

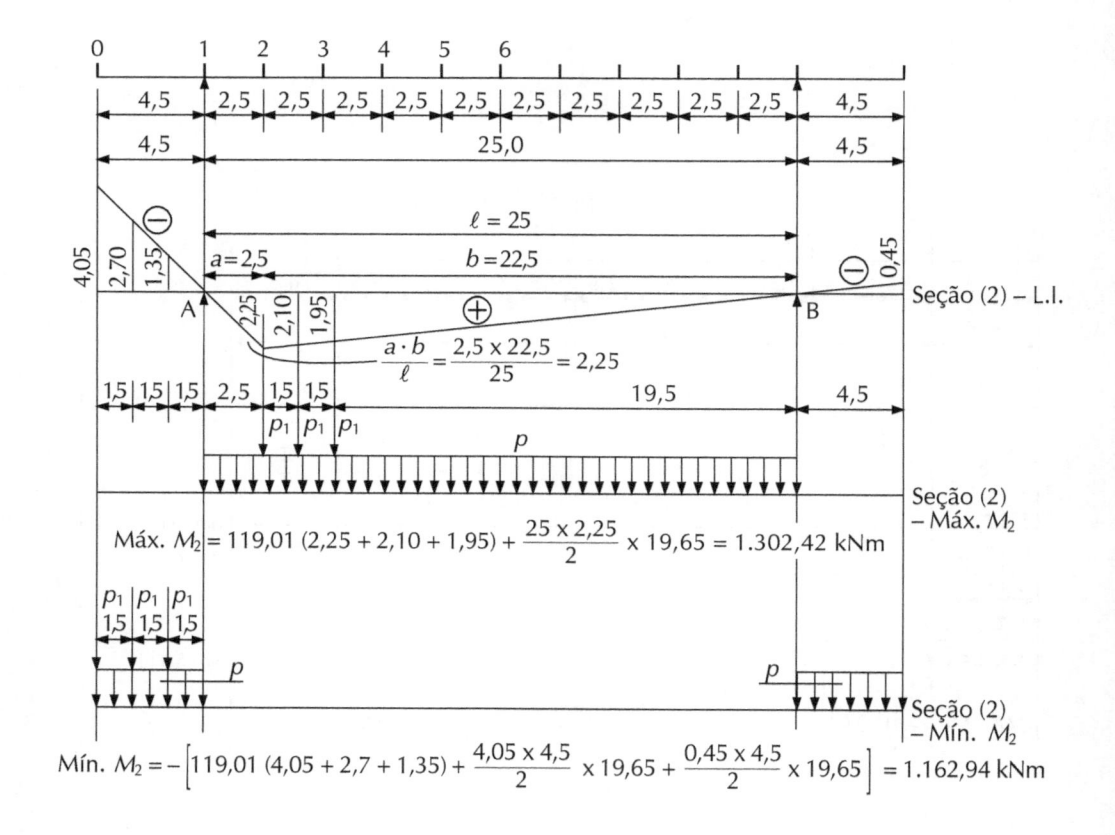

$$\text{Máx. } M_2 = 119,01 \, (2,25 + 2,10 + 1,95) + \frac{25 \times 2,25}{2} \times 19,65 = 1.302,42 \text{ kNm}$$

$$\text{Mín. } M_2 = -\left[119,01 \, (4,05 + 2,7 + 1,35) + \frac{4,05 \times 4,5}{2} \times 19,65 + \frac{0,45 \times 4,5}{2} \times 19,65\right] = 1.162,94 \text{ kNm}$$

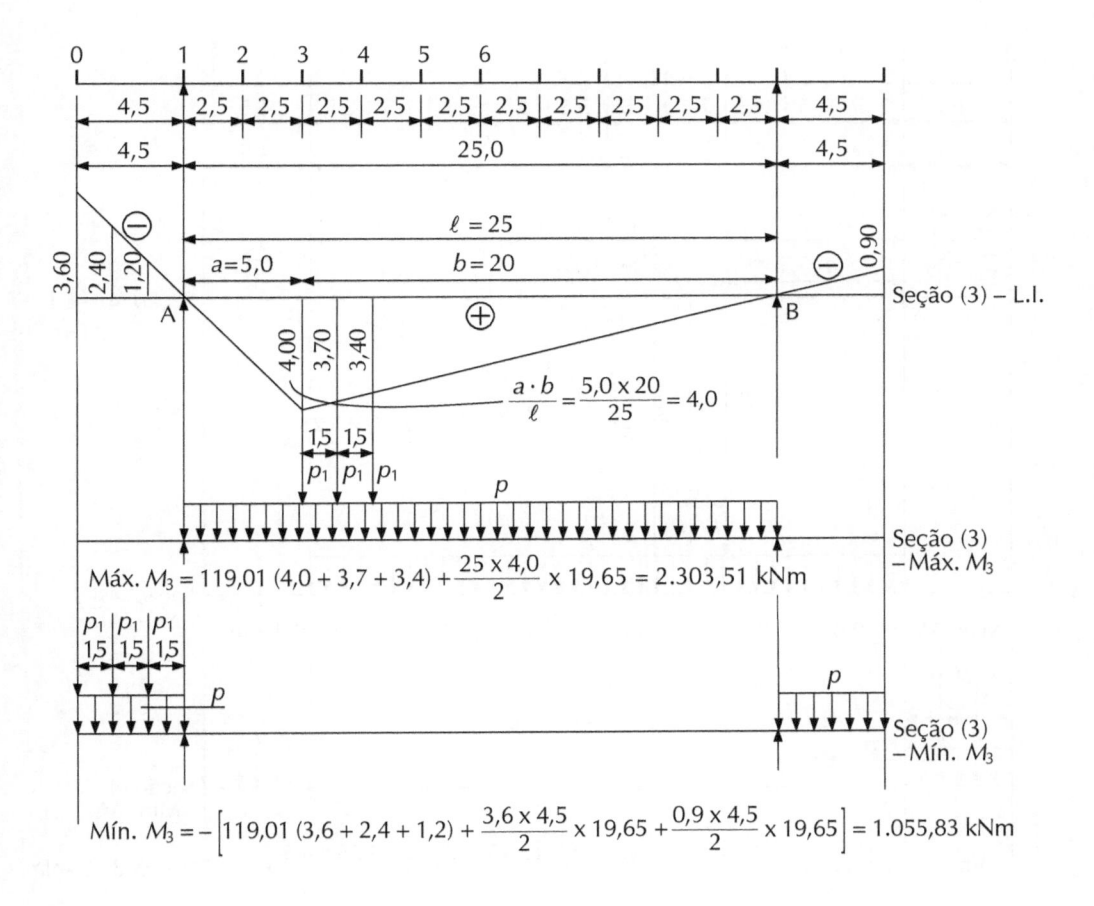

$$\text{Máx. } M_3 = 119,01 \ (4,0 + 3,7 + 3,4) + \frac{25 \times 4,0}{2} \times 19,65 = 2.303,51 \text{ kNm}$$

$$\text{Mín. } M_3 = - \left[119,01 \ (3,6 + 2,4 + 1,2) + \frac{3,6 \times 4,5}{2} \times 19,65 + \frac{0,9 \times 4,5}{2} \times 19,65 \right] = 1.055,83 \text{ kNm}$$

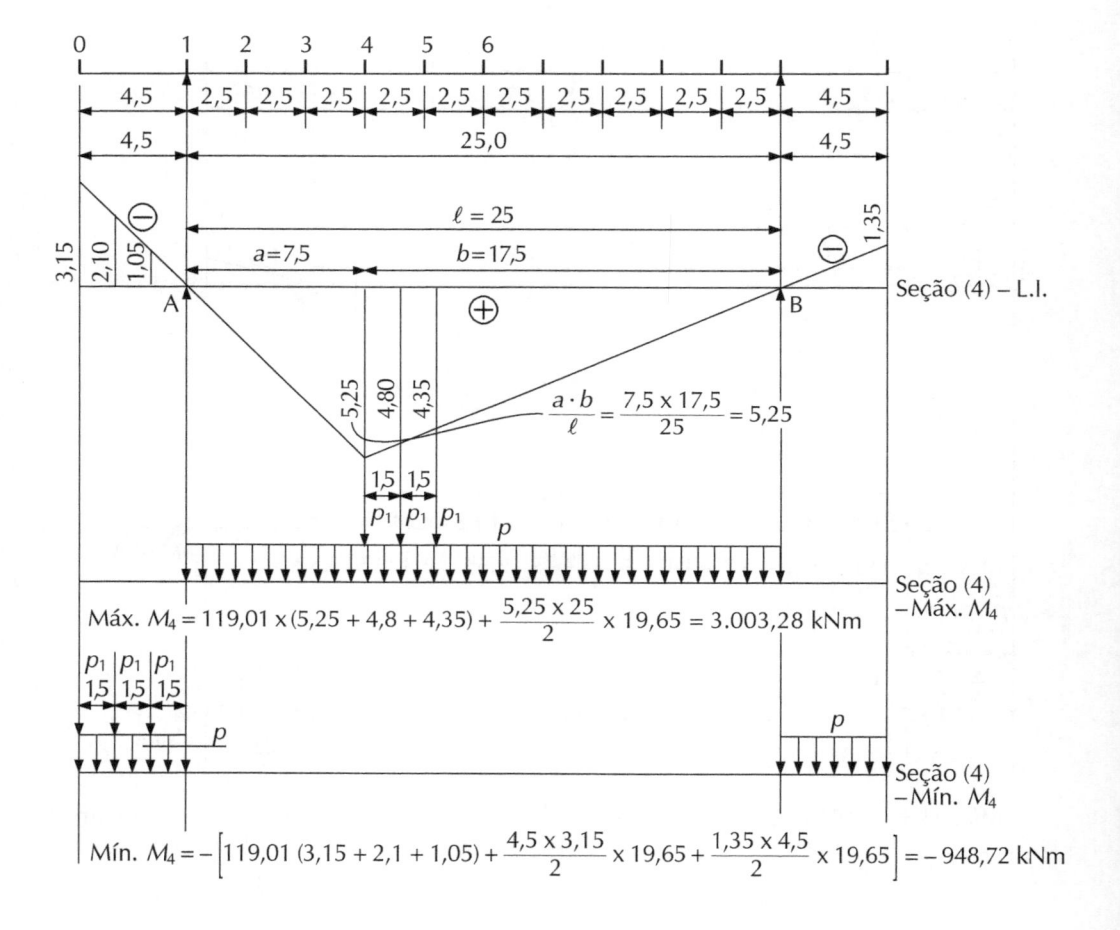

Máx. $M_4 = 119{,}01 \times (5{,}25 + 4{,}8 + 4{,}35) + \dfrac{5{,}25 \times 25}{2} \times 19{,}65 = 3.003{,}28$ kNm

Mín. $M_4 = -\left[119{,}01\,(3{,}15 + 2{,}1 + 1{,}05) + \dfrac{4{,}5 \times 3{,}15}{2} \times 19{,}65 + \dfrac{1{,}35 \times 4{,}5}{2} \times 19{,}65\right] = -948{,}72$ kNm

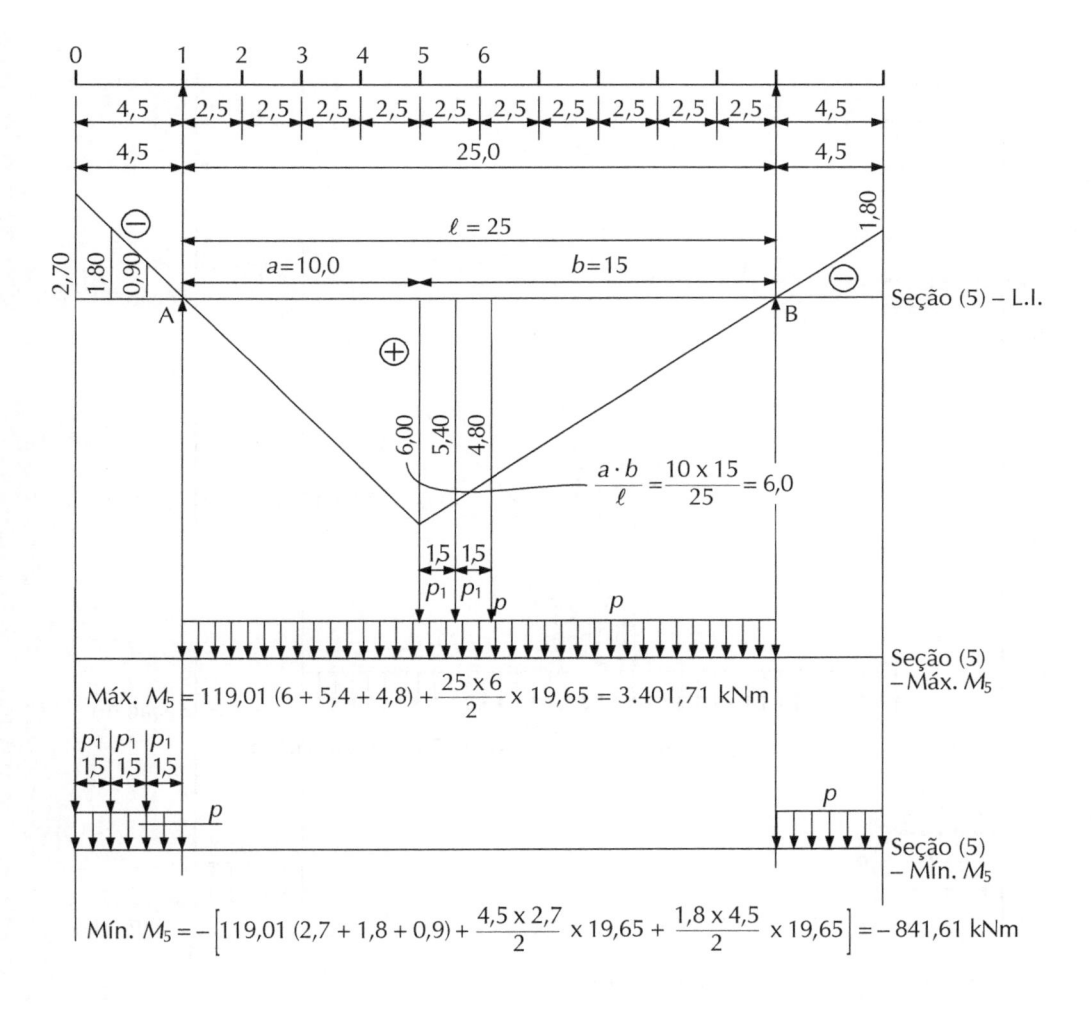

Máx. $M_5 = 119,01 \ (6 + 5,4 + 4,8) + \dfrac{25 \times 6}{2} \times 19,65 = 3.401,71$ kNm

Mín. $M_5 = -\left[119,01 \ (2,7 + 1,8 + 0,9) + \dfrac{4,5 \times 2,7}{2} \times 19,65 + \dfrac{1,8 \times 4,5}{2} \times 19,65\right] = -841,61$ kNm

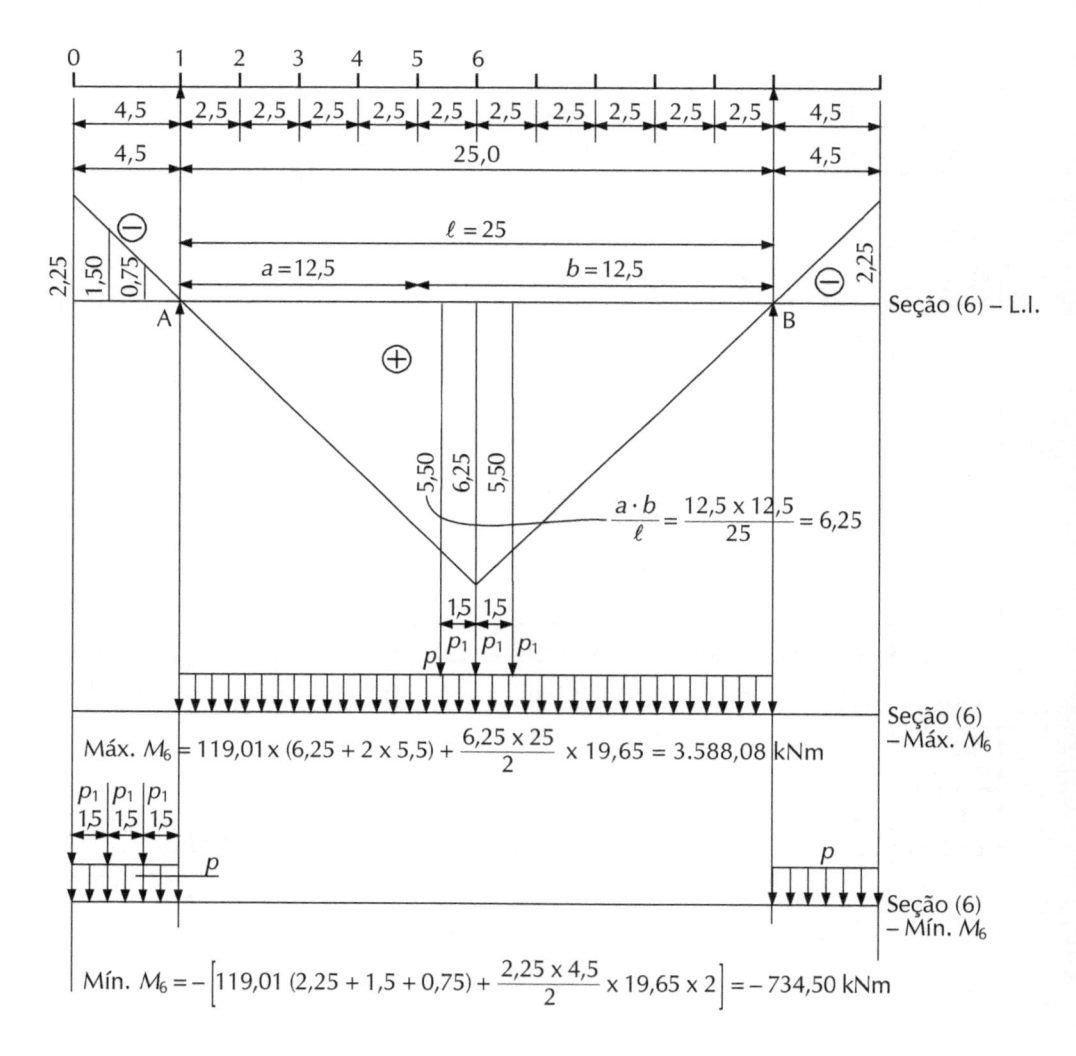

$$\text{Máx. } M_6 = 119,01 \times (6,25 + 2 \times 5,5) + \frac{6,25 \times 25}{2} \times 19,65 = 3.588,08 \text{ kNm}$$

$$\text{Mín. } M_6 = -\left[119,01 \, (2,25 + 1,5 + 0,75) + \frac{2,25 \times 4,5}{2} \times 19,65 \times 2\right] = -734,50 \text{ kNm}$$

— 8 —
IMPACTO VERTICAL

Face à complexidade dos efeitos causadores do impacto, a sua determinação é feita por processos experimentais.

Assim, a NBR 7188 (1984) para pontes rodoviárias determina a seguinte expressão para o coeficiente de impacto:

Pontes rodoviárias: $\ell = 1,4 - 0,007\,\ell \geq 1$ (ℓ em metros)

onde ℓ representa:

1) Vão simplesmente apoiado

   ℓ = vão teórico

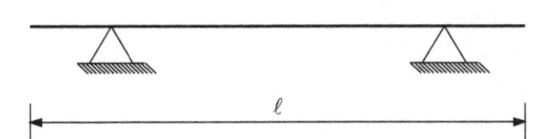

2) Vigas contínuas

   ℓ = comprimento do tramo carregado

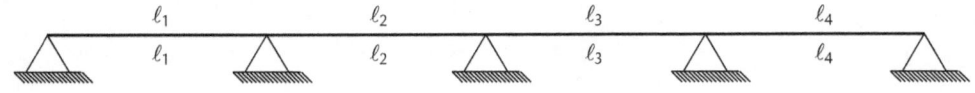

Quando o menor tramo for no mínimo 0,7 do maior, calcula-se um único coeficiente de impacto para toda a viga, tomando-se para ℓ a média aritmética dos comprimentos dos tramos.

$$\ell = \frac{\Sigma \ell i}{n} = \frac{\ell_1 + \ell_2 + \ell_3 + \ell_4}{4}$$

no nosso caso $\ell = 25 + 4,5 + 4,5 = 34$ m (ponte rodoviária)

$\ell = 1,4 - 0,007 \times 34 = 1,16$.

— 9 —
ENVOLTÓRIA DAS SOLICITAÇÕES DE SERVIÇO

Seção	Máx./Mín.	Momentos fletores (M)				
		Mg	φ	Mq^+	φ	Mq^-
0	Mín.	0,00	1,16	0,00	1,16	0,00
1e	Máx.	1.091,97	1,16	0,00	1,16	−1.270,04
	Mín.	1.091,97	1,16	0,00	1,16	−1.270,04
1d	Máx.	1.091,97	1,16	0,00	1,16	−1.270,04
	Mín.	1.091,97	1,16	0,00	1,16	−1.270,04
2	Máx.	435,86	1,16	1.302,42	1,16	−1.162,94
	Mín.	435,86	1,16	1.302,42	1,16	−1.162,94
3	Máx.	1.592,22	1,16	2.303,51	1,16	−1.055,83
	Mín.	1.592,22	1,16	2.303,51	1,16	−1.055,83
4	Máx.	2.437,16	1,16	3.003,28	1,16	−948,72
	Mín.	2.437,16	1,16	3.003,28	1,16	−948,72
5	Máx.	2.960,22	1,16	3.404,71	1,16	−841,61
	Mín.	2.960,22	1,16	3.404,71	1,16	−841,61
6	Máx.	3.161,41	1,16	3.588,08	1,16	−734,50
	Mín.	3.161,41	1,16	3.588,08	1,16	−734,50

Mg – Momento fletor carga permanente
Vg – Força cortante carga permanente
Mq^+ – Momento fletor cargas móveis
Mq^- – Momento fletor cargas móveis
Vq – Força cortante cargas móveis
$M^+ = Mg + \varphi \cdot Mq^+$
$M^- = Mg + \varphi \cdot Mq^-$
$V = Vg + \varphi \cdot Vq$

Seção	Máx./ Mín.	Envoltória de (M)		Esforços cortantes (V)			Envoltória de (V)
		$M+$	$M-$	Vg	φ	Vq	
0	Mín.	0,00	0,00	−120,41	1,16	−119,01	−258,46
1e	Máx.	1.091,04	−381,28	−371,29	1,16	−445,45	−888,01
	Mín.	1.091,04	−381,28	−371,29	1,16	−445,45	−888,01
1d	Máx.	1.091,04	−381,28	678,97	1,16	589,19	1.362,43
	Mín.	1.091,04	−381,28	678,97	1,16	−50,80	620,04
2	Máx.	1.946,67	−913,15	534,85	1,16	506,82	1.122,76
	Mín.	1.946,67	−913,15	534,85	1,16	45,38	456,57
3	Máx.	4.264,29	367,46	402,30	1,16	429,36	900,36
	Mín.	4.264,29	367,46	402,30	1,16	−60,63	331,97
4	Máx.	5.920,96	1.336,64	273,55	1,16	356,81	687,45
	Mín.	5.920,96	1.336,64	273,55	1,16	72,91	188,97
5	Máx.	6.909,68	1.983,95	144,80	1,16	289,18	480,25
	Mín.	6.909,68	1.983,95	144,80	1,16	−90,10	40,28
6	Máx.	7.323,58	2.309,39	16,10	1,16	226,46	278,79
	Mín.	7.323,58	2.309,39	16,10	1,16	−112,21	−114,06

— 10 —
FORÇAS ACIDENTAIS OU ADICIONAIS

Ao contrário das principais, as forças acidentais não são necessariamente consideradas em qualquer tipo de ponte. Geralmente, essas forças acidentais só são levadas em conta no cálculo da infraestrutura. Seus valores também são, como no caso anterior (forças principais), estabelecidas por meio de normas variáveis de um país para outro. No Brasil esses valores são dados, em sua maioria, pela NBR 7187. Os principais tipos de forças acidentais (ou suas causas), a serem considerados no cálculo das pontes, são os seguintes:

10.1 FRENAGEM OU ACELERAÇÃO

Um veículo qualquer (automóvel, trem, caminhão etc.) em movimento sobre uma ponte representa, em virtude de sua massa, uma certa força-viva de que é possuída. A força resultante é chamada *frenagem*. Do mesmo modo, ao iniciar seu movimento apoia-se sobre a estrutura transmitindo à mesma um esforço chamado *aceleração*.

O valor dessas forças (frenagem e aceleração) é dado na NBR 7187 e representa uma força longitudinal (deve-se adotar a força no meio da seção transversal para não haver torção nos pilares).

1) *Pontes rodoviárias*: sem impacto, aplicada na pavimentação
   Aceleração: 5% da carga móvel aplicada sobre o tabuleiro;
   Frenagem: 30% do peso do veículo-tipo.

2) *Pontes ferroviárias*: sem impacto, aplicada no topo dos trilhos
   Aceleração: 25% das cargas dos eixos motores;
   Frenagem: 15% das cargas sobre o tabuleiro.

No nosso caso, ponte rodoviária

a – $F_1 = \dfrac{5}{100} \times 5 \times 7 \times 34 = 59{,}5$ kN

b – $F_2 = \dfrac{30}{100} \times 450 = 135$ kN

Adotaremos $F = 135$ kN, distribuída sobre os pilares da ponte.

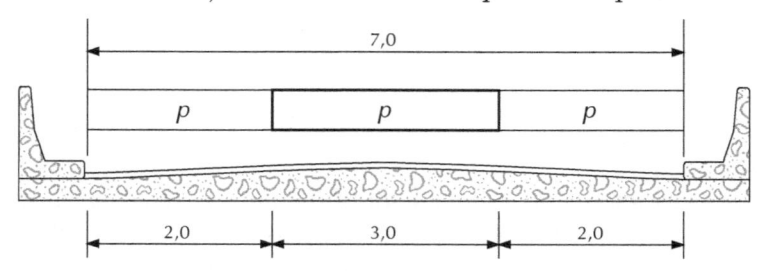

10.2 VARIAÇÃO DE TEMPERATURA

Todas as causas (tais como variação de temperatura, retração ou deformação lenta do concreto, força de protensão etc.) que determinam variações de volume das peças estruturais, podem produzir tensões em suas seções, quando essas variações forem impedidas, total ou parcialmente, por vínculos. A NBR 7187 estabelece para os efeitos de variação de temperatura nas pontes as mesmas condições da NBR 6118, a saber: Adotar uma variação de temperatura de ± 15 °C em torno da média. O coeficiente de dilatação térmica do concreto é estabelecido em $\alpha = 10^{-5}$ °C^{-1} supondo válida a Lei de Hooke, segundo a qual uma peça de comprimento inicial de ℓ submetida a uma variação de temperatura Δt sofre uma deformação dada por $\Delta \ell = \ell\, \alpha\, \Delta t$, supondo-se Δt como uniforme, chamando $\varepsilon = \Delta \ell / \ell$ (deformação específica).

$$\frac{\Delta \ell}{\ell} = \varepsilon = \alpha\, \Delta t$$

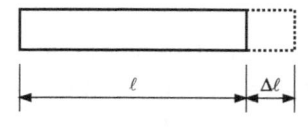

Se a barra for impedida de se deformar, a tensão normal a que estará sujeita será, portanto:

Lei de Hooke $\rightarrow \sigma = \varepsilon E \rightarrow \sigma = E \alpha\, \Delta t$

$$\Delta \ell = \frac{N\ell}{ES}$$

Para peças totalmente imersas no terreno ou água, não deve ser considerado o efeito de Δt.

10.2.1 DETERMINAÇÃO DO COEFICIENTE DE RIGIDEZ DE TUBULÃO PARCIALMENTE ENTERRADO

1) Ação de uma força horizontal na extremidade livre

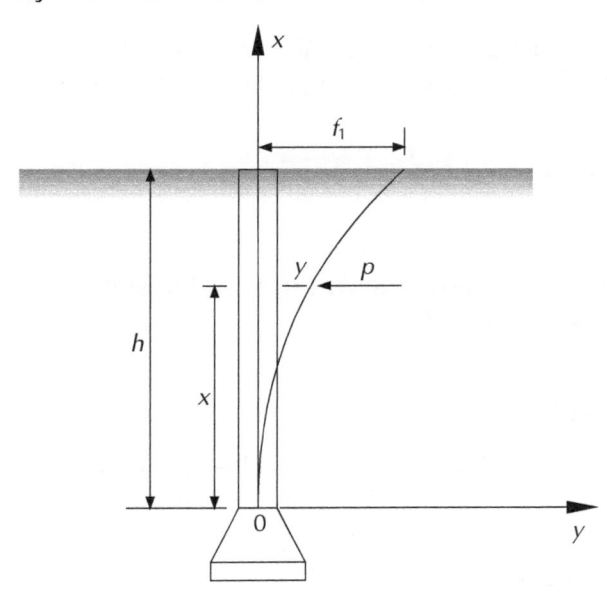

Hipóteses (parte enterrada):

a) m = coeficiente de recalque lateral médio do terreno constante

$$m = \frac{\Sigma mi\ hi}{\Sigma hi}$$

b) $\sigma = m\,(h - x) \cdot y \to$ tensão ao longo do fuste

c)   tubulão engastado na base
E = módulo de elasticidade do material do tubulão
J = momento de inércia do tubulão
b = diâmetro do tubulão
p = carga distribuída em x, então:

$$p = \sigma\,b = m(h - x)yb$$

Dada a equação da linha elástica:

$$y = f(x)$$

São válidas as seguintes hipóteses:

$$\frac{d^2y}{dx^2} = -\frac{M}{EJ} \qquad \frac{d^3y}{dx^3} = -\frac{Q}{EJ} \qquad \frac{d^4y}{dx^4} = -\frac{p}{EJ}$$

então:

$$\frac{d^4y}{dx^4} = -\frac{m(h-x)\cdot y\cdot b}{EJ} \qquad \text{então temos:} \quad \frac{d^4y}{dx^4} + \frac{m(h-x)\cdot y\cdot b}{EJ} = 0$$

Para empregos práticos, essa equação é muito trabalhosa, então adotaremos uma equação para a linha elástica, que satisfaça as condições de extremidade. No caso, utilizaremos:

$$y = C\left(1 - \cos\frac{\pi x}{2h}\right)$$

que representa o primeiro termo de um desenvolvimento de série de Fourier da equação da linha elástica: $y = f(x)$.

Para $x = 0$ temos:

$$f(x) = 0 \;\rightarrow\; f(x) = C(1 - \cos 0) = 0$$

também temos:

$$\frac{dy}{dx} C \cdot \frac{\pi}{2h} \cdot \text{sen } 0 = 0$$

Vemos que para $x = h$ temos $y = f_1$, sendo:

$$f_1 = C\left(1 - \cos\frac{\pi}{2}\right) = C$$

ou seja $C = f$ (flecha na extremidade). Portanto:

$$y = f\left(1 - \cos\frac{\pi x}{2h}\right)$$

$$\frac{d^4y}{dx^4} + \frac{m(h-x)\cdot b}{EJ} \cdot f_1 \cdot \left(1 - \cos\frac{\pi x}{2h}\right) = 0$$

tomando:

$$\boxed{k = \frac{mb}{EJ}}$$

obtém-se:

$$\frac{d^4y}{dx^4} + kf_1(h-x)\left(1 - \cos\frac{\pi x}{2h}\right) = 0$$

Fazendo-se 4 integrações, temos as seguintes relações:

$$\frac{d^3y}{dx^3} = -\frac{Q}{EJ} = -\frac{FH}{EJ} \qquad \text{para } x = h$$

$$\frac{d^2y}{dx^2} = -\frac{M}{EJ} = 0 \qquad \text{para } x = h \qquad (M = 0)$$

$$\frac{dy}{dx} = 0 \qquad \text{para } x = 0$$

$$y = 0 \qquad \text{para } x = 0$$

podemos escrever ainda:

$$\frac{1}{kf_1} \cdot \frac{d^4y}{dx^4} = (x - h)\left(1 - \cos\frac{\pi x}{2h}\right)$$

Assim, obtém-se a equação final:

$$\frac{1}{kf_1}y = \frac{x^5}{120} - \frac{hx^4}{24} + \frac{16h^5}{\pi^4}\cos\frac{\pi x}{2h} + \frac{128h^5}{\pi^5}\cdot\text{sen}\frac{\pi x}{2h} - \frac{16h^4}{\pi^4}x\cdot\cos\frac{\pi x}{2h} +$$

$$+\frac{h^2\cdot x^3}{12} - \frac{1}{6kf_1}\cdot\frac{Hx^3}{EJ} + \frac{8h^3x^2}{\pi^3} + \frac{1}{2kf_1}\cdot\frac{H\cdot h}{EJ}x^2 - \frac{h^3x^2}{12} - \frac{48h^4x}{\pi^4} - \frac{16h^5}{\pi^4}$$

para $x = h$ temos $y = f_1$, então:

$$\frac{1}{k} = -\frac{h^5}{30} + \frac{128h^5}{\pi^5} + \frac{1}{3kf}\cdot\frac{Hh^3}{EJ} + \frac{8h^5}{\pi^3} - \frac{64h^5}{\pi^4}$$

Por definição do coeficiente de rigidez: $H = r_1f_1$, então:

$$\frac{1}{k} = \left(-\frac{1}{30} + \frac{128}{\pi^5} + \frac{8}{\pi^3} - \frac{64}{\pi^4}\right)\cdot h^5 + \frac{r_1h^3}{3k\,EJ}$$

$$\frac{1}{k} = -0{,}01407\cdot h^5 + \frac{r_1h^3}{3k\,EJ} \rightarrow r_1 = (1 + 0{,}01407\,kh^5)\cdot\frac{3EJ}{h^3}$$

Valor da flexa:

$$f_1 = \frac{H}{r_1} \rightarrow f_1 = \frac{H}{(1 + 0{,}01407\,kh^5)\dfrac{3EJ}{h^3}}$$

Valor da deformação angular da seção da extremidade livre

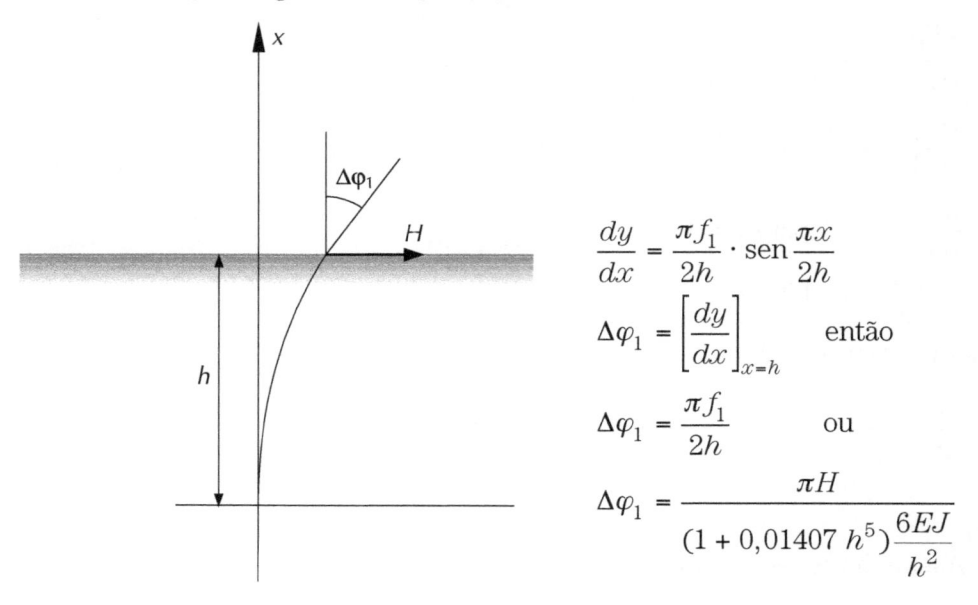

$$\frac{dy}{dx} = \frac{\pi f_1}{2h} \cdot \operatorname{sen} \frac{\pi x}{2h}$$

$$\Delta\varphi_1 = \left[\frac{dy}{dx}\right]_{x=h} \quad \text{então}$$

$$\Delta\varphi_1 = \frac{\pi f_1}{2h} \quad \text{ou}$$

$$\Delta\varphi_1 = \frac{\pi H}{(1 + 0{,}01407\ h^5)\dfrac{6EJ}{h^2}}$$

2) Ação de um momento fletor aplicado na extremidade livre

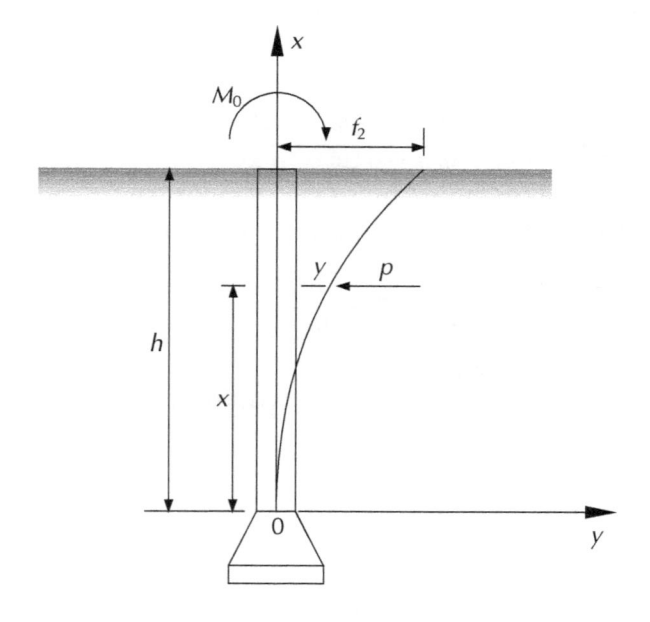

Hipóteses

As mesmas do caso anterior. A equação a integrar é a mesma, indicada com as seguintes relações e condições:

$$\frac{d^3y}{dx^3} = -\frac{Q}{EJ} = 0 \qquad \text{para } x = h$$

$$\frac{d^2y}{dx^2} = -\frac{M}{EJ} = -\frac{M_0}{EJ} \qquad \text{para } x = h$$

$$\frac{dy}{dx} = 0 \qquad \text{para } x = 0$$

$$y = 0 \qquad \text{para } x = 0$$

A equação final fica:

$$\frac{1}{kf_2}y = \frac{x^5}{120} - \frac{hx^4}{24} + \frac{16h^5}{\pi^4}\cos\frac{\pi x}{2h} + \frac{128h^5}{\pi^5}\text{sen}\frac{\pi x}{2h} - \frac{16h^4}{\pi^4}\cos\frac{\pi x}{2h} +$$

$$+ \frac{h^2x^3}{12} + \frac{8h^3x^2}{\pi^3} - \frac{h^3x^2}{12} + \frac{M_0\,x^2}{2k\,f_2EJ} - \frac{48h^4x}{\pi^4} - \frac{16h^5}{\pi^4}$$

para $x = h \rightarrow y = f_2$

$$\frac{1}{k} = -\frac{h^5}{30} + \frac{128h^5}{\pi^5} + \frac{1}{2k\,f_2} \cdot \frac{M_0h^2}{EJ} + \frac{8h^5}{\pi^3} - \frac{64h^5}{\pi^4}$$

por definição de coeficiente de rigidez: $M_0 = r_2 f_2$, então:

$$\frac{1}{k} = \left(-\frac{1}{30} + \frac{128}{\pi^5} + \frac{8}{\pi^3} - \frac{64}{\pi^4}\right)h^5 + \frac{r_2\,h^2}{2k\,EJ} \qquad \text{ou}$$

$$\frac{1}{k} = -0,01407\,h^5 + \frac{r_2\,h^2}{2k\,EJ}$$

onde

$$r_2 = (1 + 0,01407\,kh^5) \cdot \frac{2EJ}{h^2}$$

Valor da flexa:

$$f_2 = \frac{M_0}{r_2} \rightarrow f_2 = \frac{M_0}{(1 + 0,01407\,kh^5)\dfrac{2EJ}{h^2}}$$

Valor da deformação angular da seção de extremidade livre:

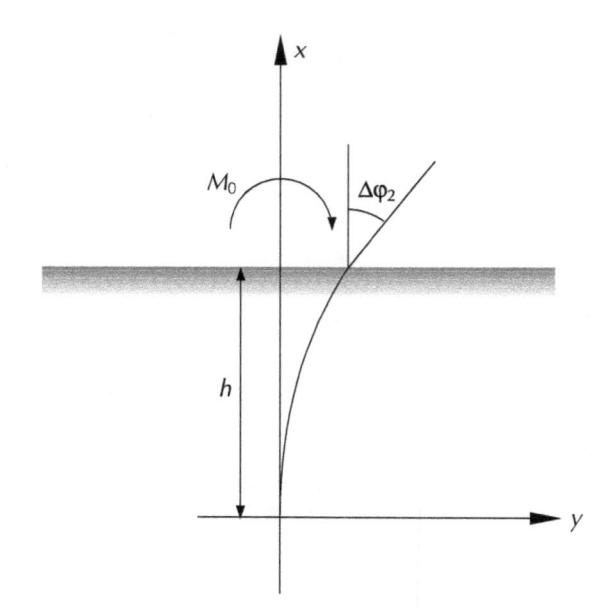

$$\Delta\varphi_2 = \frac{\pi f_2}{2h} = \frac{\pi M_0}{(1 + 0,01407\ kh^5)\dfrac{4EJ}{h}}$$

Valor do coeficiente lateral do terreno

argila arenosa	$m_1 = 2.000\ \text{kN/m}^4$
argila com silte	$m_2 = 4.000\ \text{kN/m}^4$
argila dura	$m_3 = 7.000\ \text{kN/m}^4$

TUBULÃO PARCIALMENTE ENTERRADO

Ação de uma força horizontal na extremidade livre

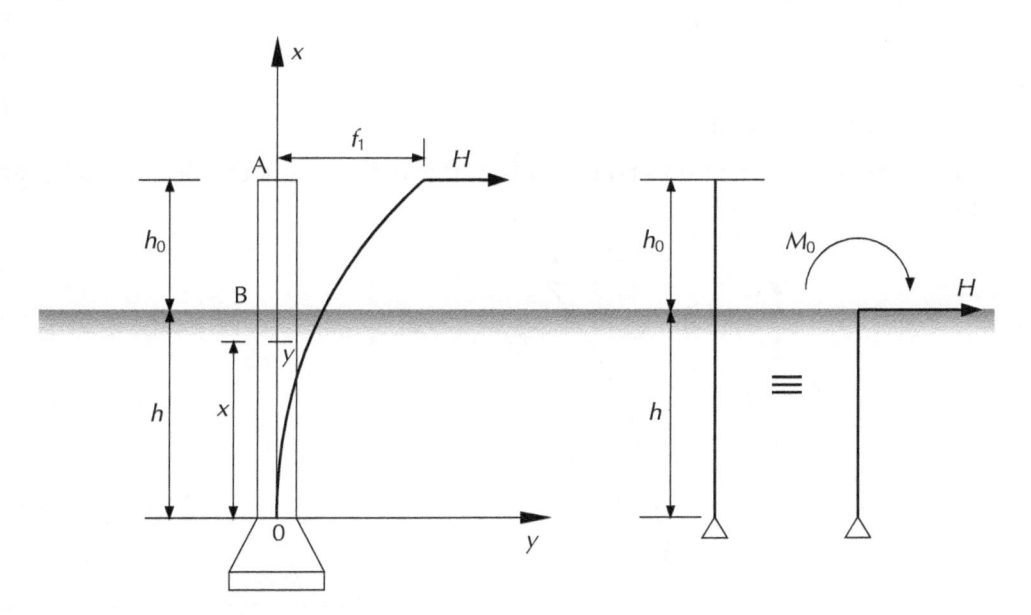

São válidas as mesmas hipóteses anteriores. Inicialmente considera-se o trecho enterrado **OB** sob ação dos esforços solicitantes H e $M_0 = -H \cdot ho$.

a) Ação de H

    a1) Cálculo de $\Delta\ell_1$

$$\Delta\ell_1 = \frac{H}{(1 + 0{,}01407\ kh^5)\dfrac{3EJ}{h^3}}$$

    a2) Cálculo de $\Delta\varphi_1$

$$\Delta\varphi_1 = \frac{\pi H}{(1 + 0{,}01407\ kh^5)\dfrac{6EJ}{h^2}}$$

b) Ação de M_0

    b1) Cálculo de $\Delta\ell_2$

$$\Delta\ell_2 = \frac{M_0}{(1 + 0{,}01407\ kh^5)\dfrac{2EJ}{h^2}} \quad \text{como } M_0 = Hho \quad \Delta\ell_2 = \frac{H}{(1 + 0{,}01407\ kh^5)\dfrac{2EJ}{ho \cdot h^2}}$$

b2) Cálculo de $\Delta\varphi_2$

$$\Delta\varphi_2 = \frac{\pi M_0}{(1 + 0{,}01407\ kh^5)\dfrac{4EJ}{h}} \quad \text{como } M_o = Hho \quad \Delta\varphi_2 = \frac{\pi H}{(1 + 0{,}01407\ kh^5)\dfrac{4EJ}{ho \cdot h}}$$

c) Ação de H no trecho livre

Para o trecho livre não enterrado do tubulão, o deslocamento do topo $\Delta\ell_3$ será dado por:

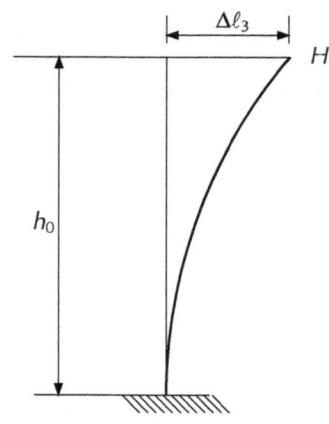

$$\Delta\ell_3 = \frac{H \cdot ho^3}{3EJ}$$

d) Determinação do coeficiente de rigidez

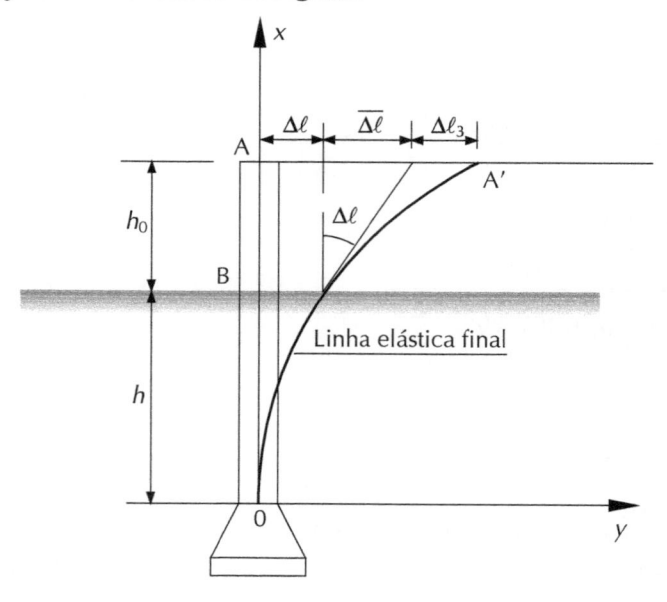

$AA' = \Delta \ell f$

$\Delta \ell f = \Delta \ell + \overline{\Delta \ell} + \Delta \ell_3$ onde

$\Delta \ell = \Delta \ell_1 + \Delta \ell_2$

$\Delta \varphi = \Delta \varphi_1 + \Delta \varphi_2$

$\overline{\Delta \ell} = \Delta \varphi \cdot h_0$

Então:

$$\Delta \ell = \Delta \ell_1 + \Delta \ell_2 = \frac{H}{(1 + 0{,}01407\ kh^5)\dfrac{3EJ}{h^3}} + \frac{H}{(1 + 0{,}01407\ kh^5)\dfrac{2EJ}{h_0 \cdot h^3}}$$

$$\boxed{\Delta \ell = \frac{(2h + 3h_0)\dfrac{Hh^2}{6EJ}}{1 + 0{,}01407\ kh^5}}$$

$$\Delta \varphi = \Delta \varphi_1 + \Delta \varphi_2 = \frac{\pi H}{(1 + 0{,}01407\ kh^5)\dfrac{6EJ}{h^2}} + \frac{\pi H}{(1 + 0{,}01407\ kh^5)\dfrac{4EJ}{h_0 \cdot h}}$$

$$\Delta \varphi = \frac{(2h + 3h_0)\dfrac{\pi H h}{12EJ}}{1 + 0{,}01407\ kh^5}$$

$$\boxed{\overline{\Delta \ell} = \Delta \varphi \cdot h_0 = \frac{(2h + 3h_0)\dfrac{\pi H h_0\ h}{12EJ}}{1 + 0{,}01407\ kh^5}}$$

Portanto:

$$\Delta \ell f = \Delta \ell + \overline{\Delta \ell} + \Delta \ell_3 = \frac{(2h + \pi h_0)(2h + 3h_0) \cdot \dfrac{H \cdot h}{12EJ}}{1 + 0{,}01407\ h^2} + \frac{H \cdot h_0^3}{3EJ}$$

como: $r = \dfrac{H}{\Delta \ell f}$

$$\boxed{re = \frac{1 + 0{,}01407\ kh^5}{\dfrac{h}{12EJ}(2h + \pi h_0)(2h + 3h_0)}}$$ rigidez da parte enterrada

$$\boxed{r\ell = \frac{3EJ}{h_0^3}}$$ rigidez da parte livre

então: $\boxed{\dfrac{1}{r} = \dfrac{1}{re} + \dfrac{1}{r\ell}}$

CÁLCULO DA RIGIDEZ

Pilar P1

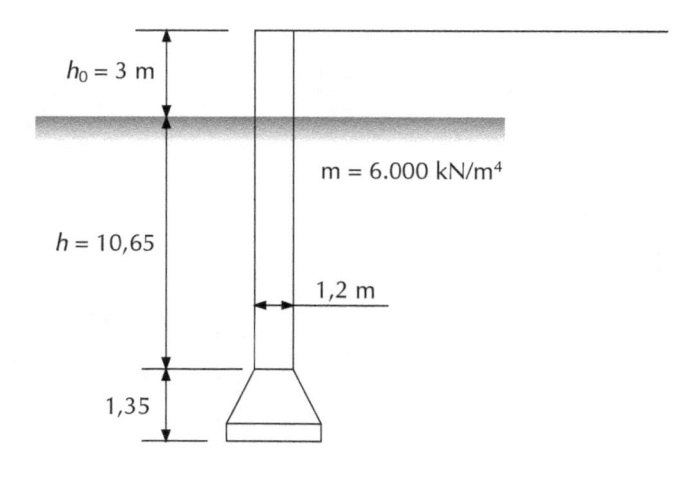

$h_0 = 3$ m

$m = 6.000$ kN/m⁴

$h = 10,65$

1,2 m

1,35

Coeficiente k:

$$k = \frac{mb}{EJ} = \frac{6.000 \times 1,2}{21.287.000 \times 0,1017} = 3.325,81 \times 10^{-6}$$

$$fck = 20 \text{ MPa} \rightarrow E = 21.287 \text{ MPa} = 21.287.000 \text{ kPa}$$

$$I = \frac{\pi \cdot 1,2^4}{64} = \frac{\pi d^4}{64} = 0,1017 \text{ m}^4$$

$$\boxed{k = 3.325,81 \times 10^{-6}}$$

$$re_1 = \frac{1 + 0,01407 \times 3.325,81 \times 10^{-6} \times 10,65^5}{\dfrac{10,65}{12 \times 21.287.000 \times 0,1017} \times (2 \times 10,65 + \pi \times 3)(2 \times 10,65 + 3 \times 3)} =$$

$$= \frac{7,411}{0,382 \times 10^{-3}} = 19.400,5 \text{ kN/m}$$

$$re_1 = \frac{1 + 0,01407 \cdot k \cdot h^5}{\dfrac{h}{12EJ}(2h + \pi h_0)(2h + 3h_0)}$$

Pilar P2

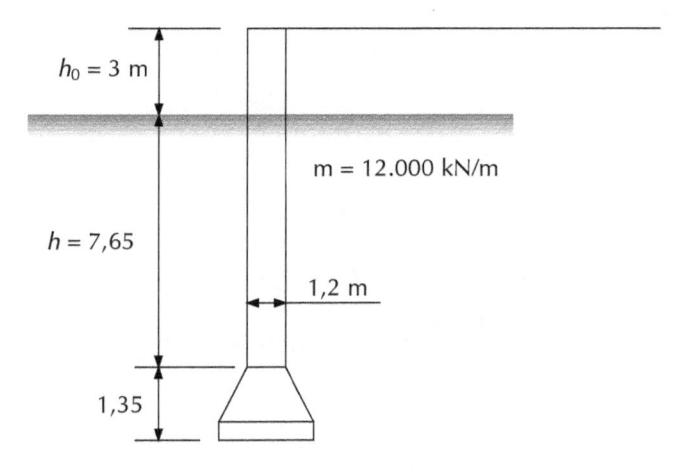

$$k = \frac{mb}{EJ} = \frac{12.000 \times 1,2}{21.287.000 \times 0,1017} = 6.652 \times 10^{-6}$$

Coeficiente k:

$$k = 6.652 \times 10^{-6}$$

$$re_2 = \frac{1 + 0,01407 \times 3.325,81 \times 10^{-6} \times 7,65^5}{\dfrac{7,65}{12 \times 21.287.000 \times 0,1017} \times (2 \times 7,65 + \pi \times 3)(2 \times 7,65 + 3 \times 3)}$$

$$re_2 = \frac{2,226}{0,177 \times 10^{-3}} = 12.576,40 \text{ kN/m}$$

Parte livre: (Pl e Pe)

$$rl = \frac{3EJ}{h_0{}^3} = \frac{3 \times 21.287.000 \times 0,1017}{3^3} = 240.543,10$$

Pilar P1

$$\frac{1}{r_1} = \frac{1}{re_1} + \frac{1}{rl_1} = \frac{1}{19.400,50} + \frac{1}{240.543,10} \rightarrow r_1 = 17.952,57 \text{ kN/m}$$

Pilar P2

$$\frac{1}{r_2} = \frac{1}{re_2} + \frac{1}{rl_2} = \frac{1}{12.576,40} + \frac{1}{240.543,10} \rightarrow r_2 = 11.951,53 \text{ kN/m}$$

Aparelho de Neoprene – 3 placas de (30 × 80 × 1,2 cm)

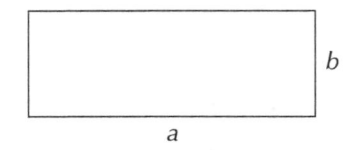

a

$a = 80$ cm $An = a \cdot b = 30 \times 80 = 2.400$ cm^2

$b = 30$ cm

$hn = 1,2$ cm $G = 10$ kg/cm$^2 = 100$ tf/m$^2 = 1.000$ kN/m^2

$$rn = \frac{G \cdot A_n}{\Sigma h_n} = \frac{1.000 \times 2.400 \times 10^{-4}}{3,6 \times 10^{-2}} = 6.666,66 \text{ kN/m}$$

Pilar P1 final

$$\frac{1}{\underset{\text{E}}{r_1}} = \frac{1}{r_1} + \frac{1}{r_n}$$

$$\frac{1}{\underset{\text{E}}{r_1}} = \frac{1}{17.952,57} + \frac{1}{6.666,66} \rightarrow \underset{\text{E}}{r_1} = 4.861,39 \text{ kN/m}$$

Pilar P2 final

$$\frac{1}{\underset{\text{E}}{r_2}} = \frac{1}{r_2} + \frac{1}{r_n}$$

$$\frac{1}{\underset{\text{E}}{r_2}} = \frac{1}{12.576,40} + \frac{1}{6.666,66} \rightarrow \underset{\text{E}}{r_2} = 4.357,03 \text{ kN/m}$$

DISTRIBUIÇÃO NOS PILARES P1 E P2 (POR LINHA DE FUSTE)

Frenagem por linha de pilar F = 135 kN:

$$F_1 = \frac{135}{2} = 67,50 \text{ kN}$$

$$k_1 = 4.861,39 \text{ kN/m}$$

$$k_2 = 4.357,03 \text{ kN/m}$$

Pilar	k (kN/cm)	$\dfrac{k}{\Sigma k}$	F (kN)
p_1	4.861,39	0,53	35,78
p_2	4.357,03	0,47	31,72

Temperatura $\Delta t \pm 15\ ^{\circ}\text{C}$ $\alpha = 10^{-5}\ ^{\circ}\text{C}^{-1}$ $F = k\ \alpha\ \Delta t\ \bar{x}$

Cálculo do centro de gravidade das rijezas:

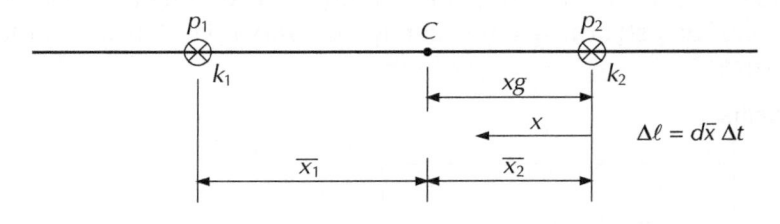

$$xg = \frac{\Sigma kx}{\Sigma k} = \frac{4.861,39 \times 25}{4.861,39 + 4.357,03} = 13,19\ \text{m}$$

para o pilar $\begin{cases} p_1 \to \bar{x}_1 = 25 - 13,19 = 11,81\ \text{m} \\ p_2 \to \bar{x}_2 = 13,19\ \text{m} \end{cases}$

Pilar	$\bar{x}$ (cm)	k (kN/m)	F (kN)	$\Delta \ell$ (mm)
p_1	11,81	4.861,39	8,61	1,77
p_2	13,19	4.357,03	8,61	1,98

$F = 4.861,39 \times 10^{-5} \times 15 \times 11,81 = 8,61\ \text{kN}$

$\Delta \ell = 10^{-5} \times 11,81 \times 15 = 0,00177\ \text{m}$

$\Delta \ell = 1,77\ \text{mm}$

10.3 VENTO

De acordo com a NBR 7187, o vento é considerado uma força horizontal agindo normalmente ao eixo da estrutura e uniformemente distribuído ao longo desse eixo. O valor dessa força é o seguinte:

a) *Ponte descarregada* – pv = 1,5 kN/m² – agindo sobre uma superfície representada pela projeção da estrutura sobre um plano vertical normal à direção do vento.

b) *Ponte carregada* –   para pontes rodoviárias: pv = 1 kN/m²
   para passarelas: pv = 0,7 kN/m²

Essa força é composta, atuando sobre a projeção em um plano vertical normal à direção do vento da estrutura, acrescida de uma faixa paralela ao tabuleiro com as seguintes alturas:

Rodoviárias:

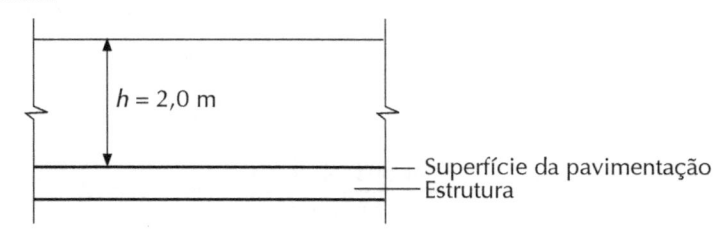

Passarelas:

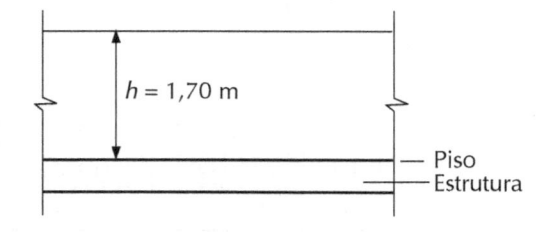

No nosso caso:

a) Ponte descarregada:
$Fv_1 = Pv_1 \cdot S_1$ Pv_1 =1,5 kN/m²
$S_1 = 2,8 \times 34 = 95,20$ m²   viga = 2,0 m   guarda-corpo = 0,8 m
$Fv_1 = 1,5 \times 95,20 = 142,8$ kN

b) Ponte carregada:
$h = 2,0$ m $Pv_2 = 1$ kN/M²
$S_2 = (2,8 + 2,0) \times 34 = 163,20$ m²
$Fv_2 = Pv_2 \cdot S_2 = 1 \times 163,20 = 163,20$ kN

Adotaremos o maior distribuído pelos pilares

$$Fv_2 = \frac{163,20}{2} = 81,60 \text{ kN/pilar (sentido transversal)}$$

10.4 RETRAÇÃO DO CONCRETO

Em casos onde não é necessária grande precisão, os valores finais do coeficiente de fluência $\varphi(t_\infty, t_0)$ e da deformação específica de retração $\varepsilon_{cs}(t_\infty, t_0)$ do concreto submetido a tensões menores que $0,5 f_c$, quando do primeiro carregamento, podem ser obtidos, por interpolação linear, a partir da tabela a seguir.

Esta tabela fornece o valor do coeficiente de fluência $\varphi(t_\infty, t_0)$ e da deformação específica de retração $\varepsilon_{cs}(t_\infty, t_0)$ em função da umidade ambiente e da espessura equivalente $2A_c/u$, onde A_c é a área da seção transversal e u é o perímetro da seção em contato com a atmosfera. Os valores dessa tabela são relativos a temperaturas do concreto entre 10 °C e 20 °C, podendo-se, entretanto, admitir temperaturas entre 0 °C e 40 °C. Esses valores são válidos para concretos plásticos e de cimento Portland comum.

Deformações específicas, devidas à fluência e à retração mais precisas, podem ser calculadas segundo indicação do anexo A da NBR 6118/2003.

Tabela dos valores característicos superiores da deformação específica de retração $\varepsilon_{cs}(t_\infty, t_0)$ e do coeficiente de fluência $\varphi(t_\infty, t_0)$									
Umidade ambiente (%)		40		55		75		90	
Espessura fictícia $2A_c/u$ (cm)		20	60	20	60	20	60	20	60
$\varphi(t_\infty, t_0)$	5	4,4	3,9	3,8	3,3	3,0	2,6	2,3	2,1
	30	3,0	2,9	2,6	2,5	2,0	2,0	1,6	1,6
	60	3,0	2,6	2,2	2,2	1,7	1,8	1,4	1,4
$\varepsilon_{cs}(t_\infty, t_0)$ ‰	5	−0,44	−0,39	−0,37	−0,33	−0,23	−0,21	−0,10	−0,09
	30	−0,37	−0,38	−0,31	−0,31	−0,20	−0,20	−0,09	−0,09
	60	−0,32	−0,36	−0,27	−0,30	−0,17	−0,19	−0,08	−0,09

(coluna t_0 dias aplica-se às linhas de valores)

Retração

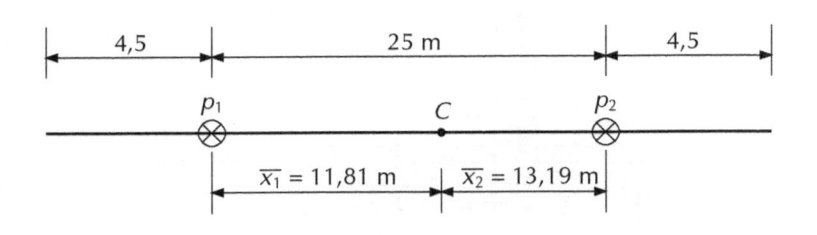

- Cálculo da espessura fictícia: hm

$$hm = \frac{2Ac}{\mu} = 2 \times \frac{0,25 \times 2}{2(0,25 + 2)} = \frac{0,5}{2,25} = 0,222$$

$$\begin{cases} t_0 = 30 \text{ dias} \\ E_{CS} = 0,20 \times 10^{-3} \end{cases}$$

$$\Delta\ell = E_{CS} \cdot \overline{x}$$

$$F = K \cdot E_{CS} \cdot \overline{x}$$

Pilar	$\overline{x}$ (m)	k (kN/m)	F (kN)	$\Delta\ell$ (mm)
P1	11,81	4.861,39	11,48	2,362
P2	13,19	4.357,03	–11,48	–2,638
Σ				

10.5 DEFORMAÇÃO LENTA

A deformação lenta é uma redução de volume das peças de concreto quando sujeitas permanentemente a uma força normal de compressão, no caso de pontes de concreto armado, o seu efeito é geralmente desprezível, porém, nas pontes de concreto protendido é um fenômeno que, a exemplo da retração, deve ser cuidadosamente estudado. Sua determinação também pode ser feita por meio da NBR 6118 (2003).

10.6 IMPACTO LATERAL

É uma força de direção horizontal só considerada nas pontes ferroviárias. Ela é devida à folga existente entre o friso da roda e o boleto do trilho e é causada pela oscilação horizontal do trem. É considerada agindo normalmente ao eixo da via férrea.

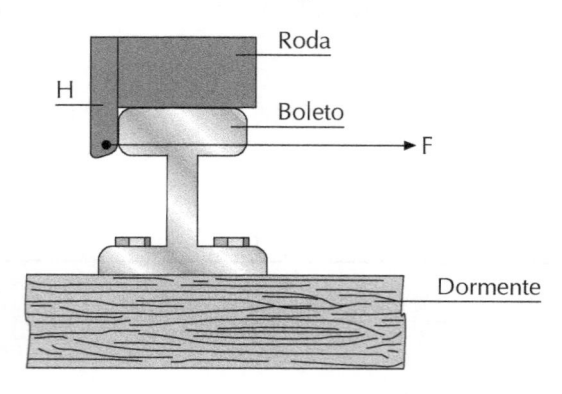

O valor dessa força é estabelecido pela NBR 7187, como sendo igual a 20% do peso do eixo mais pesado do trem-tipo considerado; portanto, têm-se:

Tipo	Impacto Lateral
TB 32	6,4 tf
TB 27	5,4 tf
TB 20	4,0 tf
TB 16	3,2 tf

10.7 FORÇA CENTRÍFUGA

Uma certa massa m em movimento e velocidade V em uma trajetória curva de raio R está sujeita a uma força centrífuga

$$fc = \frac{mv^2}{R} = \frac{P}{g} \cdot \frac{v^2}{R}$$

Se m é a massa do veículo nas pontes curvas, deverá ser sempre considerada a ação da força centrífuga. Mesmo que as vigas principais sejam retas, porém, o tabuleiro curvo, deve-se considerar os efeitos da força centrífuga.

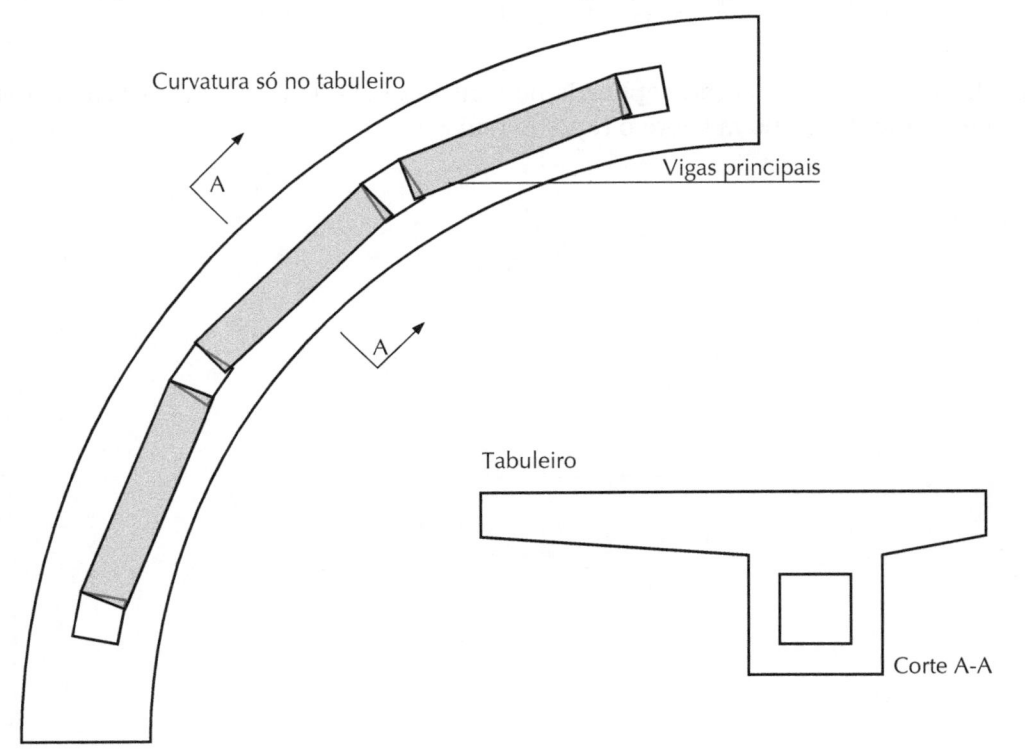

Curvatura só no tabuleiro

Vigas principais

Tabuleiro

Corte A-A

O valor a adotar para a força centrífuga é dada pela NBR 7187 e é considerado para diversos casos:

a) *Pontes rodoviárias*:

$R \leq 300$ m → $Fc = 0,25$ do peso do trem-tipo

$R > 300$ m → $Fc = \dfrac{75}{R}$ do peso do trem-tipo

R (metros - raio da curva)

Essa força é considerada aplicada ao nível da pavimentação *com impacto*.

b) *Pontes ferroviárias*:

b1) Bitola: 1,60 m (bitola larga)

$R \leq 1.200$ m → $Fc = 0,15$ da carga móvel sobre a ponte

$R > 1.200$ m → $Fc = \dfrac{180}{R}$ da carga móvel sobre a ponte

R (metros - raio da curva)

b2) Bitola: 1,00 m

$R \leq 600$ m → $Fc = 0,10$ da carga móvel sobre a ponte

$R > 600$ m → $Fc = \dfrac{75}{R}$ da carga móvel sobre a ponte

Essa força é considerada aplicada no centro de gravidade do trem situado conforme se admite a 1,60 m sobre o topo do trilho.

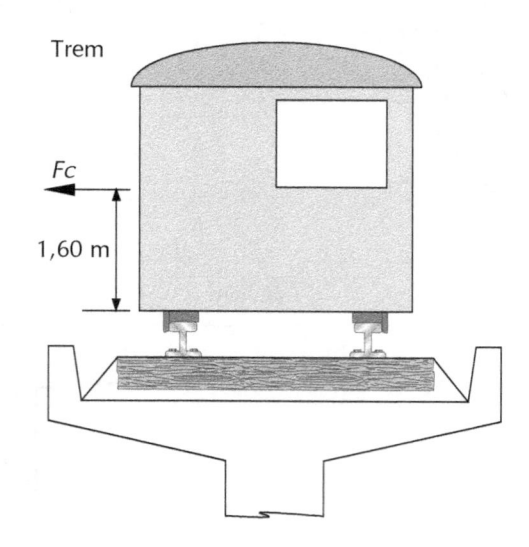

10.8 PROTENSÃO

Evidentemente, é um esforço que só deve ser considerado nas pontes de concreto protendido. Trata-se de uma força normal de compressão que provoca uma variação na dimensão da peça e, portanto, se essa variação é impedida total ou parcialmente, aparecerão tensões adicionais, que deverão ser consideradas. A força de protensão, sendo um esforço permanentemente aplicado, tem muita importância sobre o fenômeno da deformação lenta do concreto, além da deformação imediata que produz no instante em que é aplicado.

10.9 ATRITO NOS APOIOS

O atrito nos apoios é um esforço que deve ser levado em conta no cálculo dos aparelhos de apoio, pilares e encontros. Seu efeito é geralmente considerado apenas na infraestrutura da ponte. Segundo a NBR 7187, deve-se considerar as seguintes forças de atrito nos aparelhos de apoio:

$Fa = 3\%\ R_A$ – aparelhos de rolamento

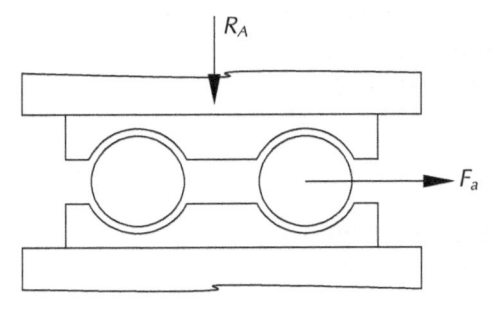

$Fa = 20\%\ R_A$ – aparelhos de escorregamento

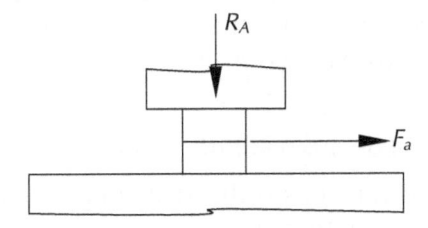

R_A: reação de apoio

$$R_A = Rg + \varphi Rq$$

onde Rg: parcela da carga permanente
   Rq: parcela da carga móvel

Atualmente, na grande maioria dos casos de pontes de vigas, usam-se aparelhos de apoio de neoprene, os quais serão objeto de estudo particular. O coeficiente de atrito entre o neoprene e o concreto é $\mu = 0,5$

$$Fa = 0,5\,R_A$$

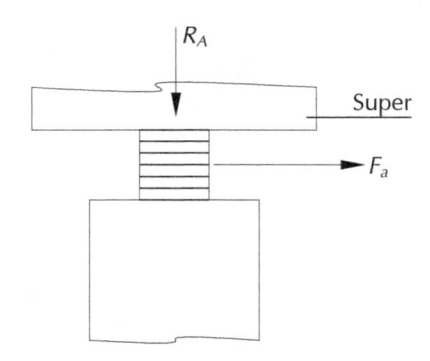

10.10 RECALQUE DE APOIO

Quando o terreno em que se assentam as fundações é de pequena resistência e a estrutura da ponte é hiperestática, deve-se levar em conta no cálculo dessa estrutura a influência de possíveis recalques nos apoios. Em geral, para efeito de cálculo, pode-se adotar um recalque dado por

$$\delta = \frac{\ell\ (\text{metros})}{5.000}$$

onde ℓ: comprimento do maior tramo.

10.11 EMPUXO DE TERRA OU ÁGUA

A determinação do empuxo de terra sobre a estrutura da ponte é geralmente necessária para o cálculo de elementos da infraestrutura, pilares de encontro e de cortinas; o cálculo é feito supondo-se o terreno sem coesão e empregando-se a conhecida expressão de Coulomb,

$p = \gamma\,h\,\text{tg}^2\,(45 - \varphi/2)$, onde φ é o ângulo de atrito interno (empuxo ativo).

Para a maior parte dos terrenos utilizados em aterros, pode-se assumir os seguintes valores médios (salvo determinação correta):

$\gamma = 18\ \text{kN/m}^3$

$\varphi = 30° \rightarrow \text{tg}^2\,(45 - 30/2) = \text{tg}^2\,30° = 0,33$

então se tivermos $\gamma = 18\ \text{kN/m}^3$ e $\varphi = 30°$, teremos:

$p = 18 \cdot h \cdot 0,33 \cong 0,60\,h \rightarrow p = 6\,h$ (h - em metros)

Um problema frequente no cálculo da infraestrutura de ponte é a determinação do empuxo diferencial causado pela presença da carga móvel sobre o aterro em uma das extremidades da ponte. É a chamada sobrecarga no aterro.

A determinação da sobrecarga no aterro é um problema de difícil solução exata. Utiliza-se, na prática, uma solução aproximada que tem sido aceita como suficientemente representativa do valor real. Consiste em tranformar o peso da carga móvel em uma altura adicional de aterro (ho) com a extremidade da ponte e calcular o acréscimo de empuxo devido a essa altura complementar.

Vamos calcular para a nossa ponte:

$p = 6\,h = 6 \times 1,9 = 11,4$ kN/m^2
(equilibrado do outro lado da ponte)

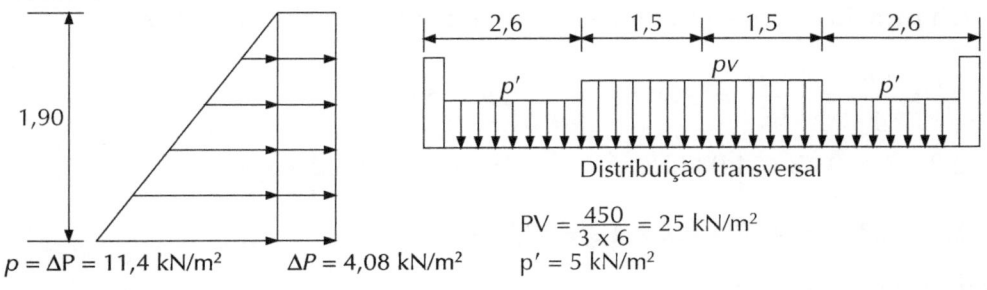

$p = \Delta P = 11,4$ kN/m² $\quad\quad \Delta P = 4,08$ kN/m²

$PV = \dfrac{450}{3 \times 6} = 25$ kN/m²

$p' = 5$ kN/m²

Distribuição transversal

Encontro da ponte:

Detalhe 1

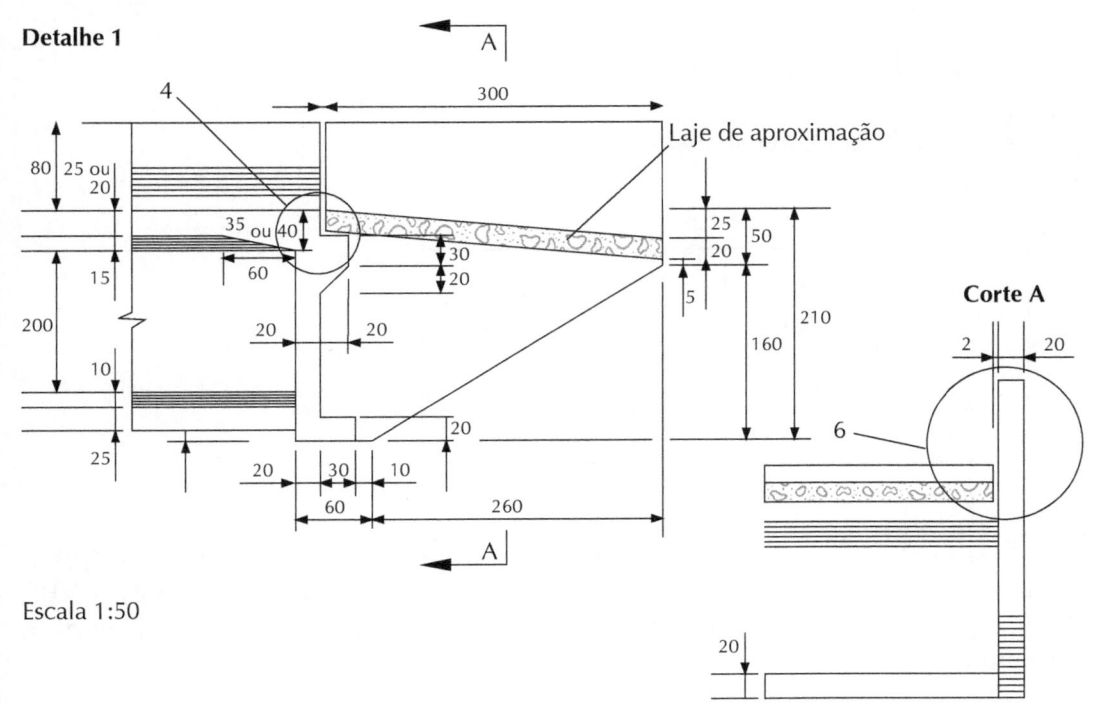

Laje de aproximação

Corte A

Escala 1:50

O veículo exerce sobre o terreno pressão dada por

$$Pv = \frac{450}{3 \times 6} = 25 \text{ kN/m}^2 \qquad pm = \frac{25 \times 3 + (L-3) \cdot q}{L}$$

Considerando-se 1,0 m de comprimento no sentido longitudinal da ponte, a pressão média final sobre o aterro provocada pelas cargas móveis p, pv, p' será:

$$pm = \frac{25 \times 3 + 5 \times (8,2-3)}{8,2} = 12,31 \text{ kN/m}$$

para $L = 8,2$ m temos $q = 5$ kN/m^2.

A altura do aterro equivalente a essa pressão será evidentemente

$$h_0 = \frac{pm}{\gamma} = \frac{12,31}{18} = 0,68 \text{ m} \qquad \Delta P = 6 \cdot h_0$$

$$\Delta P = 6 \times 0,68 = 4,08 \text{ kN/m}^2 \qquad \text{Área} = A = 8,2 \times 1,9$$

$$\Delta E = \Delta P \cdot A = 4,08 \times 8,2 \times 1,9 = 63,56 \text{ kN}$$

por linha de fuste

$$\Delta E = \frac{63,56}{2} = 31,78 \text{ kN}$$

$$S = 8,2 \times 1,9 = 15,58 \text{ m}^2 \text{ (área da cortina)}$$

$$\frac{\Delta E}{2} = 31,78 \text{ por linha de fuste}$$

Pilar	k (kN/m)	$\dfrac{k}{\Sigma k}$	$F\Delta E$ (kN)
P_1	4.861,39	0,53	16,84
P_2	4.357,03	0,47	14,94

É esse valor que será posteriormente distribuído pelos pilares da ponte. Quanto ao empuxo passivo do terreno, cuja expressão é $p_p = \gamma\, h \,\text{tg}^2\, (45° + \varphi/2)$, a NBR 7187 só permite o seu uso em casos particulares. Encontros de paredes de cortina atirantados.

Quanto ao empuxo de água de regime torrencial ou de inundação, dentro de grande velocidade, a ação da água em certos casos deve também ser considerada como subpressão. Se a fundação assenta sobre rocha sã, não existe o problema da subpressão, porém, principalmente no caso de terrenos arenosos permeáveis de um modo geral, essa subpressão poderá produzir efeitos desfavoráveis.

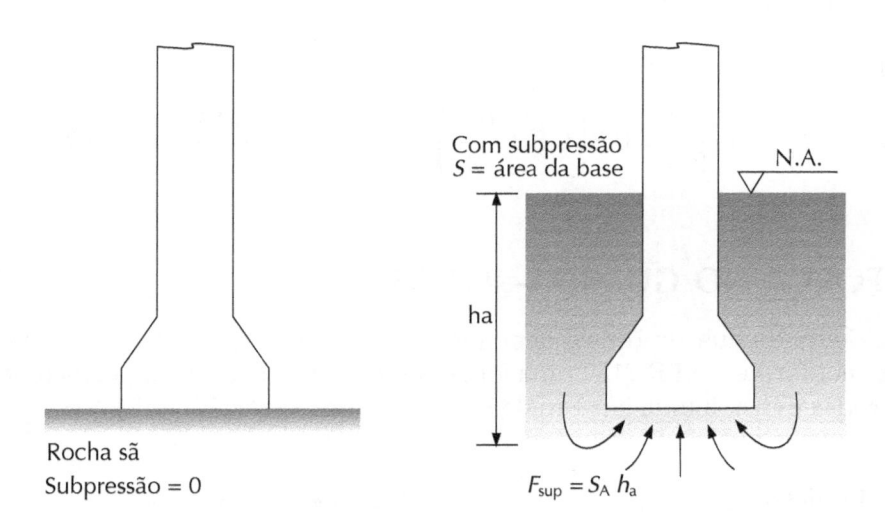

10.12 FORÇA NO GUARDA-CORPO

De acordo com a NBR 7187, no cálculo do guarda-corpo das pontes, deve-se considerar agindo no seu topo uma força distribuída horizontal de 0,8 kN/m e carga vertical mínima de 2 kN/m, conforme o tipo de geometria dos passeios e das lajes em balanço das pontes. Esse esforço deverá ser também considerado no cálculo desses elementos.

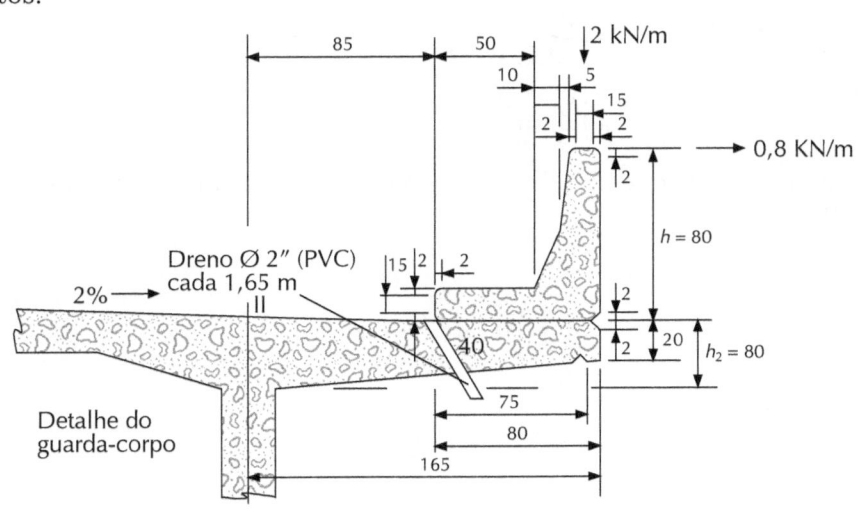

Estão presentes as seguintes seções e respectivos momentos fletores para o dimensionamento:

Seção I-I

$$M_{\text{I-I}} = H \cdot h_1 = \overbrace{0,8}^{H} \times \overbrace{0,8}^{h_1} = 0,64 \text{ kN/m}$$

Seção II-II

$$M_{\text{II-II}} = H\left(h_1 + \frac{h_2}{2}\right) = 0,8\left(0,8 + \frac{0,4}{2}\right) + 2 \times \left(1,65 - \frac{0,15}{2}\right) = 3,95 \text{ kN/}$$

10.13 FORÇA NO GUARDA-RODAS

Para o cálculo do guarda-rodas, dependendo da geometria da estrutura da ponte, utiliza-se conforme a NBR 7187 uma força horizontal $P = 60$ kN, aplicada no topo do guarda-rodas e distribuída em 1 m de comprimento.

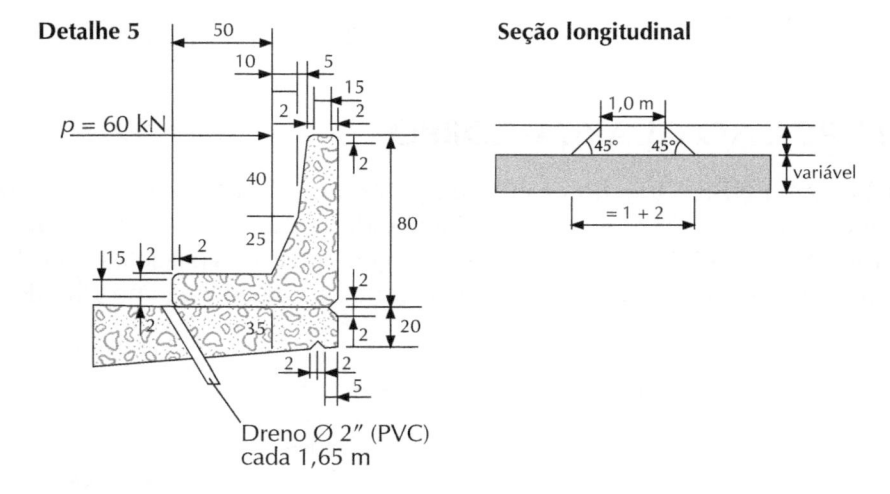

O momento que age é $M = P \cdot h$ que se distribui por hipótese sobre a largura $b = 1,0 + 2h$.

10.14 PRESSÕES CAUSADAS PELA ÁGUA NOS PILARES

A água corrente exerce um esforço na infraestrutura da ponte que pode ser expresso por:

$$p = kv^2 \text{ (kN/m)}$$

onde k é o coeficiente dimensional e
v é a velocidade da água corrente

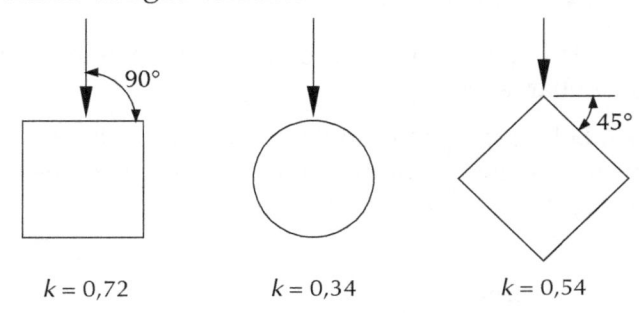

| $k = 0,72$ | $k = 0,34$ | $k = 0,54$ |

no caso de não existir informação da velocidade da água, adotaremos

Velocidade da água v = 2 *m/seg* (adotado), ou então, se não houver medição no local.

No nosso caso, temos:

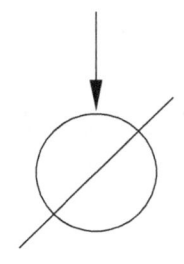

$\emptyset = 120$ cm $\qquad p = 0,34 \times \overline{2}^2 = 1,36 \text{ kN/m}^2$

$k = 0,34 \qquad\qquad v = 2 \text{ m/s}$

10.15 AÇÃO DA NEVE

O peso da neve pode ocorrer e deverá ser levado em conta no cálculo da estrutura da ponte.

10.16 FORÇAS SÍSMICAS

Deverão ser consideradas em locais sujeitos a terremotos. As forças sísmicas são de direção horizontal e de intensidade proporcional à massa dos elementos estruturais em que atuam.

10.17 IMPACTO NOS PILARES

Os pilares de pontes e viadutos, conforme sua posição, podem ficar sujeitos a choques de veículos ou embarcações.

A NBR 7187 estabelece que, no caso da possibilidade desses choques, deverão ser tomadas medidas especiais de proteção dos pilares, as quais podem ser representadas por defensas, "Duques de Alba" (embarcações) etc.

Planta

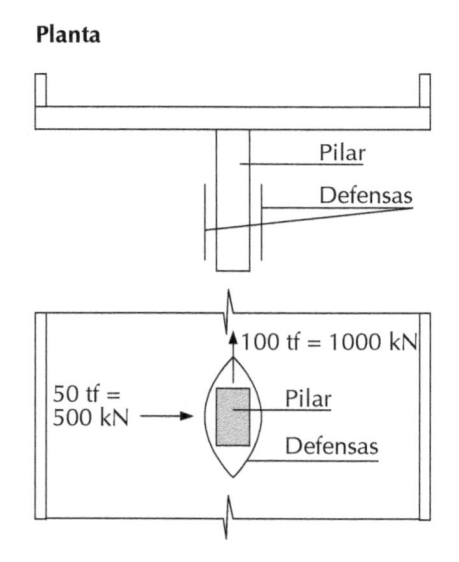

A NBR 7187, todavia, não estabelece qual o valor a assumir para a força horizontal devido ao choque dos veículos ou embarcações. Outras normas, porém, como a norma alemã (D.I.N.), estabelecem para essa força horizontal valores bastante elevados. Por exemplo, na D.I.N.:

H = 1.000 kN no sentido longitudinal
H = 500 kN no sentido transversal

aplicados a 1 m de altura.

10.18 FORÇAS DE CONSTRUÇÃO

São originadas durante a construção da obra, por causas diversas e não controladas na fase de projeto, por exemplo, erros de montagem, medidas inexatas das peças etc. A própria operação mal executada de colocação dos elementos da estrutura pode dar origem a esforços de construção. É o caso do levantamento de vigas pré-moldadas em pontos não adequados.

Resumo dos esforços nos topos dos pilares (kN)

	p_1 (kN)	p_2 (kN)
Frenagem	35,78	31,72
Temperatura	8,61	8,61
Retração	11,48	11,48
Empuxo diferencial	16,84	14,94
F longitudinal por fuste de pilar	72,71	66,75
Vento transversal por pórtico	81,60	81,60

$Fp_1 = 35{,}78 + 8{,}61 + 11{,}48 + 16{,}84 = 72{,}71$ (longitudinal)

$Fp_2 = 31{,}72 + 8{,}61 + 11{,}48 + 14{,}94 = 66{,}75$ (longitudinal)

$Fp_{1\ \text{vento transversal}} = 81{,}60$ kN (transversal)

$Fp_{2\ \text{vento transversal}} = 81{,}60$ kN (transversal)

— 11 —
DIMENSIONAMENTO DAS VIGAS PRINCIPAIS

$\xi d = x/d$	Tabela de flexão simples					
	Valores de $k6d$ para concreto de fck			$k3d$		
	20	25	30	CA-25	CA-50	CA-60B
0,01	1.034	827	689	0,462	0,231	0,192
0,02	519	415	346	0,464	0,232	0,192
0,03	347	278	232	0,466	0,233	0,192
0,04	262	209	174	0,468	0,234	0,192
0,05	210	168	140	0,469	0,235	0,192
0,06	176	141	117	0,471	0,236	0,192
0,07	151	121	101	0,473	0,237	0,192
0,08	133	106	88,6	0,475	0,238	0,192
0,09	119	94,9	79,1	0,477	0,239	0,192
0,10	107	85,8	71,5	0,479	0,240	0,192
0,11	97,9	78,3	65,3	0,481	0,241	0,192
0,12	90,1	72,1	60,1	0,483	0,242	0,192
0,13	83,5	66,8	55,7	0,485	0,243	0,192
0,14	77,9	62,3	51,9	0,487	0,244	0,192
0,15	73,0	58,4	48,7	0,489	0,245	0,192
0,16	68,7	55,0	45,8	0,492	0,246	0,192
0,167	66,1	52,8	44,0	0,493	0,247	0,192
0,17	65,0	52,0	43,3	0,494	0,247	0,192
0,18	61,6	49,3	41,1	0,496	0,248	0,192
0,19	58,6	46,9	39,1	0,498	0,249	0,192
0,20	55,9	44,8	37,3	0,500	0,250	0,192
0,21	53,5	42,8	35,7	0,502	0,251	0,192
0,22	51,3	41,0	34,2	0,504	0,252	0,192
0,23	49,3	39,4	32,9	0,507	0,253	0,192
0,24	47,4	38,0	31,6	0,509	0,254	0,192
0,25	45,8	36,6	30,5	0,511	0,256	0,192
0,259	44,3	35,5	29,6	0,513	0,257	0,192
0,26	44,2	35,4	29,5	0,513	0,257	0,192
0,27	42,7	34,2	28,5	0,516	0,258	0,192

Tabela de flexão simples (*continuação*)					
$\xi d = x/d$	Valores de $k6d$ para concreto de fck			$k3d$		
	20	25	30	CA-25	CA-50	CA-60B
0,28	41,4	33,1	27,6	0,518	0,259	0,192
0,29	40,2	32,1	26,8	0,520	0,260	0,192
0,30	39,0	31,2	26,0	0,523	0,261	0,192
0,31	37,9	30,3	25,3	0,525	0,263	0,192
0,32	36,9	29,5	24,6	0,528	0,264	0,192
0,33	35,9	28,8	24,0	0,530	0,265	0,192
0,34	35,0	28,0	23,4	0,533	0,266	0,192
0,35	34,2	27,4	22,8	0,535	0,267	0,192
0,36	33,4	26,7	22,3	0,537	0,269	0,192
0,37	32,7	26,1	21,8	0,540	0,270	0,192
0,38	31,9	25,6	21,3	0,543	0,271	0,192
0,39	31,3	25,0	20,8	0,545	0,273	0,192
0,40	30,6	24,5	20,4	0,548	0,274	0,192
0,41	30,0	24,0	20,0	0,550	0,275	0,192
0,42	29,5	23,6	19,6	0,553	0,276	0,192
0,43	28,9	23,1	19,3	0,556	0,278	0,192
0,44	28,4	22,7	18,9	0,558	0,279	0,192
0,442	28,3	22,6	18,9	0,559	0,279	0,192
0,45	27,9	22,3	18,6	0,561	0,281	
0,46	27,4	21,9	18,3	0,564	0,282	
0,469	27,0	21,6	18,0	0,566	0,283	
0,47	27,0	21,6	18,0	0,567	0,283	
0,48	26,5	21,2	17,7	0,569	0,285	
0,49	26,1	20,9	17,4	0,572	0,286	
0,50	25,7	20,6	17,2	0,575	0,288	

Valores de $k7$ e $k8$						
	fck = 20 MPa		fck = 25 MPa		fck = 30 MPa	
Aço	$k7d$	$k8d$	$k7d$	$k8d$	$k7d$	$k8d$
CA-25	0,511	0,511	0,511	0,511	0,511	0,511
CA-50A	0,256	0,256	0,256	0,256	0,256	0,256
CA-60B	0,216	0,288	0,216	0,288	0,216	0,288

Tabela Área da seção de armadura/metro de largura (cm^2/m)									
Espaçamento (cm)	Diâmetro da barra (mm)								
	6,3	8	10	12,5	16	20	25	32	40
5,0	6,30	10,00	16,00	25,00	40,00	63,00	100,00	160,00	250,00
5,5	5,72	9,09	14,54	22,72	36,36	57,27	90,90	145,45	227,27
6,0	5,25	8,33	13,33	20,83	33,33	52,50	83,33	133,33	208,33
6,5	4,84	7,69	12,30	19,23	30,76	48,46	76,92	123,07	192,30
7,0	4,50	7,14	11,42	17,85	28,57	45,00	71,42	114,28	178,57
7,5	4,19	6,66	10,66	16,66	26,66	41,99	66,66	106,66	166,66
8,0	3,93	5,25	10,00	15,62	25,00	39,37	62,50	100,00	156,25
8,5	3,70	5,88	9,41	14,70	23,52	37,05	58,82	94,11	147,05
9,0	3,50	5,55	8,88	13,88	22,22	35,00	55,55	88,88	138,88
9,5	3,31	5,26	8,42	13,15	21,05	33,15	52,63	84,21	131,57
10,0	3,15	5,00	8,00	12,50	20,00	31,50	50,00	80,00	125,00
11,0	2,86	4,54	7,27	11,36	18,18	28,63	45,45	72,72	113,63
12,0	2,62	4,16	6,66	10,41	16,66	26,25	41,66	66,66	104,16
12,5	2,52	4,00	6,40	10,00	16,00	25,20	40,00	64,00	100,00
13,0	2,42	3,84	6,15	9,61	15,38	24,23	38,46	61,53	96,15
14,0	2,25	3,57	5,71	8,92	14,28	22,50	35,71	57,14	89,28
15,0	2,10	3,33	5,33	8,33	13,33	21,00	33,33	53,33	83,33
16,0	1,96	3,12	5,00	7,81	12,50	19,68	31,25	50,00	78,12
17,0	1,85	2,94	4,70	7,35	11,76	18,52	29,41	47,05	73,52
17,5	1,80	2,85	4,57	7,14	11,42	18,00	28,57	45,71	71,42
18,0	1,75	2,77	4,44	6,94	11,11	17,50	27,77	44,44	69,44
19,0	1,65	2,63	4,21	6,57	10,52	16,57	26,31	42,10	65,78
20,0	1,57	2,50	4,00	6,25	10,00	15,75	25,00	40,00	62,50
21,0	1,50	2,38	3,80	5,95	9,52	15,00	23,80	38,09	59,52
22,0	1,43	2,27	3,63	5,68	9,09	14,31	22,72	36,36	56,81
23,0	1,36	2,17	3,47	5,43	8,69	13,69	21,73	34,78	54,34
24,0	1,31	2,08	3,33	5,20	8,33	13,12	20,83	33,33	52,08
25,0	1,26	2,00	3,20	5,00	8,00	12,60	20,00	32,00	50,00
26,0	1,21	1,92	3,07	4,80	7,69	12,11	19,23	30,76	48,07
27,0	1,16	1,85	2,96	4,62	7,40	11,66	18,51	29,62	46,29
28,0	1,12	1,78	2,85	4,46	7,14	11,25	17,85	28,57	44,64
29,0	1,08	1,72	2,75	4,31	6,89	10,86	17,24	27,58	43,10
30,0	1,05	1,66	2,66	4,18	6,66	10,50	16,68	26,66	41,66

Tabela Área da seção de armadura (cm²) (padronizada pela EB 3 (1972))												
Diâ-metro (mm)	Peso linear (kgf/m)	Perí-metro (cm)	Número de barras									
			1	2	3	4	5	6	7	8	9	10
5	0,16	1,57	0,196	0,393	0,559	0,785	0,981	1,178	1,374	1,570	1,766	1,963
6,3	0,25	2,00	0,315	0,63	0,945	1,26	1,575	1,89	2,205	2,52	2,835	3,15
8	0,40	2,50	0,50	1,00	1,50	2,00	2,50	3,00	3,50	4,00	4,50	5,00
10	0,63	3,15	0,80	1,60	2,40	3,20	4,00	4,80	5,60	6,40	7,20	8,00
12,5	1,00	4,00	1.25	2,50	3,75	5,00	6,25	7,50	8,75	10,00	11,25	12,50
16	1,60	5,00	2,00	4,00	6,00	8,00	10,00	12,00	14,00	16,00	18,00	20,00
20	2,50	6,30	3,15	6,30	9,45	12,60	15,75	18,90	22,05	25,20	28,35	31,50
25	4,00	8,00	5,00	10,00	15,00	20,00	25,00	30,00	35,00	40,00	45,00	50,00
32	6,30	10,00	8,00	16,00	24,00	32,00	40,00	48,00	56,00	64,00	72,00	80,00
40	10,00	12,50	12,50	25,00	37,50	50,00	62,50	75,00	87,50	100,00	112,50	125,00

a) Cálculo da armadura de flexão simples

al) *Viga de seção retangular*

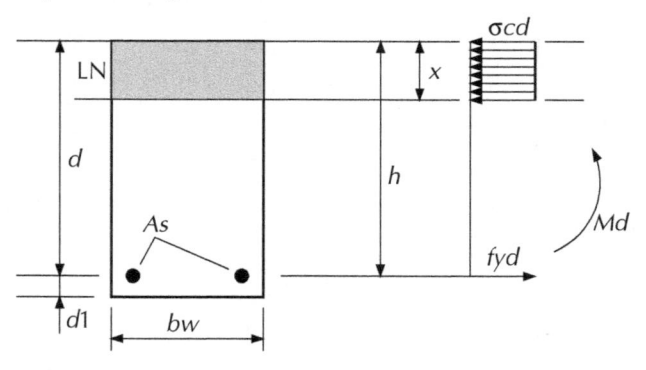

Dados: Md, bw, h calculemos As

$$k6_d = \frac{bw \cdot d^2}{Md} \cdot 10^5 \qquad Md \text{ (kNm)}$$

Tabela de flexão simples

$$\rightarrow k3_d \rightarrow As = \frac{k3_d}{10} \cdot \frac{Md}{d}$$

a2) *Armadura dupla – seção retangular*

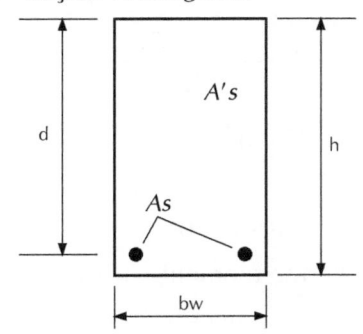

Dados: *Md, bw, h* calculemos *As* e *A's*

Calculemos $k6_d = 10^5 \cdot \dfrac{bw \cdot d^2}{Md}$

Se $k6_d < K6_{d\,\text{lim}}$ armadura $\rightarrow$ dupla

$$Md_{\text{lim}} = 10^5 \cdot \frac{bw \cdot d^2}{k6_{d\,\text{lim}}} \qquad \Delta Md = Md - Md_{\text{lim}}$$

$$As = \frac{k3_{d\,\text{lim}}}{10} \cdot \frac{Md_{\text{lim}}}{d} + \frac{k7_d}{10} \cdot \frac{\Delta Md}{d}$$

$$A's = \frac{k8_d}{10} \cdot \frac{\Delta Md}{d}$$

Exemplos

a1) *Armadura simples – seção retangular*

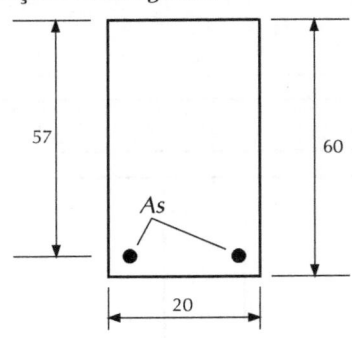

Md = 126 kNm
bw = 0,2 m $\qquad d$ = 0,57 m
fck = 25 MPa $\qquad$ Aço CA-50

- Cálculo do $k6_d$

$$k6_d = 10^5 \cdot \frac{bw \cdot d^2}{Md} = 10^5 \cdot \frac{0,2 \times 0,57^2}{126} = 51,57 \rightarrow K3_d = 0,245$$

$$As = \frac{0,245}{10} \times \frac{126}{0,57} = 5,41 \text{ cm}^2$$

a2) *Armadura dupla – seção retangular*

A mesma seção anterior, com o momento $Md = 340$ kNm

- Cálculo de $k6_d$

$$K6_d = 10^5 \times \frac{0,2 \times 0,57^2}{340} = 19,11 < k6_{d\,\text{lim}}$$

$$k6_{d\,\text{lim}} = 20,6 \rightarrow k3_{d\,\text{lim}} = 0,288$$

$$Md_{\text{lim}} = 10^5 \times \frac{0,2 \times 0,57^2}{20,6} = 315,4 \text{ kNm}$$

$$\Delta Md = Md - Md_{\text{lim}}$$

$$\Delta Md = 340 - 315,40 = 24,6 \text{kNm} \qquad \begin{array}{l} k7_d = 0,255 \\ k8_d = 0,255 \end{array}$$

$$As = \frac{k3_{d\,\text{lim}}}{10} \cdot \frac{Md_{\text{lim}}}{d} + k7_d \frac{\Delta Md_{\text{lim}}}{d} = \frac{0,288}{10} \times \frac{315,40}{0,57} + \frac{0,255}{10} \times \frac{24,6}{0,57} = 17,04 \text{ cm}^2$$

$$A's = \frac{k8_d}{10} \cdot \frac{\Delta Md}{d} = \frac{0,255}{10} \times \frac{24,6}{0,57} = 1,10 \text{ cm}^2$$

b)   Vigas da seção T

b1) *Armadura simples*

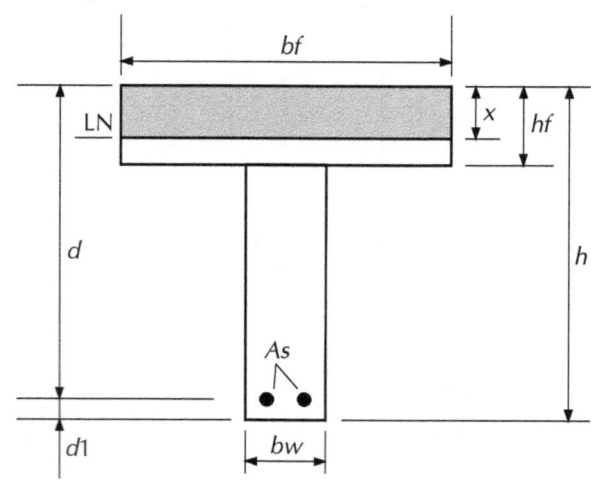

Dados: Md, bw, bf, hf

onde $\xi f = \dfrac{hf}{d}$ e $\xi_d = \dfrac{x}{d}$

Se $0{,}8 \times \xi_d > \xi f \rightarrow$ temos seção T

   $0{,}8 \times \xi_d \le \xi f \rightarrow$ temos seção retangular

- Calculemos inicialmente:

1) $k6_d = 10^5 \cdot \dfrac{bf \cdot d^2}{Md} \rightarrow \xi_d \rightarrow$ se $0{,}8 \cdot \xi_d \le \xi f$ seção retangular

   $k3_d \rightarrow As = \dfrac{k3_d}{10} \cdot \dfrac{Md}{d}$

2) $k6_d = 10^5 \cdot \dfrac{bf \cdot d^2}{Md} \rightarrow \xi_d \rightarrow$ se $0{,}8 \cdot \xi_d > \xi f$ seção T

Marcha de cálculo:

$\xi_{novo} = \dfrac{\xi f}{0{,}8} \rightarrow k6_{d_f}$ e $k3_{d_f}$

$Mf_d = \dfrac{(bf - bw) \cdot d^2}{k6_{d_f}} \cdot 10^5$ $Mw_d = Md - Mf_d$

com

$Mw_d \rightarrow k6_d = 10^5 \cdot \dfrac{bw \cdot d^2}{Mw_d} \rightarrow k3_d \rightarrow$

$As = \dfrac{k3_d}{10} \cdot Mw_d + \dfrac{k_3 f}{10} \cdot \dfrac{M_d f}{d}$

- Cálculo das abas de acordo com NBR 6118 (2003)

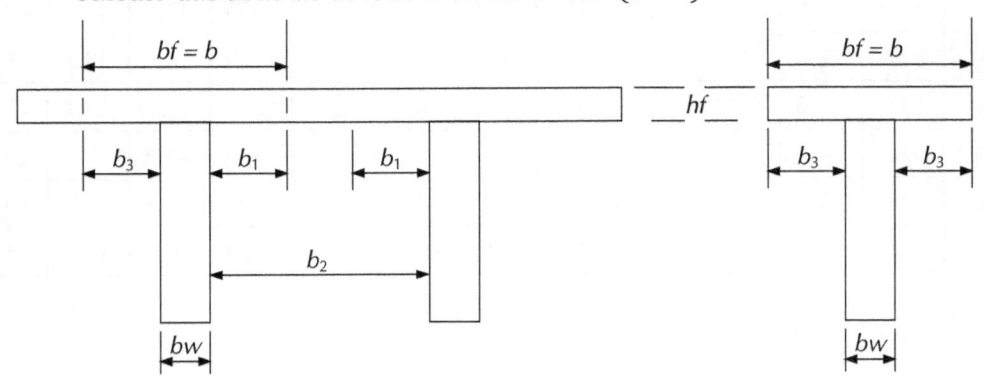

Para o caso de resistência ou deformação, a parte a considerar como elemento da viga será:

$$b_1 \leq \begin{cases} 0,10a \\ 0,5b_2 \end{cases} \qquad b_3 \leq \{0,10a$$

$a = \ell$ \qquad viga simplesmente apoiada

$a = \dfrac{3}{4}\ell$ \qquad tramo com momento em uma só extremidade

$a = \dfrac{3}{5}\ell$ \qquad tramo com momento nas duas extremidades

$a = 2\ell$ \qquad viga em balanço

- Armadura mínima

$$As = \frac{0,15}{100} \cdot bw \cdot h$$

Tabela mãe (métrica)												
Diâmetro $\emptyset$ (mm)	Peso linear (kgf/cm)	Perímetro (cm)	Áreas das seções das barras A, (cm²)									
			1	2	3	4	5	6	7	8	9	10
3,2	0,063	1,0	0,080	0,160	0,24	0,32	0,40	0,48	0,56	0,64	0,72	0,80
4	0,100	1,25	0,125	0,25	0,375	0,50	0,625	0,75	0,875	1,00	1,125	1,25
5	0,160	1,60	0,200	0,40	0,60	0,80	1,00	1,20	1,40	1,60	1,80	2,00
6,3	0,250	2,00	0,315	0,63	0,945	1,26	1,575	1,89	2,205	2,52	2,835	3,15
8	0,400	2,50	0,50	1,00	1,50	2,00	2,50	3,00	3,50	4,00	4,50	5,00
10	0,630	3,15	0,80	1,60	2,40	3,20	4,00	4,80	5,60	6,40	7,20	8,00
12,5	1,000	4,00	1,25	2,50	3,75	5,00	6,25	7,50	8,75	10,00	11,25	12,50
16	1,600	5,00	2,00	4,00	6,00	8,00	10,00	12,00	14,00	16,00	18,00	20,00
20	2,500	6,30	3,15	6,30	9,45	12,60	15,75	18,90	22,05	25,20	28,35	31,50
25	4,000	8,00	5,00	10,00	15,00	20,00	25,00	30,00	35,00	40,00	45,00	50,00
32	6,300	10,00	8,00	16,00	24,00	32,00	40,00	48,00	56,00	64,00	72,00	80,00
40	10,000	12,50	12,50	25,00	37,50	50,00	62,50	75,00	87,50	100,00	112,50	125,00

Tabela Taxas mínimas de armadura de flexão para vigas								
Forma da seção	Valores de $\rho_{\text{mín%}}{}^{1)}$ $(A_{s,\,\text{mín}}/A_c)$							
	$\omega_{\text{mín}}$	fck						
		20	25	30	35	40	45	50
Retangular	0,035	0,150	0,150	0,173	0,201	0,230	0,259	0,288
T (mesa comprimida)	0,024	0,150	0,150	0,150	0,150	0,158	0,177	0,197
T (mesa tracionada)	0,031	0,150	0,150	0,153	0,178	0,204	0,229	0,255
Circular	0,070	0,230	0,288	0,345	0,403	0,460	0,518	0,575

[1] Os valores de $\rho_{\text{mín}}$ estabelecidos nesta tabela pressupõem o uso de aço CA-50, $\gamma_c = 1,4$ e $\gamma_{cs} = 1,15$. Caso esses fatores sejam diferentes, $\rho_{\text{mín}}$ deve ser recalculado com base no valor de $\omega_{\text{mín}}$ dado.

NOTA: Nas seções tipo T, a área da seção a ser considerada deve ser caracterizada pela alma acrescida da mesa colaborante.

Em elementos estruturais superdimensionados, pode ser utilizada armadura menor que a mínima, com valor obtido a partir de um momento fletor igual ao dobro de M_d. Nesse caso, a determinação dos esforços solicitantes deve considerar de forma rigorosa todas as combinações possíveis de carregamento, assim como os efeitos de temperatura, deformações diferidas e recalques de apoio. Deve-se ter ainda especial cuidado com o diâmetro e espaçamento das armaduras de limitação de fissuração.

Exemplo

b1) *Armadura simples (seção T)*

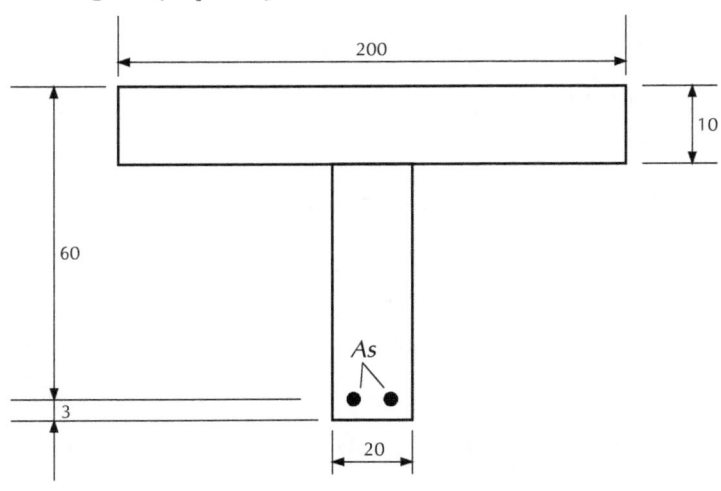

$M_d = 182$ kNm $\qquad\qquad bf = 2,0$ m $\qquad\qquad bw = 0,2$ m

$d = 0,57$ m $\qquad\qquad$ Aço CA-50 $\qquad\qquad$ fck = 25 MPa

Cálculo de $k6_d$ inicial:

$$k6 = 10^5 \times \frac{2 \times 0,57^2}{182} = 357 \rightarrow \xi_d = 0,03 \rightarrow k3_d = 0,233$$

$$0,8\xi_d = 0,8 \times 0,03 = 0,024 < \xi f \qquad \xi f = \frac{10}{57} = 0,175$$

Seção retangular

$$As = \frac{0,233}{10} \times \frac{182}{0,57} = 7,43 \text{ cm}^2 \qquad \begin{cases} \text{tabela mãe} \\ 4\varnothing16 \text{ mm} \end{cases}$$

b2) (com a mesma seção acima, mas com $M_d = 1.649$ kNm)

Calculamos $k6_d$ inicial

$$k_d^6 = 10^5 \cdot \frac{bf \cdot d^2}{M_d} = 10^5 \times \frac{2 \times 0,57^2}{1.649} = 39,40 \rightarrow \xi_d = 0,23$$

$$0,8 \cdot \xi_d = 0,8 \times 0,23 = 0,184 > \xi f \rightarrow \text{ seção T}$$

Cálculo do ξ novo

$$\frac{\xi f}{0,8} = \frac{0,175}{0,8} = 0,218$$

$$\xi_{novo} = 0,218 \rightarrow k_f^{6d} = 41 \rightarrow k_f^{3d} = 0,252$$

$$M_d^f = 10^5 \frac{(bf - bw)d^2}{k_f^{6d}} = 10^5 \times \frac{(2 - 0,2) \times 0,57^2}{41} = 1.426,39 \text{ kNm}$$

$$M_d^w = M_d - M_d^f = 1.649 - 1.426,39 = 222,61 \text{ kNm}$$

$$k_d^6 = 10^5 \cdot \frac{bw \cdot d^2}{M_d^w} = 10^5 \times \frac{0,2 \times 0,57^2}{222,61} = 29,19 \rightarrow k_d^3 = 0,265$$

$$As = \frac{k_d^3}{10} \cdot \frac{M_d^w}{d} + \frac{k_3 f}{10} \cdot \frac{M_d^f}{d} = \frac{0,265}{10} \times \frac{222,61}{0,57} + \frac{0,252}{10} \times \frac{1.426,39}{0,57}$$

$$As = 10,35 + 63,06 = 73,41 \text{ cm}^2 \qquad \text{Tabela mãe} \rightarrow 15\varnothing25 \text{ mm}$$

Ancoragem nos apoios extremos

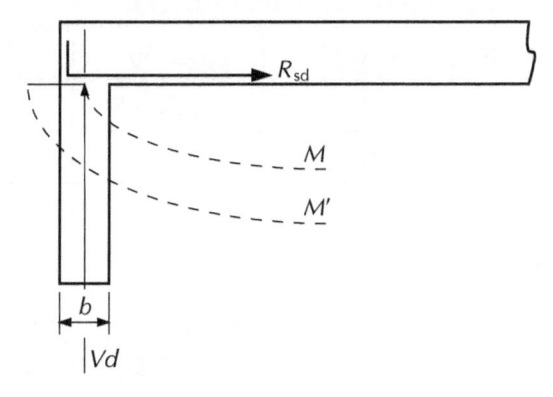

$$R_{sd} = \frac{a\ell}{d} \cdot V_d = 0,75\ V_d$$

Quando for utilizado o trecho de extremidade, a barra deverá prolongar-se além da face do pilar de um comprimento mínimo igual a $r + 5,5\ \phi \geq 6$ cm (r = raio interno efetivo do gancho).

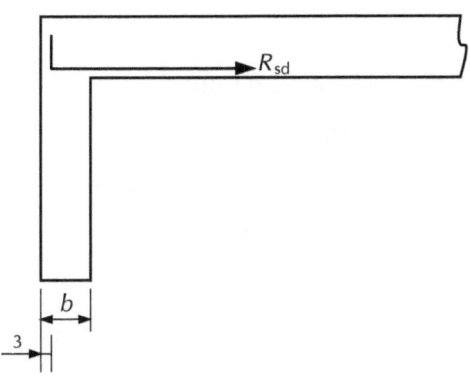

Gancho = $10\ \phi\ r + 5,5\ \phi + 3 \geq 6$ cm.

- Comprimento de ancoragem disponível:

$$\ell_d = (b - 3) + 10\ \phi$$

- Tensão efetiva que se pode ancorar:

$$\sigma_{sd} = \frac{\ell_d}{\ell_b} \cdot fyd$$

- Armadura necessária no apoio:

$$A_{sapo} = \frac{R_{sd}}{\sigma_{sd}}$$

Raio interno de curvatura (r)				
Bitola	CA25 - CA32	CA-40	CA-50	CA-60
< 20	2 ϕ	2 ϕ	2,5 ϕ	3 ϕ
≥ 20	2,5 ϕ	3 ϕ	4 ϕ	

Exemplo

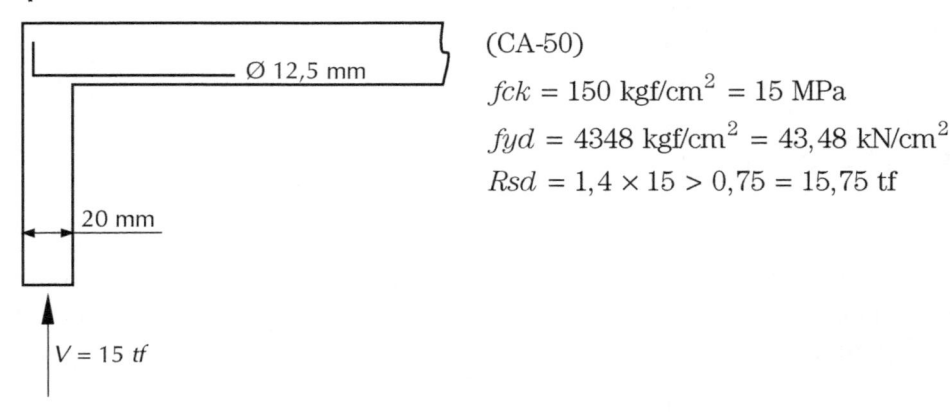

(CA-50)

$fck = 150 \text{ kgf/cm}^2 = 15 \text{ MPa}$

$fyd = 4348 \text{ kgf/cm}^2 = 43,48 \text{ kN/cm}^2$

$Rsd = 1,4 \times 15 > 0,75 = 15,75 \text{ tf}$

- Largura mínima do pilar para ϕ 12,5 mm

  $b \geq 2,5 \ \phi + 5,5 \ \phi + 3 \text{ cm} \geq 6 \text{ cm}$

  $b \geq 2,5 \ \phi + 5,5 \ \phi + 3 \text{ cm} = 8 \ \phi + 3 \text{ cm} = 8 \times 1,25 + 3 = 13 \text{ cm}$ (O.K.)

- Comprimento de ancoragem disponível

  $\ell_d = (b - 3) + 10 \ \phi = 20 - 3 + 10 \times 1,25 = 29,5 \text{ cm}$

  $\ell_b = 54 \ \phi = 54 \times 1,25 = 67,5 \text{ cm}$ fck = 150 kgf/cm^2 (boa aderência) = 15 MPa

- Tensão efetiva que se pode ancorar

$$\sigma_{sd} = \frac{\ell_d}{\ell_c} \cdot fyd = \frac{29,5}{67,5} \times 4.348 \cong 1.900 \text{ kgf/cm}^2$$

$fyd = 4.348 \text{ kgf/cm}^2 = 43,48 \text{ kN/cm}^2$

- Armadura necessária no apoio

$$A_{sapo} = \frac{15.750}{1.900} = 8,29 \text{ cm}^2 \qquad 7\emptyset12,5 \text{ mm (no apoio)}$$

ESTÁDIO I

Seção retangular

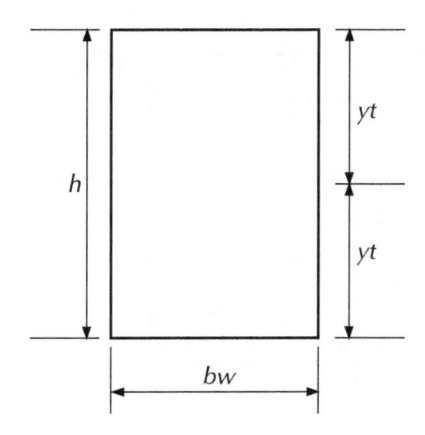

$$I_o = \frac{b_w \cdot h^3}{12} \qquad yt = \frac{h}{2}$$

Seção T

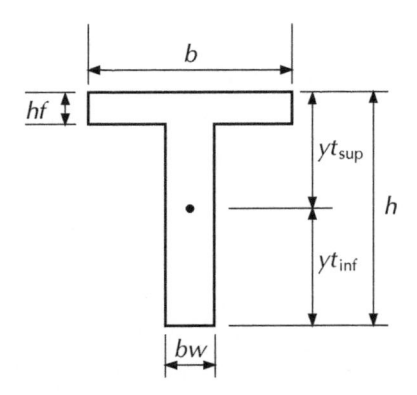

$$yt_{inf} = \frac{b_w \cdot \dfrac{h^2}{2} + (b - b_w) \cdot h_f \cdot \left(h - \dfrac{h_f}{2} \right)}{b_w \cdot h + (b - b_w) \cdot h_f}$$

$$yt_{sup} = h - yt_{inf}$$

$$I_o = (b - b_w) \cdot h_f \cdot \left(h - \frac{h_f}{2} - yt_{inf} \right)^2 + b_w \cdot h \cdot \left(\frac{h}{2} - yt_{inf} \right)^2 + \frac{b_w \cdot h^3}{12} + (b - b_w) \cdot \frac{\overline{h_f}^3}{12}$$

ESTÁDIO II

Seção retangular

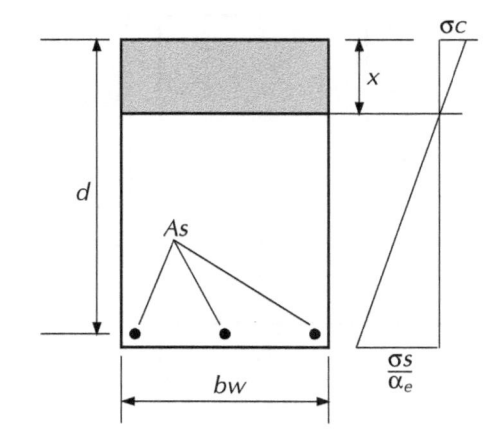

$$\alpha_e = \frac{E_S}{E_C}$$

$$\sigma_C = \frac{\sigma_S}{\alpha_e} \cdot \frac{x}{d-x}$$

$$\frac{\sigma_C \cdot x}{2} \cdot b = A_S \cdot \sigma_S$$

$$A_S = \frac{bx^2}{2(d \cdot x)\alpha_e}$$

Marcha de cálculo

$$d_o = \frac{\Sigma A_{si} \cdot \alpha_e}{\Sigma A_{si}} \qquad A = \frac{\alpha_e \Sigma A_{si}}{b_w} \qquad x = A\left(-1 + \sqrt{1 + \frac{2d_o}{A}}\right)$$

$$I_{\parallel} = \frac{b_w \cdot x^3}{3} + \alpha_e \Sigma\left(A_{si}(d_i - x)^2\right)$$

$$\sigma_C = \frac{M}{I_{\parallel}} \cdot x \qquad \sigma_S = \alpha_e \cdot \sigma_C \cdot \frac{d-x}{x}$$

Seção T - 1.º CASO

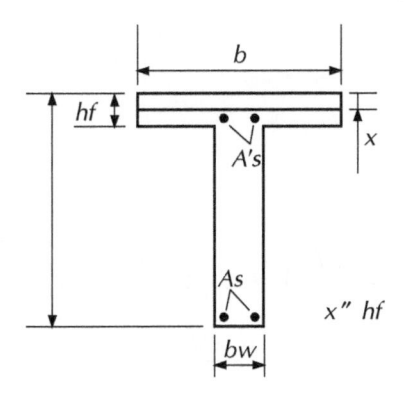

Marcha de cálculo

$$d_o = \frac{\Sigma A_{si} \cdot d_i}{\Sigma A_{si}} \qquad A = \frac{\alpha_e \Sigma A_{si}}{b} \qquad x = A\left(-1 + \sqrt{1 + \frac{2d_o}{A}}\right)$$

$$I_{\parallel} = \frac{b \cdot x^3}{3} + \alpha_e \Sigma\left(A_{si}(d_i - x)^2\right) \qquad \sigma_C = \frac{M}{I_{\parallel}} \cdot x \qquad \sigma_S = \alpha_e \cdot \sigma_C \cdot \frac{d - x}{x}$$

2.º CASO

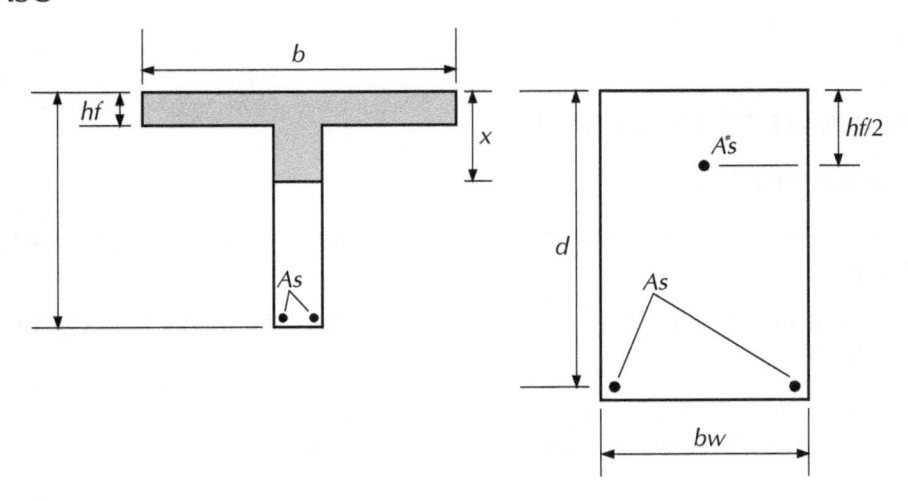

Barra fictícia

$$A_S^* = \frac{(b - b_w)h_f}{\alpha_e}$$

Valem fórmulas anteriores

$$d_o = \frac{\Sigma^* A_{si} \cdot d_i}{\Sigma^* A_{si}} \qquad x = A\left(-1 + \sqrt{1 + \frac{2d_o}{A}}\right)$$

$$A = \alpha_e \frac{\Sigma^* A_{si}}{b_w}$$

$$I_{||} = \frac{bx^3}{3} - \frac{(b - b_w)(x - h_f)^3}{3} + \alpha_e \Sigma\left(A_{si}(d_i - x)^2\right)$$

$$\sigma_C = \frac{M}{I_{||}} \cdot x \qquad \sigma_S = \alpha_e \cdot \sigma_C \cdot \frac{d - x}{x}$$

Cálculo da rigidez equivalente

$$(EI)_{eq} = E_{CS} \cdot \left\{\left(\frac{Mr}{Ma}\right)^3 \cdot I_1 + 1 - \left(\frac{Mr}{Ma}\right)^3 \cdot I_2\right\}$$

I_1 – inércia no estádio I;
I_2 – inércia no estádio II;
Mr – momento de fissuração;
Ma – momento fletor atuante na seção.

ESTADO LIMITE DE FISSURAÇÃO

Momento de fissuração

Nos estados limites de serviço, as estruturas trabalham parcialmente no estádio I e parcialmente no estádio II.

O momento de fissuração (Mr) é que define essa separação. De acordo com o item 17.3 da NBR 6118 (2003):

$$Mr = \frac{\alpha \, fct \, I_C}{yt} \qquad \begin{cases} \alpha = 1,2 \text{ para seções T e duplo T} \\ \alpha = 1,5 \text{ para seções retangulares} \end{cases}$$

onde yt é a distância do centro de gravidade da seção à fibra mais tracionada.
      I_C é o momento de inércia da seção bruta do concreto.

Sendo que *fct,* de acordo com o item 8.2.5 da NBR 6118 (2003), para o momento de fissuração no estado limite de formação de fissura, deve ser usado o *fctk*$_{inf}$, portanto temos:

$$fct = fctk_{inf} = 0,21 \ fck^{2/3} \qquad \begin{cases} fck = 20 \rightarrow fct = 1,547 \ \text{Mpa} \\ fck = 25 \rightarrow fct = 1,795 \ \text{Mpa} \\ fck = 30 \rightarrow fct = 2,027 \ \text{Mpa} \end{cases}$$

Homogeneização da seção

Como temos dois materiais diferentes, concreto e aço, com propriedades diferentes, é necessário homogeneizar a seção. Isso será feito substituindo-se a área de aço por uma área equivalente de concreto, $\alpha_e \cdot A_S$, onde:

$$d_e = \frac{E_S}{E_{CS}} = 15$$

E_{CS} – módulo de elasticidade secante do concreto

$$E_{CS} = 0,85 \cdot E_{Ci} = 0,85 \cdot 5.600 \cdot fck^{1/2} = 4.760 \ fck^{1/2}$$
$$\text{para fck = 25 MPa} \rightarrow E_{CS} = 23.800 \ \text{MPa}$$
$$\text{para fck = 30 MPa} \rightarrow E_{CS} = 26.071 \ \text{MPa}$$

E_S = módulo de elasticidade do aço $\rightarrow E_S = 210 \ \text{GPa} = 210.000 \ \text{MPa}$

Abertura de fissuras

Na verificação de abertura de fissuras, deve ser considerada combinação frequente de ações:

$$F_d = F_{gk} + \varphi_1 \, F_{qk}$$

onde $\varphi_1 = 0,4$ – edifícios;

$\varphi_1 = 0,6$ – edifícios com predominância de permanência de equipamentos por longo período;

$\varphi_1 = 0,5$ – vigas de pontes rodoviárias;

$\varphi_1 = 0,7$ – transversina de pontes rodoviárias;

$\varphi_1 = 0,8$ – lajes de tabuleiro de pontes rodoviárias;

$\varphi_1 = 1,0$ – pontes ferroviárias, pontes rolantes.

$$w \le \begin{cases} w_1 = \dfrac{\phi_i}{12,5 \cdot \eta_i} \cdot \dfrac{\sigma_{Si}}{E_{Si}} \cdot \dfrac{3\sigma_{Si}}{fctm} \\[3mm] w_2 = \dfrac{\phi_i}{12,5 \cdot \eta_i} \cdot \dfrac{\sigma_{Si}}{E_{Si}} \cdot \left[\dfrac{4}{\rho_{ri}} + 45 \right] \end{cases}$$

onde $\eta_i = 1,0$ – para barras lisas, CA-25

$\eta_i = 1,4$ – para barras dentadas, CA-60

$\eta_i = 2,25$ – para barras nervuradas, CA-50

A_{Cri} é a área da região de envolvimento protegida pela barra ϕ_i

$$\rho_{ri} = \frac{A_{Si}}{A_{Cri}}$$

A_{Si} é a área da barra ϕ_i
σ_{Si} é a tensão de tração na armadura no estádio II com $\alpha_e = 15$.

$$fctm = 0,3 \, fck^{2/3}$$

para fck = 25 MPa → $fctm$ = 2,565 MPa
para fck = 30 MPa → $fctm$ = 2,896 MPa

E_{Si} = 210.000 MPa = 21.000 KN/cm^2.

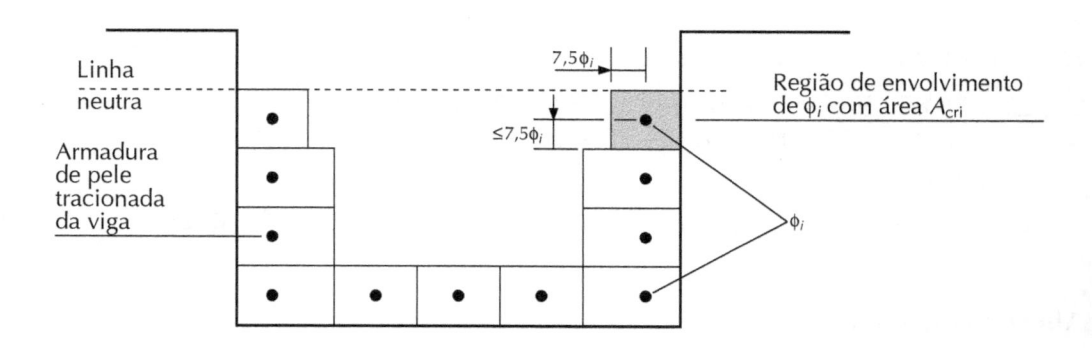

Valor limite

Em função da classe de agressividade ambiental (tabela 6.1 da NBR 6118-2003), a abertura máxima característica w_k das fissuras é dada na tabela a seguir.

Tabela Exigências de durabilidade relacionadas à fissuração e à proteção da armadura (parte da tabela 13.3 da NBR 6118 (2003))			
Tipo de concreto estrutural	Classe de agressividade ambiental (CAA)	Exigências relativas à fissuração	Combinação de ações em serviço a utilizar
Concreto simples	CAA I a CAA IV	Não há	–
Concreto armado	CAA I	ELS-W $w_k \leq 0,4$ mm	Combinação frequente
	CAA II a CAA III	ELS-W $w_k \leq 0,3$ mm	
	CAA IV	ELS-W $w_k \leq 0,2$ mm	

Tabela Coeficiente γ_{f2} – ELU		
Ações		ψ_0
Cargas acidentais de edifícios	Edificações residenciais, de acesso restrito	0,5
	Edificações comerciais, de escritórios e de acesso público	0,7
	Bibliotecas, arquivos, depósitos, oficinas e garagens	0,8
Vento	Pressão dinâmica do vento nas estruturas em geral	0,6
Temperatura	Variações uniformes de temperatura em relação à média anual local	0,6
Passarelas e pontes	Passarelas de pedestre	0,6
	Pontes rodoviárias	0,7
	Pontes ferroviárias não especializadas	0,8
	Pontes ferroviárias especializadas	1,0
	Vigas de rolamento de pontes rolantes	1,0

Tabela Coeficiente γ_{f2} – ELU			
Ações		ψ_1	ψ_2[1)2)]
Cargas acidentais de edifícios	Edificações residenciais, de acesso restrito	0,4	0,3
	Edificações comerciais, de escritórios e de acesso público	0,6	0,4
	Bibliotecas, arquivos, depósitos, oficinas e garagens	0,7	0,6
Vento	Pressão dinâmica do vento nas estruturas em geral	0,3	0,0
Temperatura	Variações uniformes de temperatura em relação à média anual local	0,5	0,3
Passarelas e pontes	Passarelas de pedestre	0,4	0,3
	Pontes rodoviárias	0,5	0,3
	Pontes ferroviárias não especializadas	0,7	0,5
	Pontes ferroviárias especializadas	1,0	0,6
	Vigas de rolamento de pontes rolantes	0,8	0,5

[1)] Para combinações excepcionais, onde a ação principal for sismo, admite-se adotar para ψ_2 o valor zero.
[2)] Para combinações excepcionais, onde a ação principal for o fogo, o fator de redução ψ_2 pode ser reduzido, sendo multiplicado por 0,7.

Exemplo

Cálculo da fissuração da viga abaixo (ponte rolante)

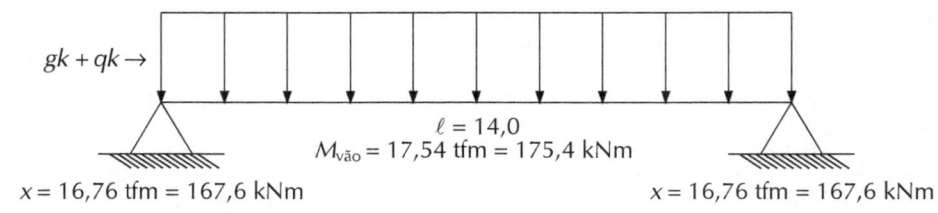

$gk + qk \rightarrow$

$\ell = 14{,}0$
$M_{\text{vão}} = 17{,}54 \text{ tfm} = 175{,}4 \text{ kNm}$

$x = 16{,}76 \text{ tfm} = 167{,}6 \text{ kNm}$ $x = 16{,}76 \text{ tfm} = 167{,}6 \text{ kNm}$

Concreto fck = 25 MPa
Aço CA-50
permanente – $q_k = 0{,}86 \ t_f/\text{m} = 8{,}6 \text{ kN/m}$
acidental – $q_k = 0{,}54 \ t_f/\text{m} = 5{,}4 \text{ kN/m}$

Seção transversal no meio do vão

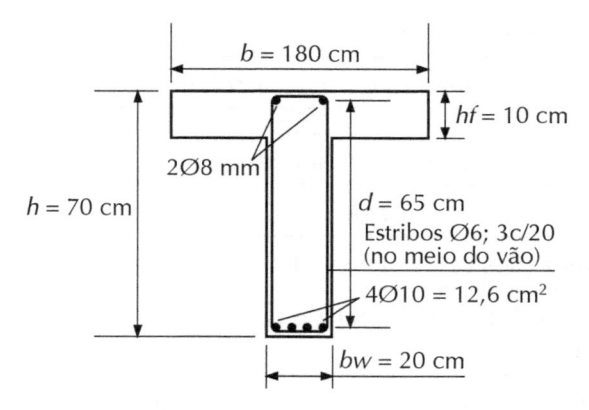

$b = 180$ cm

$hf = 10$ cm

$2\varnothing8$ mm

$h = 70$ cm

$d = 65$ cm
Estribos $\varnothing6$; 3c/20
(no meio do vão)

$4\varnothing10 = 12{,}6 \text{ cm}^2$

$bw = 20$ cm

Cálculo das inércias nos estádios I e II

Estádio I: I_o

$$yt_{\text{inf}} \frac{b_w \cdot \dfrac{h^2}{2} + (b - b_w) \cdot h_f \cdot \left(h - \dfrac{h_f}{2}\right)}{b_w \cdot h + (b - b_w) \cdot h_f} = \frac{20 \times \dfrac{\overline{70}^2}{2} + (180 - 20) \times 10 \times \left(70 - \dfrac{10}{2}\right)}{20 \times 70 + (180 - 20) \times 10} = 51 \text{ cm}$$

$$I_o = (b - b_w) \cdot h_f \cdot \left(h - \frac{h_f}{2} - y_{\text{inf}}^t\right)^2 + b_w \cdot h \left(\frac{h}{2} - y_{\text{inf}}^t\right)^2 + \frac{b_w \cdot h^3}{12} + (b - b_w) \cdot \frac{h_f^3}{12}$$

$$I_o = (180 - 20) \times 10 \times \left(70 - \frac{10}{2} - 51\right)^2 + 20 \times 70 \times \left(\frac{70}{2} - 51\right)^2 + \frac{20 \times 70^3}{12} + \frac{(180 - 20) \times 10^3}{12}$$

$$I_o = 1.257.000 \text{ cm}^4 \qquad I_o = 0{,}01257 \text{ m}^4$$

Estádio II: I_{II}

1) Verificação da posição de linha neutra (viga retangular, 1.º caso):

$$d_o = \frac{\Sigma A_{si} d_i}{\Sigma A_{si}} = 65 \text{ cm} \qquad A = \alpha_e \cdot \frac{\Sigma A_{si}}{b} = 15 \times \frac{12,6}{180} = 1,05$$

$$x = A\left(-1 + \sqrt{1 + \frac{2d_o}{A}}\right) = 1,05 \times \left(-1 + \sqrt{1 + \frac{2 \times 65}{1,05}}\right) = 10,68 \text{ cm} > h_f$$

2) Verificação como viga T (2.º caso):

$$A_S^* = \frac{(b - b_w) \cdot h_f}{\alpha_e} = \frac{(180 - 20) \times 10}{15} = 106,66 \text{ cm}^2$$

$$d_o = \frac{\Sigma^* A_{Sidi}}{\Sigma^* A_{Si}} \qquad d_o = \frac{12,6 \times 65 + 106,66 \times (10/2)}{12,6 + 106,66} = 11,33 \text{ cm}$$

$$A = \frac{\alpha_e \Sigma^* A_{Si}}{b_w} = \frac{15 \times (12,6 + 106,66)}{20} = 89,44 \text{ cm}$$

$$x = A\left(-1 + \sqrt{1 + \frac{2d_o}{A}}\right) = 89,44\left(-1 + \sqrt{1 + \frac{2 \times 11,33}{89,44}}\right) = 10,69 \text{ cm}$$

$$I_{II} = \frac{b_f \cdot x^3}{3} - \frac{(b_f - b_w)(x = h_f)^3}{3} + \alpha_e \cdot \Sigma A_{Si}(d_i - x)^2$$

$$I_{II} = \frac{180 \times \overline{10,69}^3}{3} - \frac{(180 - 20)(10,69 - 10)^3}{3} + 15 \times 12,6 \times (65 - 10,69)^2 = 630.749 \text{ cm}^4$$

$$I_{II} = 630.749 \text{ cm}^4 = 0,006307 \text{ m}^4$$

Cálculo de M_r (fissuração)

$$M_r = \frac{\alpha \cdot f_{ct} \cdot I_o}{yt}$$

$$M_r = \frac{1,2 \times 0,1795 \times 1.257.000}{51} = 5.308,97 \text{ kNcm} \cong 53,09 \text{ kNm}$$

$\alpha = 1,2$ - seção T

$f_{ct} = 1,795$ MPa $= 0,1795$ kN/cm^2

$M_r = 53,09$ kNm $\{ fct = 0,1795 \text{ kN/cm}^2 \qquad fct_{\text{inf}} = 0,7\, fctm \}$

$E_{cs} = 23.800$ MPa $= 2.380$ kN/cm^2

Concreto 25 MPa $\qquad fctm = 2,565$ MPa $= 0,2565$ kN/cm^2.

$M_r < M_{\text{raro}} = 175,4$ kNm (haverá fissuras)

Cálculo da abertura de fissuras

$\phi = 20$ mm
$\eta = 2{,}25$ (CA-50)
$E_S = 210.000$ MPa $= 21.000$ kN/cm^2

Vamos analisar as barras externas e as barras internas, espaçamento horizontal e_h

$$e_h = \underbrace{\frac{b - (2c + 2\phi t + 4\phi\ell)}{3}}_{\text{(três espaços entre as barras)}} = \frac{20 - (2 \times 2 + 2 \times 0{,}63 + 4 \times 2)}{3} = 2{,}25 \text{ cm}$$

Cálculo das áreas críticas externas e internas

Barras externas

$$A_{Cri,\text{ est}} = \left(C + \phi t + \phi\ell + \frac{e_h}{2}\right) \cdot (C + \phi t + 8\phi\ell) =$$

$$= \left(2 + 0{,}63 + 2 + \frac{2{,}25}{2}\right)(2 + 0{,}63 + 8 \times 2)$$

$$A_{Cri,\text{ est}} = 107{,}21 \text{ cm}^2$$

Barras internas

$$A_{Cri,\text{ int}} = (\phi\ell + e_h) \cdot (C + \phi t + 8\phi\ell) = (2 + 2{,}25)(2 + 0{,}63 + 8 \times 2) = 79{,}17 \text{ cm}^2$$

Adotaremos a menor $\rightarrow A_{Cr} = 79{,}17$ cm^2.

$$\rho_{ri} = \frac{A_{Si}}{A_{Cri,\text{ ext}}} = \frac{3{,}15}{79{,}17} = 0{,}0398$$

Momento fletor para combinação frequente

Ponte rolante $\psi_1 = 0{,}8$

$g_k = 8{,}6$ kN/m $+ q_k = 5{,}4$ kN/m\{Total $= 8{,}6 + 5{,}4 = 14$ kN/m\}

$$M_{d,\text{ freq}} = M_{gR} + 0{,}8 M_{qk} = \frac{8{,}6}{14} \times 175{,}4 + 0{,}8 \times \frac{5{,}4}{14} \times 175{,}4 = 161{,}87 \text{ kNm}$$

Tensão no aço no Estádio II

$\alpha_e = 15$ $M_d = 161{,}87$ kNm $I_{II} = 630.749$ cm^4

$x = 10{,}69$ cm $M_d = 16.187$ kNm

$$\sigma_C = \frac{M}{I_{II}} \cdot x = \frac{16.187}{630.749} \times 10,69 = 0,2743 \text{ kN/cm}^2$$

$$\sigma_{S\,II} = \alpha_e \cdot \sigma_C \cdot \frac{d-x}{x} = 15 \times 0,2743 \times \frac{65-10,69}{10,69} = 20,90 \text{ kN/cm}^2$$

Cálculo da abertura da fissura

$$w_k \leq \begin{cases} w_1 = \dfrac{\phi_i}{12,5\eta_i} \cdot \dfrac{\sigma_{Si}}{E_{Si}} \cdot \dfrac{3\sigma_{Si}}{fctm} = \dfrac{20}{12,5 \times 2,25} \times \dfrac{20,90}{21.000} \times \dfrac{3 \times 20,90}{0,2565} = 0,173 \text{ mm} \\[4mm] w_2 = \dfrac{\phi_i}{12,5\eta_i} \cdot \dfrac{\sigma_{Si}}{E_{Si}} \cdot \left(\dfrac{4}{\rho_{ri}} + 45\right) = \dfrac{20}{12,5 \times 2,25} \times \dfrac{20,90}{21.000} \times \left(\dfrac{4}{0,0398} + 45\right) = 0,0103 \text{ mm} \end{cases}$$

obtém-se, portanto, $w_k = 0,0103$ mm $< 0,2$ mm (O.K.)

Estado limite de deformação

Momento de fissuração (o mesmo da fissuração com fct) $= 0,3 \cdot f_{ck}^{2/3}$

para fck = 25 MPa $\rightarrow fct = 2,565$ MPa
para fck = 30 MPa $\rightarrow fct = 2,896$ MPa

$$M_r = \frac{\alpha \cdot fct \cdot I_c}{yt}$$

Homogeneização da seção

Será feita substituindo-se a área de aço por uma área equivalente de concreto

$$(\alpha_e \cdot A_S)$$

onde

$$\alpha_e = \frac{E_S}{E_{CS}} \qquad E_S\,210.000 \text{ MPa}$$

$$E_{CS} = 0,85 \qquad E_{Ci} \begin{cases} \text{fck} = 25 \text{ MPa} \rightarrow E_{Cs} = 23.800 \text{ MPa} \\ \text{fck} = 30 \text{ MPa} \rightarrow E_{Cs} = 26.071 \text{ MPa} \end{cases}$$

$$\begin{cases} \text{fck} = 25 \text{ MPa} \rightarrow \alpha_e = \dfrac{210.000}{23.800} = 8,82 \\[4mm] \text{fck} = 30 \text{ MPa} \rightarrow \alpha_e = \dfrac{210.000}{26,071} = 8,05 \end{cases}$$

Cálculo da deformação

Na verificação das deformações de uma estrutura, deve-se considerar a combinação quase permanente de ações e a rigidez efetiva das seções.

$$F_{d,\,ser} = \Sigma F_{gi} + \Sigma \psi_2 \, F_{qi}$$

onde $\psi_2 = 0,5$ (viga de rolamento de pontes rolantes).

Exemplo anterior de fissuração, calcular deformação

Momento atuante, (o mesmo do exemplo anterior)

$$F_{gi} = 8,6 \text{ kN/m}$$

$$F_{qi} = 5,4 \text{ kN/m}$$

$$\text{Total} = 14 \text{ kN/m}$$

Concreto fck = 25 MPa   Aço CA-50

Quase permanente

No vão:
$\begin{cases} Ma = \dfrac{8,6}{14} \times 175,4 + 0,5 \times \dfrac{5,4}{14} \times 175,4 = 107,74 + 33,83 \\ Ma = 141,57 \text{ kNm} = 14.157 \text{ kNcm} \end{cases}$

Quase permanente

No apoio:
$\begin{cases} X = \dfrac{8,6}{14} \times 167,6 + 0,5 \times \dfrac{5,4}{14} \times 167,6 = 135,28 \text{ kNm} \\ X = 135,28 \text{ kNm} \end{cases}$

Momento de fissuração

$$fct = 0,3 \text{ fck}^{2/3} = 2,565 \text{ MPa} = 0,2565 \text{ kN/m}^2$$

$$M_r = \frac{\alpha \cdot fct \cdot I_{\text{I}}}{yt} = \frac{1,2 \times 0,2565 \times 1.257.000}{51} = 7.586,3 \text{ kNcm} = 75,86 \text{ kNm}$$

$$M_r = 75,86 \text{kNm}$$

Cálculo do momento de inércia no estádio II

Concreto fck = 25 MPa $\rightarrow \alpha_e$ 8,82

Verificação da posição da linha neutra, seção retangular

$$d_o = \frac{\Sigma A_{Sidi}}{\Sigma A_{Si}} = \frac{12,6 \times 65}{12,6} = 65 \text{ cm}$$

$$A = \alpha_e \frac{\Sigma A_{Si}}{b} = 8,82 \times \frac{12,6}{180} = 0,6174$$

$$x = A\left(-1 + \sqrt{1 + \frac{2d_o}{A}}\right) = 0,6174\left(-1 + \sqrt{1 + \frac{2 \times 65}{0,6174}}\right) = 8,34 \text{ cm}$$

$$x < h_f \rightarrow \text{seção retangular}$$

$$I_{II} = \frac{b \cdot x^3}{3} + \alpha_e \Sigma A_{Si}(d_i - x)^2 = \frac{180 \times 8,34^3}{3} + 8,82 \times 12,6 \times (65 - 8,34)^2 =$$

$$I_{II} = 391.578,86 \text{ cm}^4$$

Cálculo da rigidez equivalente

Concreto fck = 25 MPa $\rightarrow E_{cs} = 0,85\, E_{ci} = 23.800 \text{ MPa} = 2.380 \text{ kN/m}^2$

$$(EI)_{eq} = E_{cs} \cdot \left\{\left(\frac{M_r}{Ma}\right)^3 \cdot I_I + \left[1 - \left(\frac{M_r}{Ma}\right)^3\right] \cdot I_{II}\right\} =$$

$$(EI)_{eq} = 2.380 \times \left\{\left(\frac{75,86}{175,4}\right)^3 \times 1.257.000 + \left[1 - \left(\frac{75,86}{175,4}\right)^3\right] \times 391.578,86\right\} =$$

$$(EI)_{eq} = 2.380 \times (0,0809 \times 1.257.000 + 0,9191 \times 391.578,86) =$$

$$(EI)_{eq} = 1.098.587.603,94 \text{ kN/cm}^2$$

$$I_1 = 1.257.000 \text{ cm}^4$$

$$I_2 = 391.578,86 \text{ cm}^4$$

$$M_r = 75,86 \text{ kNm}$$

$$Ma = M_{rara} = 175,4 \text{ kNm}$$

Cálculo da flecha imediata, combinação quase permanente

$X = 135,28 \text{ kNm} = 13.528 \text{ kNcm}$

$g + 0,5q = 8,6 + 0,5 \times 5,4 = 11,3 \text{ kN/m} = 0,113 \text{ kN/cm}$

$$f = \frac{5(g + 0,5q)\ell^4}{384(EI)_{eq}} - \frac{X \ell^2}{(EI)_{eq} \cdot 8} \qquad \text{(X: quase permanente)}$$

$$f = \frac{5 \times 0,113 \times 1.400^4}{384 \cdot 1.098.587.603,94} - \frac{13.528 \times 1.400^2}{1.098.587.603,94 \times 8} = 5,145 - 3,017 = 2,128 \text{ cm}$$

$f = 2,128 \text{ cm}$

Flecha diferida

$$\alpha_f = \frac{\Delta\xi}{1 + 50 \cdot \rho'}$$

$$\left.\begin{array}{l} t \geq 70 \text{ meses} \\ t_o = 1 \text{ mês} \end{array}\right\} \Delta\xi = 2 - 0,68 = 1,32$$

$$\alpha_f = \frac{1,32}{\underbrace{1 + 50 \times 0,000769}_{1,03846}} = 1,271$$

$A'_S \to 2\varnothing 8 \text{ mm} \to A'_S = 1 \text{ cm}^2$

$$\rho' = \frac{1}{20 \times 65} = 0,000769$$

$f = (1 + \alpha_f) \cdot f = (1 + 1,271) \times 2,128 = 4,83 \text{ cm}$

Flecha limite

$$f_{\lim} = \frac{\ell}{250} = \frac{1.400}{250} = 5,60 \text{ cm}$$

como temos $f < f_{\lim}$ não precisamos das contraflechas.

Contraflecha

Se houvesse necessidade de contraflecha, faríamos o seguinte:

$$f_C = f\left(1 + \frac{\alpha_f}{2}\right) = 2,128\left(1 + \frac{1,271}{2}\right) = 3,48 \text{ cm}$$

Cálculo da flecha diferida no tempo para vigas de concreto armado

A flecha adicional diferida, decorrente das cargas de longa duração em função da fluência, pode ser calculada de maneira aproximada pela multiplicação da flecha imediata pelo fator α_t dada pela expressão:

$$\alpha_t = \frac{\Delta\xi}{1 + 50\rho'}$$

onde:

$$\rho' = \frac{A_S}{b\,d}$$

ξ é um coeficiente em função do tempo, que pode ser obtido diretamente na tabela a seguir ou ser calculado pelas expressões seguintes:

$$\Delta\xi = \xi(t) - \xi(t_0)$$

$\xi(t) = 0,68(0,996^t)\,t^{0,32}$, para $t \leq 70$ meses

$\xi(t) = 2$ para $t > 70$ meses

Tabela Valores do coeficiente t, em função do tempo										
Tempo (t) meses	0	0,5	1	2	3	4	5	10	20	40	≥ 70
Coeficiente $\xi(t)$	0	0,54	0,68	0,84	0,95	1,04	1,12	1,36	1,64	1,89	2

sendo:

t é o tempo, em meses, quando se deseja o valor da flecha diferida,

t_0 é a idade, em meses, relativa à data de aplicação da carga de longa duração. No caso de parcelas da carga de longa duração serem aplicadas em idades diferentes, pode-se tomar para t_0 o valor ponderado a seguir:

$$t_0 = \frac{\Sigma P_i t_{0i}}{\Sigma_{Pi}}$$

onde:

P_t representa as parcelas de carga,

t_0 é a idade em que se aplicou cada parcela P_t em meses.

O valor da flecha total deve ser obtido multiplicando-se a flecha imediata por $(1 + \alpha t)$.

Tabela Limites para deslocamentos				
Tipo de efeitos	Razão da limitação	Exemplos	Deslocamentos a considerar	Deslocamento limite
Aceitabilidade sensorial	Visual	Deslocamentos visíveis em elementos estruturais	Total	$\ell/250$
	Outro	Vibrações sentidas no piso	Devido a cargas acidentais	$\ell/350$
Efeitos estruturais em serviço	Superfícies que devem drenar água	Coberturas e varandas	Total	$\ell/250^{1)}$
	Pavimentos que devem permanecer planos	Ginásios e pintas de boliche	Total	$\ell/350 + $ contraflecha$^{2)}$
			Ocorridos após a construção do piso	$\ell/600$
	Elementos que suportam equipamentos sensíveis	Laboratórios	Ocorrido após nivelamento do equipamento	De acordo com recomendação do fabricante do equipamento
Efeitos em elementos não estruturais	Paredes	Alvenaria, caixilhos e revestimentos	Após a construção da parede	$\ell/500^{3)}$ ou 10 mm ou $0 = 0,0017$ rad$^{4)}$
		Divisórias leves e caixilhos telescópicos	Ocorridos após a instalação da divisória	$\ell/250^{3)}$ ou 25 mm
		Movimento lateral de edifícios	Provocado pela ação do vento para combinação frequente ($\psi_1 = 0,30$)	$H/1\,700$ ou $H_i/850^{6)}$ entre pavimentos
		Movimentos térmicos verticais	Provocado por diferença de temperatura	$\ell/400^{7)}$ ou 15 mm
	Forros	Movimentos térmicos horizontais	Provocado por diferença de temperatura	$H_i/500$
		Revestimentos colados	Ocorridos após construção do forro	$\ell/350$
		Revestimentos pendurados ou com juntas	Deslocamento ocorrido após construção do forro	$\ell/175$
	Pontes rolantes	Desalinhamento dos trilhos	Deslocamentos provocado pelas ações decorrentes da frenação	$H/400$
Efeitos em elementos estruturais	Afastamento em relação às hipóteses de cálculo adotadas	Se os deslocamentos forem relevantes para o elemento considerado, seus efeitos sobre as tensões ou sobre a estabilidade da estrutura devem ser considerados, sendo incorporados ao modelo estrutural adotado.		

1) As superfícies devem ser suficientemente inclinadas ou o deslocamento previsto compensado por contraflechas, de modo a não se ter acúmulo de água.

2) Os deslocamentos podem ser parcialmente compensados pela especificação de contraflechas. Entretanto, a atuação isolada da contraflecha não pode ocasionar um desvio do plano maior que $\ell/350$.

3) O vão ℓ deve ser tomado na direção na qual a parede ou a divisória se desenvolve.

4) Rotação nos elementos que suportam paredes.

5) H é a altura total do edifício e H_i o desnível entre dois pavimentos vizinhos.

6) Esse limite aplica-se ao deslocamento lateral entre dois pavimentos consecutivos devido à atuação de ações horizontais. Não devem ser incluídos os deslocamentos devidos a deformações axiais nos pilares. O limite também se aplica para o deslocamento vertical relativo das extremidades de lintéis conectados a duas paredes de contraventamento, quando H_i representa o comprimento do lintel.

7) O valor t refere-se à distância entre o pilar externo e o primeiro pilar interno.

NOTAS

1- Todos os valores limites de deslocamentos supõem elementos de vão t suportados em ambas as extremidades por apoios que não se movem. Quando se tratar de balanços, o vão equivalente a ser considerado deve ser o dobro do comprimento do balanço.

2- Para o caso de elementos de superfície, os limites prescritos consideram que o valor ℓ é o menor vão, exceto em casos de verificação de paredes e divisórias, onde interessa a direção na qual a parede ou divisória se desenvolve, limitando-se esse valor a duas vezes o vão menor.

3- O deslocamento total deve ser obtido a partir da combinação das ações características ponderadas pelos coeficientes definidos na seção 11.

4- Deslocamentos excessivos podem ser parcialmente compensados por contraflechas.

— 12 —
CÁLCULO DA ARMADURA
DE CISALHAMENTO

12.1 DIMENSIONAMENTO DE VIGAS AO CISALHAMENTO

Nos textos anteriores, vimos que as vigas, ao sofrerem a ação de uma carga vertical, sofrem a possibilidade de suas lamelas escorregarem umas sobre as outras. Ao fazer a experiência com folhas de papel, os grampos aumentavam a resistência da viga de folhas.

Numa viga de concreto armado, quem interliga as lamelas? A armadura de tração não é. A eventual armadura de compressão, também não. Quem aguenta, então? São os estribos. Para explicar melhor esses fenômenos, muitas vezes associa-se uma viga em trabalho a uma treliça, para uma comparação de fenômenos e de elementos resistentes.

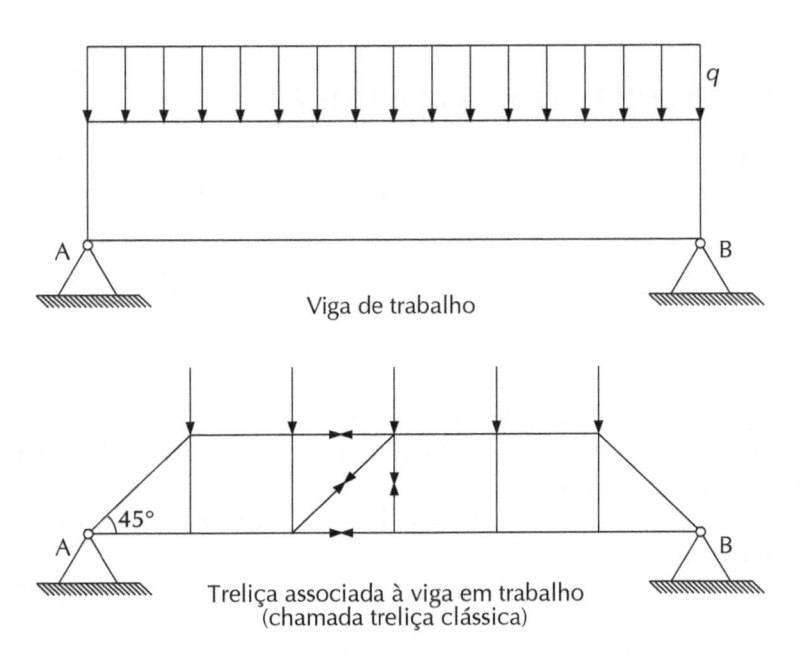

Viga de trabalho

Treliça associada à viga em trabalho
(chamada treliça clássica)

Em detalhe, um trecho da treliça

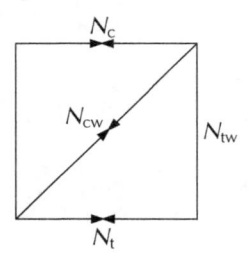

N_c = Força de compressão no banzo superior
N_{cw} = Força de compressão no banzo inclinado
N_{tw} = Força normal de tração no banzo vertical
N_t = Força normal de tração no banzo inferior

Se uma viga pode associar-se a uma treliça, quem é o responsável pelo quê?

- A força de compressão N_c é resistida pelo concreto;
- A força de tração N_t é resistida pela armadura inferior da viga;
- A força de compressão N_{cw}, que ocorre no banzo inclinado, é resistida na viga pelo concreto;
- A força normal de tração N_{tw}, que ocorre no banzo vertical, é resistida pelos estribos.

O cálculo da seção de concreto, das armaduras inferiores e superiores, já foi visto anteriormente. Resta a solidariedade entre as várias camadas horizontais do concreto.

ROTEIRO DE CÁLCULO – FORÇA CORTANTE

A resistência da peça, numa determinada seção transversal, é satisfatória quando, simultaneamente, são verificadas as seguintes condições:

$$V_{sd} < V_{rd_2}$$
$$V_{sd} < V_{rd_3} = V_c + V_{SW}$$

onde:

V_{sd} = Força cortante de cálculo, na seção;

V_{rd2} = Força cortante resistente ao cálculo, relativa à ruína das diagonais comprimidas de concreto;

$V_{rd3} = V_c + V_{SW}$ é a força cortante de cálculo, relativa à ruína por tração das diagonais;

V_c = Parcela da força cortante absorvida por mecanismos complementares ao de treliça;

V_{SW} = Parcela absorvida pela armadura transversal.

a) Verificação do concreto

$$V_{rd_2} = 0,27 \cdot \alpha_v \cdot f_{cd} \cdot b_w \cdot d$$

Com $\alpha_v = (1 - f_{ck}/250)$ e f_{ck} em megapascal, temos:

$$\alpha_v \begin{cases} f_{ck} = 20 \text{ MPa} \to \alpha_v = 1 - \dfrac{20}{250} = 0,92 \\[2ex] f_{ck} = 25 \text{ MPa} \to \alpha_v = 1 - \dfrac{25}{250} = 0,90 \\[2ex] f_{ck} = 30 \text{ MPa} \to \alpha_v = 1 - \dfrac{30}{250} = 0,88 \end{cases}$$

b) Cálculo da armadura transversal

$$\frac{A_{SW}}{s} = \frac{V_{SW}}{0,9 \cdot d \cdot f_{yd}} \text{ para estribos verticais}$$

onde:

$V_c = 0$ Elementos estruturais tracionados, quando a linha neutra se situa fora da seção;

$V_c = V_{co}$ Na flexão simples e na flexo-tração, com linha neutra cortando a seção;

$V_c = V_{CO} \cdot (1 + M_o/M_{sd,\text{máx}}) \leq 2\, V_{CO}$ na flexão-compressão;

$V_{CO} = 0,6 \cdot fctd \cdot b_w \cdot d$

Tabela Valores de A_{SW}/s em cm²/m para estribos de 2 ramos									
espaçamento cm	Ø5	Ø6,3	Ø8	Ø10	Ø12,5	Ø16	Ø20	Ø25	Ø32	Ø40
5	8,00									
6	6,67	10,5	16,7	26,7	41,7					
7	5,71	9,00	14,3	22,9	35,7	57,1	90,0	142,9		
8	5,00	7,88	12,5	20,0	31,2	50,0	78,7	125,0	200,0	
9	4,44	7,00	11,1	17,8	27,8	44,4	70,0	111,1	177,8	277,8
10	4,00	6,30	10,0	16,0	25,0	40,0	63,0	100,0	160,0	250,0
11	3,64	5,73	9,09	14,5	22,7	36,4	57,3	90,9	145,5	227,3
12	3,33	5,25	8,33	13,3	20,8	33,3	52,5	83,3	133,3	208,3
13	3,08	4,85	7,69	12,3	19,2	30,8	48,5	76,9	123,1	192,3
14	2,86	4,50	7,14	11,4	17,9	28,6	45,0	71,4	114,3	178,6
15	2,67	4,20	6,67	10,7	16,7	26,7	42,0	66,7	106,7	166,7
16	2,50	3,94	6,25	10,0	15,6	25,0	39,4	62,5	100,0	156,3
17	2,35	3,71	5,88	9,41	14,7	23,5	37,1	58,8	94,1	147,1
18	2,22	3,50	5,56	8,89	13,9	22,2	35,0	55,6	88,9	138,9
19	2,11	3,32	5,26	8,42	13,2	21,1	33,2	52,6	84,2	131,6
20	2,00	3,15	5,00	8,00	12,5	20,0	31,5	50,0	80,0	125,0
21	1,90	3,00	4,76	7,62	11,9	19,0	30,0	47,6	76,2	119,0
22	1,82	2,86	4,55	7,27	11,4	18,2	28,6	45,4	72,7	113,6
23	1,74	2,74	4,35	6,96	10,9	17,4	27,4	43,5	69,6	108,7
24	1,67	2,62	4,17	6,67	10,4	16,7	26,2	41,7	66,7	104,2
25	1,60	2,52	4,00	6,40	10,0	16,0	25,2	40,0	64,0	100,0
26	1,54	2,42	3,85	6,15	9,62	15,4	24,4	38,5	61,5	96,2
27	1,48	2,33	3,70	5,93	9,26	14,8	23,3	37,0	59,3	92,6
28	1,43	2,25	3,57	5,71	8,93	14,3	22,5	35,7	57,1	89,3
29	1,38	2,17	3,45	5,52	8,62	13,8	21,7	34,5	55,2	86,2
30	1,33	2,10	3,33	5,33	8,33	13,3	21,0	33,3	53,3	83,3

Cálculo de V_{CO}:

$$V_{CO} = 0,6 \cdot f_{ctd} \cdot b_{wd} \qquad \text{onde} \qquad F_{ctd} = f_{ctk,\,inf}/\gamma_c$$

f_{ck} (MPa)	f_{ctd} (MPa)	$0,6\,f_{ctd}$ (MPa)	$0,6\,f_{ctd}$ (kPa)	$f_{ck} = 0,6 f_{ck} \cdot b_w \cdot d$
20	1,107	0,663	663	$V_{CO} = 663 \cdot b_w \cdot d$
25	1,278	0,767	767	$V_{CO} = 767 \cdot b_w \cdot d$
30	1,450	0,870	870	$V_{CO} = 870 \cdot b_w \cdot d$

b_w e b (em metros), V_{CO} em kN.

Cálculo de V_{R2}:

$$V_{R2} = 0,27 \cdot \alpha_{v2} \cdot f_{cd} \cdot b_w \cdot d$$

f_{ck} (MPa)	α_{v2}	f_{cd} (MPa)	$0,27 \cdot \alpha_{v2} \cdot f_{cd}$ (kPa)	$V_{Rd2} = 0,27 \cdot \alpha_{v2} \cdot f_{cd} \cdot b_w \cdot d$
20	1,92	14,285	3.548	$V_{Rd2} = 3.548 \cdot b_w \cdot d$
25	0,90	17,857	4.339	$V_{Rd2} = 4.339 \cdot b_w \cdot d$
30	0,88	21,428	5.091	$V_{Rd2} = 5.091 \cdot b_w \cdot d$

b_w e d (em metros), V_{Rd2} em kN.

$$A_S = \frac{V_{SW}}{0,9 \cdot d \cdot f_{yd}}$$

Armadura mínima

$$\rho_{sw} = \frac{A_{sw}}{b_w \cdot s} \geq 0,2 \frac{f_{ctw}}{f_{yd}}$$

f_{ck} (MPa)	$\rho_{sw,\,mín}$	
20	0,09	$A_{sw} = \rho_{sw,\,mín} \cdot b_w$
25	0,10	
30	0,12	

- Diâmetro de estribos Øt:

$$5 \text{ mm} \leq \text{Ø}t \leq \frac{b_w}{10}$$

- Espaçamento longitudinal s_t dos estribos

$$7 \text{ cm} \leq s \leq \begin{cases} \text{Se } V_d \leq 0,67 \ V_{Rd2} \begin{cases} 0,6 \cdot d \\ 30 \text{ cm} \end{cases} \\ \text{Se } V_d > 0,67 \ V_{Rd2} \begin{cases} 0,3 \cdot d \\ 30 \text{ cm} \end{cases} \end{cases}$$

- Espaçamento transversal dos ramos dos estribos

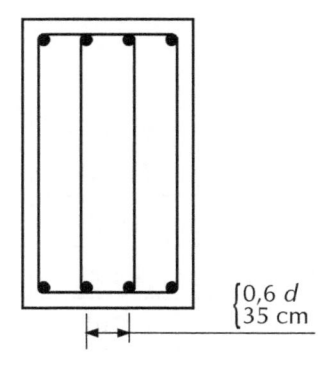

$$\begin{cases} 0,6 \ d \\ 35 \text{ cm} \end{cases}$$

Cálculo da armadura de suspensão da viga apoiada sobre viga

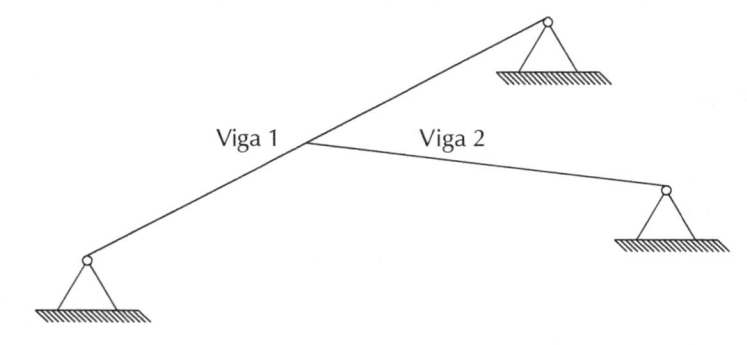

As cargas da viga 2 chegam à região inferior de V_1, sendo necessário suspender a carga.

Região para alojamento da armadura de suspensão:

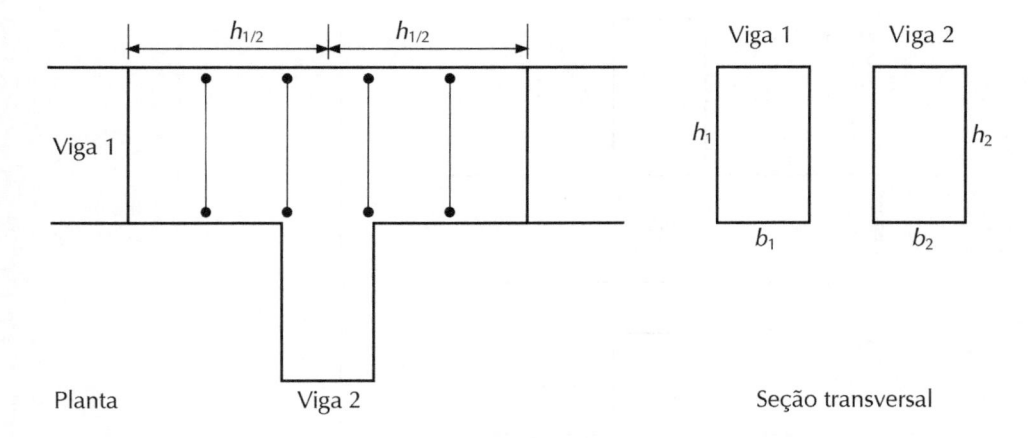

Planta Viga 2 Seção transversal

Na planta, no caso da viga em balanço, temos:

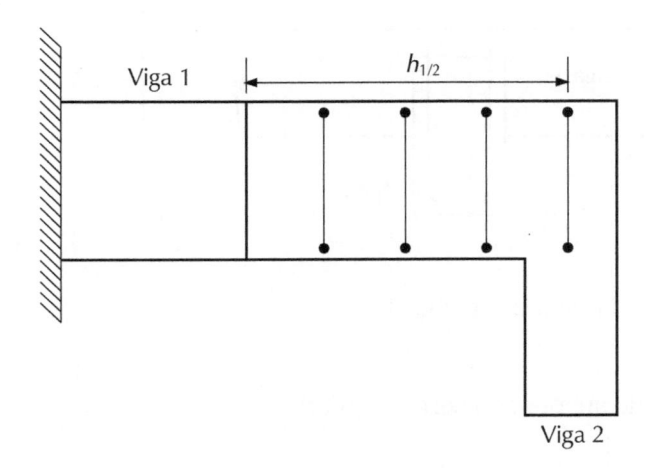

Carga a ser suspensa:

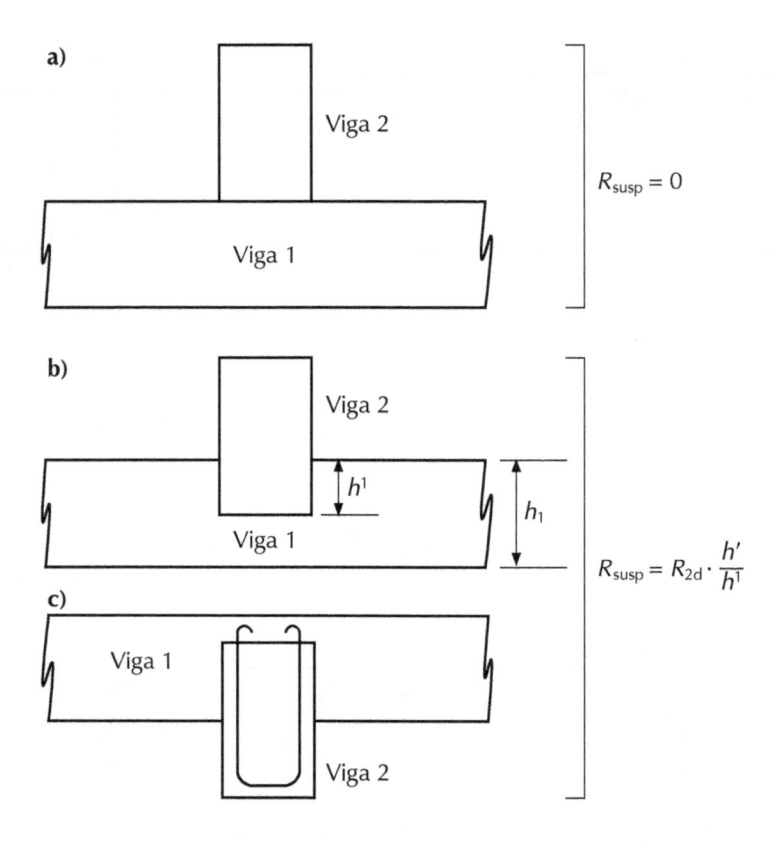

sendo R_{2d} a carga da viga 2, na viga 1.

A armadura de suspensão será calculada por:

$$A_{susp} = \frac{R_{2d}}{f_{yd}}$$

Aço CA-50
$f_{yd} = 43,5 \text{ kN/cm}^2$

Não devemos somar a armadura de cisalhamento, mas devemos adotar a maior das duas na região de alojamento da armadura de suspensão.

Exemplo

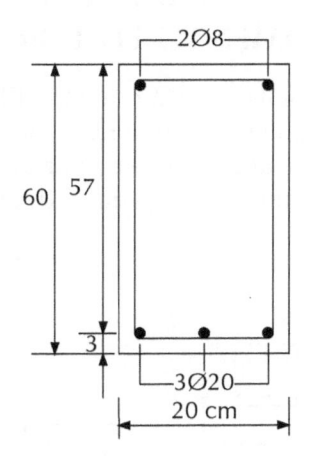

Seja a viga acima, calcular a armadura para a força cortante de 150 kN.

fck = 20 MPa   Aço CA-50

f_{cd} = 14,28 MPa

b_w = 0,2 m

V_s = 150 kN V_{sd} = 150 × 1,4 = 210 kN

F_{yd} = 4.350 kgf/cm^2 = 4,35 tf/cm^2 = 43,5 kN/cm^2

1) Cálculo de V_{R2}:

   V_{Rd2} = 3548 × 0,2 × 0,57 = 404,47 kN > V_{sd} (O.K.)

2) Cálculo de V_{CO}:

   V_{CO} = 663 × 0,2 × 0,57 = 75,58 kN

3) Cálculo da armadura A_{sw}:

$V_{sd} = V_{CO} + V_{sw} \rightarrow V_{sw}$ = 210 – 75,58 = 134,42 kN

$$\frac{A_{sw}}{s} = \frac{V_{sw}}{0,9 \cdot d \cdot f_{yd}} = \frac{134,42}{0,9 \times 0,57 \times 43,5} = 6,02 \text{ cm}^2/\text{m} \rightarrow \text{tabela 8: Ø8 mm c/16 cm}$$

$A_{sw, \text{mín}}$ = 0,09 × 20 = 1,8 cm^2/m

12.2 DISPOSIÇÃO DA ARMADURA PARA VENCER OS ESFORÇOS NO MOMENTO FLETOR

Conhecida a seção de aço que resiste aos Momentos Fletores máximos, ocorre a necessidade de colocar os aços. Como os Momentos Fletores variam ao longo da viga, a distribuição da armadura deve acompanhar a variação dos momentos. Assim, seja a viga a seguir, que possui, quando carregada, o diagrama de Momentos Fletores, conforme ilustrado a seguir:

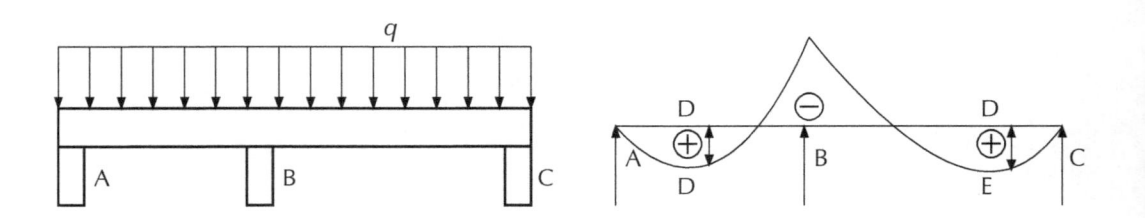

Nessa viga ocorrem três momentos máximos, nos pontos D, B e E. Resolver esse problema é dispor a armadura para atender aos momentos fletores. O roteiro é o seguinte:

Daremos a descrição do método para diagrama de uma viga biapoiada, mas facilmente se transportará a solução para diagramas de outras vigas.

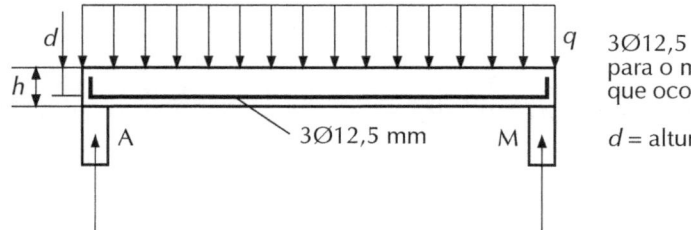

3Ø12,5 é a área A_s calculada para o máximo Momento Fletor que ocorre no meio da viga.

d = altura útil

Como a primeira providência, traça-se uma paralela do eixo principal. Em seguida, divide-se a altura PO em partes iguais e no mesmo número de barras que escolhemos para vencer o momento. No caso, são 3Ø e o trecho PO foi dividido em três partes iguais PY, XY e XO. Agora, pega-se 0,75 de altura d da viga e adiciona-se esse valor às retas paralelas.

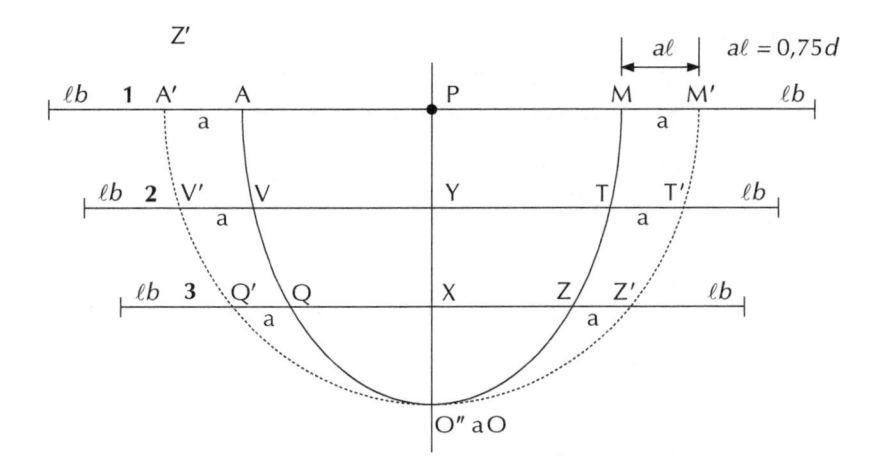

Foi feita a decalagem do diagrama A V Q O Z T M para o diagrama A′ V′ Q′ O′ Z′ T′ M′. Passemos à parada de barras. A primeira barra deveria corresponder à O″ O′ e Q′ Z′, mas devemos acrescentar ℓ_b (comprimento de ancoragem) de cada lado da armadura. A segunda barra será V′ T′, acrescentando-se ℓ_b para cada lado. A terceira barra será A′ M′, acrescentando-se ℓ_b de cada lado.

Manda ainda a NB 6118 (2003) que o ponto J, distante de ℓ_b de Z′ (que foi decalado de Z), não fique antes de T′ + 10 × Ø. Idem para os outros pontos.

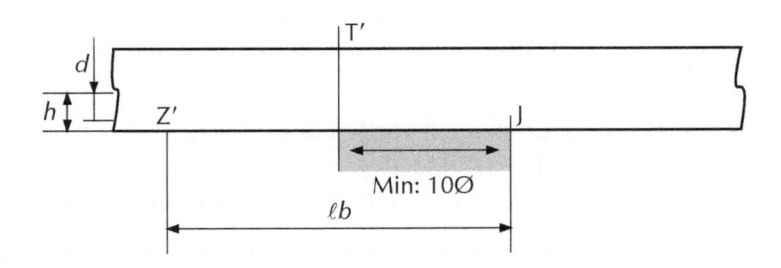

Observação:

O ponto J, neste caso, é o ponto genérico, resultante do distanciamento ℓ_b do diagrama decalado.

Exemplo qualitativo

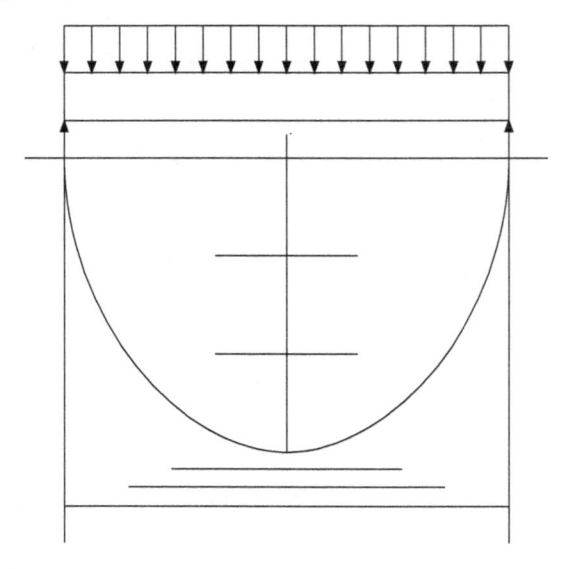

Observação:

Não esquecer que, no mínimo, duas barras devem ir até o apoio.

12.3 FADIGA

A ruptura de um material por fadiga é devida a uma frequente repetição de tensões acima de sua resistência e é do tipo frágil, isto é, mais frequente nos casos de pontes e vigas de suporte de pontes rolantes.

O estado limite de fadiga deve ser verificado, comparando-se as tensões e as variações de tensões efetivas (de utilização) com a resistência média à fadiga correspondente ao número real n de ciclos e à tensão efetiva mínima $\sigma_{mín}$.

Essas tensões a serem comparadas com a resistência à fadiga devem ser determinadas por métodos elásticos, levando-se em conta efeitos dinâmicos, deformação lenta, perdas de protensão etc.

$\sigma_{máx,\,serviço}$ (tensão máxima com frequência n vezes)
$\sigma_{mín,\,serviço}$ (tensão mínima com frequência n vezes)

O estado limite é verificado por (combinação frequente de cargas):

$$\Delta\sigma_{sw} = \sigma_{máx} - \sigma_{mín} \leq \Delta f_{sd,\,fad,\,mín}$$

como $\Delta\sigma_u = f(n,\,\sigma_{mín})$ = resistência média à fadiga, determinada experimentalmente no caso de pontes rodoviárias, na combinação frequente de ações

$$F_{d,\mathrm{sen}} = \sum_{j=1}^{m} F_{gik} + \psi_1 F_{qik} + \sum_{j=2}^{n} \psi_{2j} \cdot F_{qjk}$$

Pontes rodoviárias

$\psi_1 = 0,5$ para verificação das vigas
$\psi_1 = 0,7$ para verificação de transversinas
$\psi_1 = 0,8$ para verificação das lajes do tabuleiro

Pontes ferroviárias e pontes rolantes

$\psi_1 = 1,0$

a) A fadiga é um estado limite último de ruína e de utilização, por ser verificada com tensões de serviço;

b) Verificam-se as tensões em serviço com $\gamma_f = 1,0$ e com o coeficiente de impacto, se for o caso no estádio II ($\alpha_e = 10$);

c) O valor de $\Delta\sigma_{nd}$ da resistência à fadiga não é uma tensão limite no material e sim amplitude máxima de variação das tensões de serviço.

Resistência à fadiga do aço

Somente deve-se verificar a resistência à fadiga do aço para cargas repetidas mais do que 10.000 vezes.

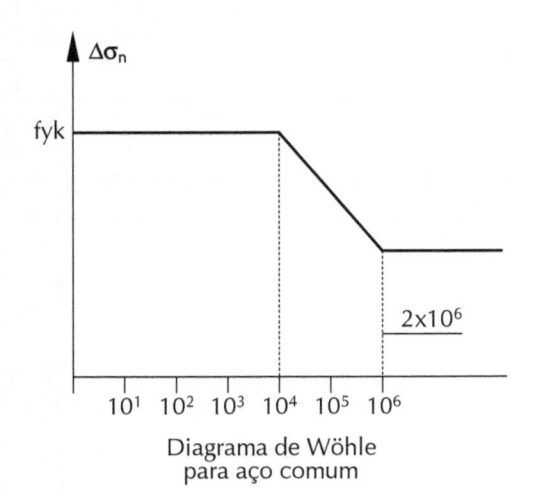

Diagrama de Wöhle
para aço comum

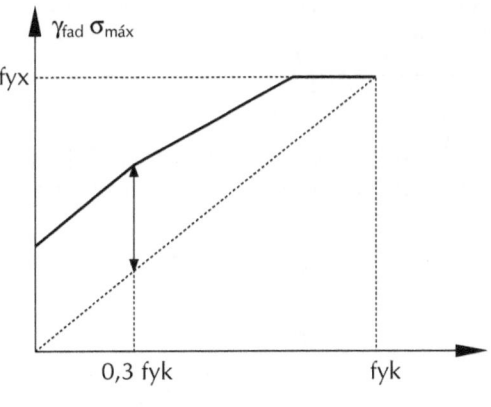

Diagrama de Goldman
para aço comum

Tabela Parâmetros para as curvas S-N (Wöhle) para os aços dentro do concreto[1)								
Valores de $\Delta f_{sd,\,ad,\,mín}$ para 2×10^6 ciclos – MPa								
Armadura passiva, aço CA-50								
Caso	ϕ mm								
	10	12,5	16	20	22	25	32	40	tipo
Barras retas ou dobradas com $D \geq 25\ \phi$	190	190	190	185	180	175	165	150	T_1
Barras retas ou dobradas com $D < 25\phi$; $D = 5\phi < 20$ mm; $D = 8\phi \geq 20$ mm	105	105	105	105	100	95	90	85	T_1
Estribos $D = 3\phi \leq 10$ mm	85	85	85	–	–	–	–	–	T_1
Ambiente marinho Classe IV	65	65	65	65	65	65	65	65	T_4
Barras soldadas (incluindo solda por ponto ou das extremidades) e conectores mecânicos	85	85	85	85	85	85	85	85	T_4
Armadura ativa								
Pré-tração, fio ou cordoalha retos								150	T_1
Pós-tração, cabos curvos								110	T_2
Cabos retos								150	T_4
Conectores mecânicos e ancoragens (caso de cordoalha engraxada)								70	T_3

[1) Admite-se, para certificação de processos produtivos, justificar os valores desta tabela em ensaios de barras ao ar. A flutuação de tensões deve ser medida a partir da tensão máxima de 80% da tensão de escoamento e frequência de 5 Hz a 10 Hz.

A função da resistência à fadiga para o aço, representada em escala log.log (figura a seguir), consiste em segmentos de reta da forma $(\Delta f_{sd,\text{fad}})^m \cdot N = $ constante.

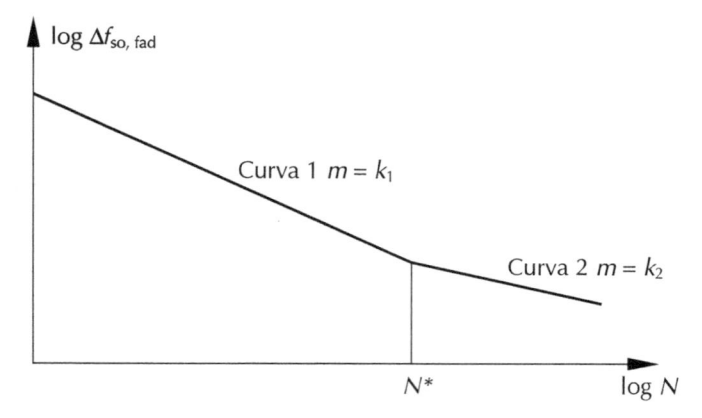

Figura demonstrando o formato das curvas de resistência característica à fadiga (curvas S-N) para o aço

Tensões nas armaduras transversais de cisalhamento: fadiga

O cálculo das tensões decorrentes da força cortante em vigas deve ser feito pela aplicação do modelo I, conforme item 17.4.2.2 da NBR 6118 (2003), com redução da contribuição do concreto, como segue:

- Modelo I, onde o valor de V_C deve ser multiplicado pelo fator redutor 0,5 e devemos adotar:

$$\gamma_f = 1,0; \qquad \gamma_c = 1,4; \qquad \gamma_s = 1,0$$

Para o cálculo dos esforços solicitantes e a verificação das tensões, admite-se o modelo linear elástico com $\alpha_e = 10$.

$$\left(\alpha_e = \frac{E_S}{E_C} \right)$$

concreto armado $\eta_s = 1$.

Tensão de serviço no estribo: estribos verticais, combinação frequente de ações

Cálculo das tensões na armadura de cisalhamento

NBR 6118 (2003): $V_{Rd3} = V_c + V_{sw}$

Fadiga no modelo de cálculo I $\rightarrow$ contribuição do concreto = 0,5 V_c

$$V_{sw} = \left(\frac{A_{sw}}{S} \right) \cdot 0,9 \cdot d \cdot f_{ywd}$$

Tensão no estribo para a força cortante V:

$$V_{Rd3} = V \rightarrow V = 0,5 V_c + V_{sw}$$

$$f_{ywd} = \sigma_{sw} \rightarrow V_{sw} = \left(\frac{A_{sw}}{s} \right) \cdot 0,9 \cdot d \cdot \sigma_{sw}$$

$$V = 0,5 \cdot V_c + \left(\frac{A_{sw}}{s} \right) \cdot 0,9 \cdot d \cdot \sigma_{sw} \rightarrow \sigma_{sw} = \frac{V - 0,5 \cdot V_c}{\dfrac{A_{sw}}{s} \cdot 0,9 \cdot d}$$

Observações:

σ_{sw} não pode resultar negativo (compressão)

Se $V < 0,5 \ V_c \rightarrow \sigma_{sw} = 0$

Se $V_{máx}$ e $V_{mín}$ tiverem sinais contrários
$\sigma_{sw,máx}$ = valor calculado com o maior entre $|V_{máx}|$ e $|V_{mín}|$
$\sigma_{sw,mín} = 0$

Exemplo

FADIGA (Flexão e cisalhamento)

Dados, a viga de ponte rodoviária abaixo de 100×225 cm, e os momentos e cortantes nas seções mais solicitadas, dimensionar a seção e fazer a verificação de fadiga (flexão e cortante).

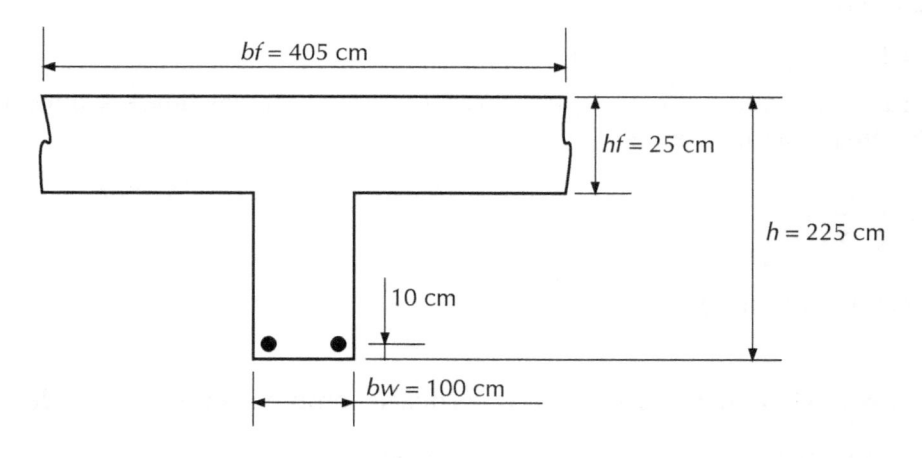

$M_g = 2.500$ kNm

$\varphi M_q = 3.210$ kNm

$\begin{cases} V_g = 1.060 \text{ kN} \\ \varphi V_{q,\text{máx}} = 940 \text{ kN} \\ \varphi V_{q,\text{mín}} = 470 \text{ kN} \end{cases}$

$f_{ck} = 25$ MPa   Aço CA-50 φ Coeficiente de impacto vertical

Cálculo da armação de flexão (estados limites últimos)

$$F_d = F_{gk}\, \gamma_{fg} + F_{qx} \cdot \gamma_{fq} + F_{Ek} \cdot \gamma_{fE}$$

onde F_{gk} é o peso estrutural
F_{qk} são as cargas variáveis
F_{Ek} são as deformações impostas

$\gamma_{fg} = 1{,}3$ a $1{,}4$; $\gamma_{fq} = 1{,}4$; $\gamma_{fE} = 1{,}2$

adotado $\gamma_{fg} = 1{,}4$

Concreto: 1,4;   Aço: 1,15.

Cálculo do momento fletor último

$$M_d = 1{,}4 \cdot M_g + 1{,}4 \cdot \varphi M_q$$
$$M_d = 1{,}4 \times 2.500 + 1{,}4 \times 3.210 = 7.994 \text{ kNm}$$

Marcha de cálculo (concreto f_{ck} = 25 MPa e aço CA50)

M_d = 7.994 kNm b_f = 405 cm h = 225 cm

f_{ck} = 25 MPa h_f = 25 cm b_w = 100 cm

Aço CA-50 d = 215 cm

$$\xi_f = \frac{h_f}{d} = \frac{25}{215} = 0,116$$

Cálculo inicial como seção retangular

$$k6_d = 10^5 \cdot \frac{b_f \cdot d^2}{M_d} = 10^5 \times \frac{4,05 \times 2,15^2}{7.994} = 234,18 \qquad k3_d = 0,234$$

$$\xi_d = 0,04 \rightarrow 0,8\xi_d = 0,8 \times 0,04 = \underset{\text{seção retangular}}{0,032 < 0,116} = \xi_f$$

$$A_S = \frac{k3_d}{10} \cdot \frac{M_d}{d} = \frac{0,234}{10} \times \frac{7.994}{2,15} = 87 \text{ cm}^2$$

Tabela mãe: 18Ø25 mm

Verificação das tensões de serviço no estádio II

No caso de verificação de fadiga α_e = 10, a marcha de cálculo inicial: caso ($x \leq h_f$)

$$d_o = \frac{\Sigma A_{sidi}}{\Sigma A_{si}} = \frac{90 \times 215}{90} = 215 \text{ cm}$$

$$A = \frac{\alpha_e \Sigma A_{si}}{b} = \frac{10 \times 90}{405} = 2,22$$

$$x = A\left(-1 + \sqrt{1 + \frac{2d_o}{A}}\right) = 2,22\left(-1 + \sqrt{1 + \frac{2 \times 215}{2,22}}\right) = 28,75 \text{ cm} > h_f$$

logo a seção é T e usaremos as fórmulas de seção T

$$A_S^* = \frac{(b - b_w) \cdot h_f}{\alpha_e} = \frac{(405 - 100) \times 25}{10} = 762,5 \text{ cm}^2$$

$$A = \frac{\alpha_e(A_S + A_S' + A_S^*)}{b_w} = \frac{10(90 + 0 + 762,5)}{100} = 85,25 \text{ cm}$$

$$d_o = \frac{A_S \cdot d + A_S' \cdot d' + A_S^* \cdot \left(\dfrac{h_f}{2}\right)}{A_S + A_S' + A_S^*} = \frac{90 \times 215 + 0 + 762,5 \times \left(\dfrac{25}{2}\right)}{90 + 0 + 762,5} = 33,88 \text{ cm}$$

$$x = A\left(-1 + \sqrt{1 + \frac{2d_o}{A}}\right) = 85,25\left(-1 + \sqrt{1 + \frac{2 \times 33,88}{85,25}}\right) = 28,96 \text{ cm}$$

$$I_{II} = \frac{bx^3}{3} - \frac{(b - b_w) \cdot (x - h_f)^3}{3} + \alpha_e\left(A_S(d - x)^2 + A_S'(d' - x)^2\right)$$

$$I_{II} = \frac{405 \times 28,96^3}{3} - \frac{(405 - 100) \times (28,96 - 25)^3}{3} + 10\left(90 \times (215 - 28,96)^2 + 0\right) =$$

$$I_{II} = 34.422.389,61 \text{ cm}^4$$

Verificação da fadiga, combinação frequente de ações

$$M_{ser} = M_g + \psi_1\,\varphi M_q$$

$$\psi_1 = 0,5 \text{ (vigas de pontes)}$$

$$M_{sen} = 2.500 + 0,5 \times 3.210 = 4.105 \text{ kNm} = 410.500 \text{ kNcm}$$

Tensão no concreto

$$\sigma_c = \frac{M}{I_{II}} \cdot x = \frac{410.500}{34.422 \times 389,61} \times 28,96 = 0,345 \text{ kN/cm}^2$$

Tensão no aço

$$\sigma_{s,\,máx} = \alpha_e \cdot \sigma_c \cdot \frac{d - x}{x} = 10 \times 0,345 \times \frac{215 - 28,96}{28,96} = 22,16 \text{ kN/cm}^2$$

$$\sigma_{s,\,máx} = 22,16 \text{ kN/cm}^2$$

Se na envoltória de momentos tivermos apenas M_g como momento mínimo, então:

$$\sigma_{c,\,mín} = \frac{M_g}{I_{II}} \cdot x$$

$$\sigma_{c,\,mín} = \frac{250.000}{34.422 \times 389,61} \times 28,96 = 0,21 \text{ kN/cm}^2$$

$$\sigma_{c,\,mín} = \alpha_e \cdot \sigma_{c,\,mín} \cdot \frac{d - x}{x} = 10 \times 0,21 \times \frac{215 - 28,96}{28,96} = 13,49 \text{ kN/cm}^2$$

$$\Delta\sigma_S = \sigma_{S,\,máx} - \sigma_{S,\,mín} = 22,16 - 13,49 = 8,67 \text{ kN/cm}^2 = 86,7 \text{ MPa} \qquad \text{(O.K.)}$$

Tabela $\Delta f_{s,\,fad,\,mín} = 95$ MPa. Não precisamos aumentar a armadura.

Caso $\Delta\sigma_S > \Delta f_{s,\,fad,\,mín}$ deveríamos aumentar a armadura e recalcular até

$$\Delta\sigma_S \leq \Delta f_{s,\,fad,\,mín}$$

Cálculo da armação de cisalhamento (força cortante)

$f_{ck} = 25\ MPa$ \qquad Aço CA-50

$V_d = 1,4$ \qquad\qquad $V_g + 1,4 \cdot \varphi M_q$

$V_d = 1,4 \times 1.060 + 1,4 \times 940 = 2.800\ kN$

1) Cálculo de V_{R2}

$V_{R2} = 4.339 \cdot b_w \cdot d = 4.339 \times 1,00 \times 2,15 = 9.328,85\ kN > V_d$ \qquad (O.K.)

2) Cálculo de V_{Co}

$V_{Co} = 767 \cdot b_w \cdot d = 767 \times 1,00 \times 2,15 = 1.649,05\ kN$

$V_d = V_{CO} + V_{sw} = V_d - V_{CO} = 2.800 - 1.649,05 = 1.150,05\ kN$

3) Cálculo da armadura A_{sw}

$f_{yd} = 435\ MPa = 43,5\ kN/cm^2$

$$\frac{A_{sw}}{s} = \frac{V_{sw}}{0,9 \cdot d \cdot f_{yd}} = \frac{1.150,95}{0,9 \times 2,15 \times 43,5} = 13,67\ cm^2/m$$

Tabela de área de estribo: Ø12,5 c/18 (2 ramos); Ø10 c/23 (4 ramos).

Cálculo da fadiga: combinação frequente de ações

$V_{serv} = V_g + \psi_1\ \varphi V_q$

$\psi_1 = 0,5$ (vigas de pontes)

$V_{serv} = V_g + 0,5 \cdot \varphi \cdot V_q$

onde \quad $V_g = 1.060\ kN$

\qquad $\varphi V_q = 940\ kN$

\qquad $A_S\ 13,67\ cm^2/m$

$V_{serv} = V_{máx} = 1.060 + 0,5 \times 940 = 1.530\ kN$

$0,5 \cdot V_C = 0,5 \times 1.649,05 \cong 824,53\ kN$

$$\sigma_{sw,\,máx} = \frac{V - 0,5 \cdot V_C}{\dfrac{A_{sw}}{s} \cdot 0,9 \cdot d} = \frac{1.530 - 824,53}{13,67 \times 0,9 \times 2,15} = 26,67\ kN/cm^2 = 266,7\ MPa$$

$V_{mín} = 1.060 + 0,5 \times 470 = 1.295\ kN$

$$\sigma_{\text{sw, mín}} = \frac{V - 0,5 \cdot V_C}{\dfrac{A_{sw}}{s} \cdot 0,9 \cdot d} = \frac{1.295 - 824,53}{13,67 \times 0,9 \times 2,15} = 17,79 \text{ kN/cm}^2 = 177,9 \text{ MPa}$$

$$\Delta\sigma_{\text{sw}} = \sigma_{sw,\text{ máx}} - \sigma_{sw,\text{ mín}} = 26,67 - 17,79 = 8,88 \text{ kN/cm}^2 = 88,8 \text{ MPa}$$

$$\Delta\sigma_{sw} > \Delta f_{sd,\text{ fad, mín}} = 85 \text{ MPa}$$

Vamos aumentar a armadura de cisalhamento

$$\frac{A_{sw}}{s} = \frac{88,8}{85} \times 13,67 \cong 14,30 \text{ cm}^2/\text{m}$$

Vamos fazer novamente a verificação com

$$\frac{A_{sw}}{s} = 14,30 \text{ cm}^2/\text{m}$$

$$\sigma_{sw,\text{ máx}} = \frac{1.530 - 824,53}{14,30 \times 0,9 \times 2,15} = 25,50 \text{ kN/cm}^2 = 255 \text{ MPa}$$

$$\sigma_{sw,\text{ mín}} = \frac{1.295 - 824,53}{14,30 \times 0,9 \times 2,15} = 17,0 \text{ kN/cm}^2 = 170 \text{ MPa}$$

$$\Delta\sigma_{sw} = \sigma_{sw,\text{ máx}} - \sigma_{sw,\text{ mín}} = 255 - 170 = 85 \text{ MPa} \qquad \text{(O.K.)}$$

Cálculo da armação de flexão da viga da ponte									
		Seção							
		0	1e	1d	2	3	4	5	6
Momentos fletores (M)	M_g	0,00	–1.091,97	–1.091,97	435,86	1.592,22	2.437,16	2.960,22	3.161,41
	φ	1,16	1,16	1,16	1,16	1,16	1,16	1,16	1,16
	M_q^+	0,00	0,00	0,00	1.302,42	2.303,51	3.003,28	3.404,71	3.588,08
	φ	1,16	1,16	1,16	1,16	1,16	1,16	1,16	1,16
	M_q^-	0,00	–1.270,04	–1.270,04	–1.162,94	–1.055,83	–948,72	–841,61	–734,50
Envoltória (M)	M^+	0,00	–1.091,97	–1.091,97	1.946,67	4.264,29	5.920,96	6.909,68	7.323,58
	M^-	0,00	–2.565,22	–2.565,22	–913,15	367,46	1.336,64	1.983,95	2.309,39
M_d^+	kNm	0,00	–1.528,76	–1.528,76	2.725,33	5.970,01	8.289,35	9.673,56	10.253,02
M_d^-	kNm	0,00	–3.591,30	–3.591,30	–1.278,41	514,44	1.871,30	2.777,53	3.233,15
d	m	1,90	1,90	1,90	1,90	1,90	1,90	1,90	1,90
b_w	m	0,25	0,45	0,45	0,33	0,25	0,25	0,25	0,25
b_f	m				3,33	3,25	3,25	3,25	3,25
h_f	m				0,20	0,20	0,20	0,20	0,20
$k6_d$			–45,23	–45,23	441,09	196,52	141,54	121,28	114,43
ξ_d			0,167	0,167	0,020	0,040	0,050	0,060	0,070
ξ_f					0,110	0,110	0,110	0,110	0,110
$k3_d$			0,247	0,247	0,232	0,234	0,235	0,236	0,237
A_S	cm²/m	0,00	–46,69	–46,69	33,28	73,53	102,53	120,16	127,89
$A_{S,\,mín}$	cm²/m	8,65	15,57	15,57	9,90	7,50	7,50	7,50	7,50
bitola		4Ø25	10Ø25	10Ø25	7Ø25	15Ø25	21Ø25	25Ø25	26Ø25

M_g Momento fletor carga permanente
M_q^+ Momento fletor cargas móveis
M_q^- Momento fletor cargas móveis
$M^+ = M_g^+ \, φ \cdot M_q^+$ e $M^- = M_g + φM_q^-$
$M_d = 1,4 \cdot M_g + 1,4 \cdot φ \cdot M_q$
Largura colaborante
$b_1 = 0,1$ onde $a = 0,6 \times 1 = 0,6 \times 25 = 15$ m
$b_3 = 0,1 \cdot a$ $b_f = b_w + b_1 + b_3$
$k6_d = 10^5 \cdot b_w \cdot d^2/M_d$ ou $k6_d = 10^5 \cdot b_f \cdot d^2/m_d$
fck = 30 MPa   Aço CA-50 $\xi_f = h_f/d$

$A_{S,\,mín} = 0,173 \cdot b_w \cdot h$ seção retangular
$A_{S,\,mín} = 0,15 \cdot b_w \cdot h$ seção T com mesa comprimida
$h = 200$ cm
          $d = 190$ cm

$b_1 = b_3 = 0,1 \times 15 = 1,5$ m
$b_f = b_w + 3$

$0,8 \cdot \xi_d \le \xi_f$ seção retangular

Cálculo da fadiga à flexão									
		Seção							
		0	1e	1d	2	3	4	5	6
Momentos fletores (M)	M_g	0,00	–1.091,97	–1.091,97	435,86	1.592,22	2.437,16	2.960,22	3.161,41
	φ	1,16	1,16	1,16	1,16	1,16	1,16	1,16	1,16
	M_q^+	0,00	0,00	0,00	1.302,42	2.303,51	3.003,28	3.404,71	3.588,08
	φ	1,16	1,16	1,16	1,16	1,16	1,16	1,16	1,16
	M_q^-	0,00	–1.270,04	–1.270,04	–1.162,94	–1.055,83	–948,72	–841,61	–734,50
$M_{máx}$	kNm	0,00	–1.091,97	–1.091,97	1.191,26	2,928,26	4.179,06	4.934,95	5.242,50
$M_{mín}$	kNm	0,00	–1.828,59	–1.828,59	–238,65	979,84	1.886,90	2.472,09	2.735,40
A_S	cm^2	10,00	50,00	50,00	35,00	75,00	105,00	125,00	130,00
d	m	1,90	1,90	1,90	1,90	1,90	1,90	1,90	1,90
b_w	m	0,25	0,45	0,45	0,33	0,25	0,25	0,25	0,25
b_f	m				3,33	3,25	3,25	3,25	3,25
h_f	m				0,20	0,20	0,20	0,20	0,20
x	cm		54,81	54,81	18,96	28,50	34,68	38,48	39,40
$l2$	cm^2		11.608.016,07	11.608.016,07	10.995.688,38	22.008.094,87	29.532.711,46	34.239.364,99	35.380.320,14
$\sigma_{c,máx}$	kN/cm^2		0,516	0,516	0,205	0,379	0,491	0,555	0,584
$\sigma_{s,máx}$	kN/cm^2		12,717	12,717	18,530	21,489	21,979	21,839	22,316
$\sigma_{c,mín}$	kN/cm^2		0,863	0,863	0,096	0,127	0,222	0,278	0,305
$\sigma_{s,mín}$	kN/cm^2		21,296	21,296	–0,183	7,190	9,920	10,940	11,644
$\Delta\sigma_{sw}$	kN/cm^2		–8,579	–8,579	18,713	14,299	12,059	10,899	10,672
$\Delta_{fsd,fad,mín}$	kN/cm^2		10,5	10,5	10,5	10,5	10,5	10,5	10,5

M_g Momento fletor carga permanente
M_q^+ Momento fletor cargas móveis
M_q^- Momento fletor cargas móveis

Combinação frequente de ações ($\psi_1 = 0,5$) em vigas
$M_{serv} = M_g + \psi_1 \cdot \varphi \cdot M_q$ $M_{máx} = M_g + \psi_1 \cdot \varphi \cdot M_q^+$ $M_{mín} = M_g + \psi_1 \cdot \varphi \cdot M_q^-$

Cálculo das tensões de flexão no estádio II, com $\alpha_e = 10$
$\Delta\sigma_{sw} \leq \Delta_{fsd,\,fad,\,mín}$ Seção 1e, 1d

                                             (OK)

Devemos aumentar a armadura A_S nas seções e recalcular as tensões:
Seção 2: $A_S = (18,713/10,5) \times 35 = 62,37$ cm^2
(houve inversão de momento $M_{mín}$ calcular com seção invertida do $M_{máx}$)
Seção 3: $A_S = (14,299/10,5) \times 75 = 102,14$ cm^2

Seção 4: A_S = (12,059/10,5) × 75 = 120,59 cm^2
Seção 5: A_S = (10,899/10,5) × 125 = 129,75 cm^2
Seção 6: A_S = (10,672/10,5) × 130 = 132,13 cm^2

Cálculo da fadiga à flexão (sequência)									
		Seção							
		0	1e	1d	2	3	4	5	6
Momentos fletores (M)	M_g	0,00	–1.091,97	–1.091,97	435,86	1.592,22	2.437,16	2.960,22	3.161,41
	φ	1,16	1,16	1,16	1,16	1,16	1,16	1,16	1,16
	M_q^+	0,00	0,00	0,00	1.302,42	2.303,51	3.003,28	3.404,71	3.588,08
	φ	1,16	1,16	1,16	1,16	1,16	1,16	1,16	1,16
	M_q^-	0,00	–1.270,04	–1.270,04	–1.162,94	–1.055,83	–948,72	–841,61	–734,50
$M_{máx}$	kNm	0,00	–1.091,97	–1.091,97	1.191,26	2.928,26	4.179,06	4.934,95	5.242,50
$M_{mín}$	kNm	0,00	–1.828,59	–1.828,59	–238,65	979,84	1.886,90	2.472,09	2.735,40
A_S	cm^2	10,00	50,00	50,00	70,00	105,00	125,00	135,00	135,00
d	m	1,90	1,90	1,90	1,90	1,90	1,90	1,90	1,90
b_w	m	0,25	0,45	0,45	0,33	0,25	0,25	0,25	0,25
b_f	m				3,33	3,25	3,25	3,25	3,25
h_f	m				0,20	0,20	0,20	0,20	0,20
x	cm		54,81	54,81	27,01	34,67	38,48	40,30	40,30
$l2$	cm^2		11.608.016,07	11.608.016,07	20.748.810,48	29.532.711,46	34.239.364,99	36.507.586,33	36.507.586,33
$\sigma_{c,máx}$	kN/cm^2		0,516	0,516	0,155	0,344	0,470	0,545	0,579
$\sigma_{s,máx}$	kN/cm^2		12,717	12,717	9,358	15,400	18,493	20,236	21,497
$\sigma_{c,mín}$	kN/cm^2		0,863	0,863	0,074	0,115	0,212	0,273	0,302
$\sigma_{s,mín}$	kN/cm^2		21,296	21,296	–0,646	5,153	8,350	10,137	11,217
$\Delta\sigma_{sw}$	kN/cm^2		–8,579	–8,579	10,004	10,247	10,143	10,099	10,280
$\Delta_{fsd,fad,mín}$	kN/cm^2		10,5	10,5	10,5	10,5	10,5	10,5	10,5

Cálculo da abertura de fissuras

		Seção							
		0	1e	1d	2	3	4	5	6
Momentos fletores (M)	M_g	0,00	–1.091,97	–1.091,97	435,86	1.592,22	2.437,16	2.960,22	3.161,41
	φ	1,16	1,16	1,16	1,16	1,16	1,16	1,16	1,16
	M_q^+	0,00	0,00	0,00	1.302,42	2.303,51	3.003,28	3.404,71	3.588,08
	φ	1,16	1,16	1,16	1,16	1,16	1,16	1,16	1,16
	M_q^-	0,00	–1.270,04	–1.270,04	–1.162,94	–1.055,83	–948,72	–841,61	–734,50
$M_{máx}$	kNm	0,00	–1.091,97	–1.091,97	1.191,26	2.928,26	4.179,06	4.934,95	5.242,50
$M_{mín}$	kNm	0,00	–1.828,59	–1.828,59	–238,65	979,84	1.886,90	2.472,09	2.735,40
A_S	cm^2	10,00	50,00	50,00	35,00	75,00	105,00	125,00	130,00
d	m	1,90	1,90	1,90	1,90	1,90	1,90	1,90	1,90
b_w	m	0,25	0,45	0,45	0,33	0,25	0,25	0,25	0,25
b_f	m				3,33	3,25	3,25	3,25	3,25
h_f	m				0,20	0,20	0,20	0,20	0,20
x	cm		54,81	54,81	18,96	28,50	34,68	38,48	39,40
$l2$	cm^2		11.608.016,07	11.608.016,07	10.995.688,38	22.008.094,87	29.532.711,46	34.239.364,99	35.380.320,14
$\sigma_{c,máx}$	kN/cm^2		0,516	0,516	0,205	0,379	0,491	0,555	0,584
$\sigma_{s,máx}$	kN/cm^2		12,717	12,717	18,530	21,489	21,979	21,839	22,316
$\sigma_{c,mín}$	kN/cm^2		0,863	0,863	0,096	0,127	0,222	0,278	0,305
$\sigma_{s,mín}$	kN/cm^2		21,296	21,296	–0,183	7,190	9,920	10,940	11,644
$\Delta\sigma_{sw}$	kN/cm^2		–8,579	–8,579	18,713	14,299	12,059	10,899	10,672
$\Delta_{fsd,fad,mín}$	kN/cm^2		10,5	10,5	10,5	10,5	10,5	10,5	10,5

M_g Momento fletor carga permanente
M_q^+ Momento fletor cargas móveis
M_q^- Momento fletor cargas móveis

Combinação frequente de ações ($\psi_1 = 0,5$) em vigas
$M_{serv} = M_g + \psi_1 \cdot \varphi \cdot M_q$ $\qquad M_{máx} = M_g + \psi_1 \cdot \varphi \cdot M_q^+$ $\qquad M_{mín} = M_g + \psi_1 \cdot \varphi \cdot M_q^-$

Cálculo das tensões de flexão no estádio II, com $\alpha_e = 10$
$\Delta\sigma_{sw} \le \Delta_{fsd,fad,mín}$ $\qquad$ Seção 1e, 1d
$\hfill$ (OK)
Devemos aumentar a armadura A_S nas seções e recalcular as tensões:
Seção 2: $A_S = (18,713/10,5) \times 35 = 62,37$ cm^2
(houve inversão de momento $M_{mín}$ calcular com seção invertida do $M_{máx}$)
Seção 3: $A_S = (14,299/10,5) \times 75 = 102,14$ cm^2

Seção 4: $A_S = (12,059/10,5) \times 75 = 120,59$ cm^2
Seção 5: $A_S = (10,899/10,5) \times 125 = 129,75$ cm^2
Seção 6: $A_S = (10,672/10,5) \times 130 = 132,13$ cm^2

Cálculo da abertura de fissuras (*sequência*)									
		Seção							
		0	1e	1d	2	3	4	5	6
Momentos fletores (M)	M_g	0,00	–1.091,97	–1.091,97	435,86	1.592,22	2.437,16	2.960,22	3.161,41
	φ	1,16	1,16	1,16	1,16	1,16	1,16	1,16	1,16
	M_q^+	0,00	0,00	0,00	1.302,42	2.303,51	3.003,28	3.404,71	3.588,08
	φ	1,16	1,16	1,16	1,16	1,16	1,16	1,16	1,16
	M_q^-	0,00	–1.270,04	–1.270,04	–1.162,94	–1.055,83	–948,72	–841,61	–734,50
$M_{\text{máx}}$	kNm	0,00	–1.091,97	–1.091,97	1.191,26	2.928,26	4.179,06	4.934,95	5.242,50
$M_{\text{mín}}$	kNm	0,00	–1.828,59	–1.828,59	–238,65	979,84	1.886,90	2.472,09	2.735,40
A_S	cm^2	10,00	50,00	50,00	70,00	105,00	125,00	135,00	135,00
d	m	1,90	1,90	1,90	1,90	1,90	1,90	1,90	1,90
b_w	m	0,25	0,45	0,45	0,33	0,25	0,25	0,25	0,25
b_f	m				3,33	3,25	3,25	3,25	3,25
h_f	m				0,20	0,20	0,20	0,20	0,20
x	cm		54,81	54,81	27,01	34,67	38,48	40,30	40,30
$l2$	cm^2		11.608.016,07	11.608.016,07	20.748.810,48	29.532.711,46	34.239.364,99	36.507.586,33	36.507.586,33
$\sigma_{c,\text{máx}}$	kN/cm^2		0,516	0,516	0,155	0,344	0,470	0,545	0,579
$\sigma_{s,\text{máx}}$	kN/cm^2		12,717	12,717	9,358	15,400	18,493	20,236	21,497
$\sigma_{c,\text{mín}}$	kN/cm^2		0,863	0,863	0,074	0,115	0,212	0,273	0,302
$\sigma_{s,\text{mín}}$	kN/cm^2		21,296	21,296	–0,646	5,153	8,350	10,137	11,217
$\Delta\sigma_{sw}$	kN/cm^2		–8,579	–8,579	10,004	10,247	10,143	10,099	10,280
$\Delta_{fsd,\text{fad, mín}}$	kN/cm^2		10,5	10,5	10,5	10,5	10,5	10,5	10,5

Distribuição longitudinal da armadura

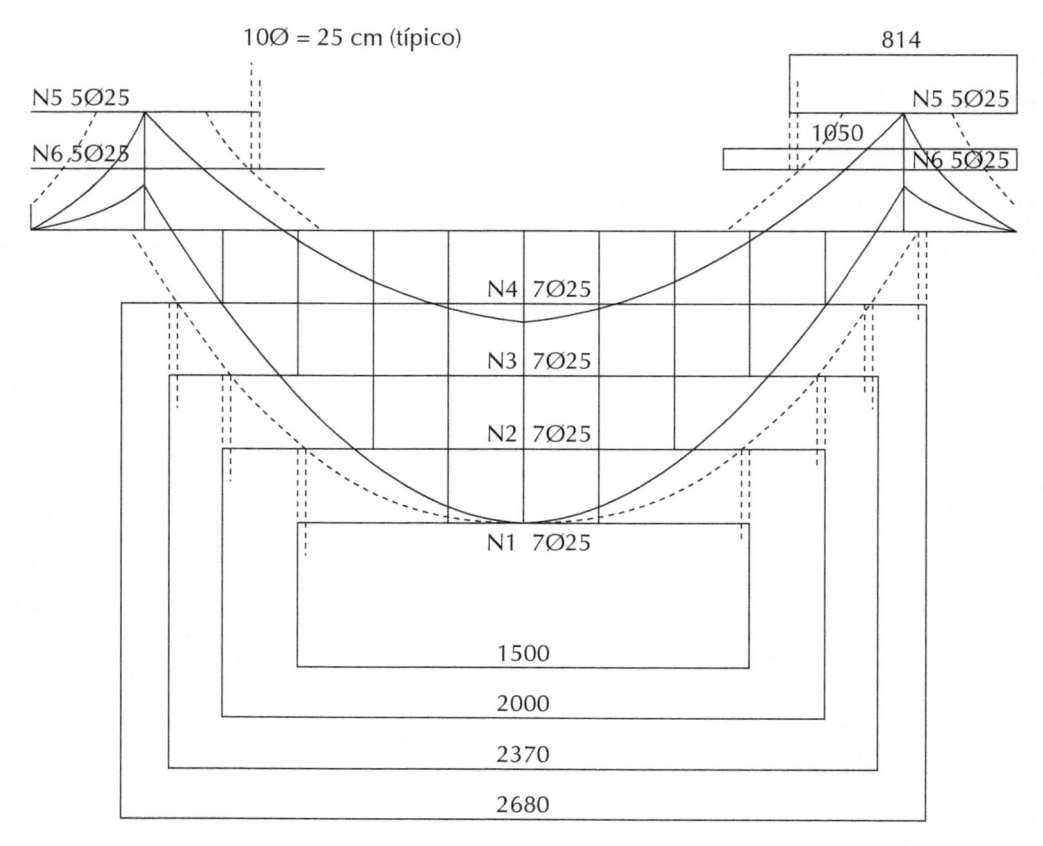

——— Diagrama de momentos fletores
------- Diagrama de momentos fletores com decalagem de $al = 0,5\ d$

$f_{ck} = 30$ MPa
$\ell b = 34$ $\emptyset = 34 \times 2,5 = 85$ cm
25% das emendas na mesma seção
$\ell b = 1,4 \times 85 = 120$ cm

Decalagem do diagrama de momentos
$al = 0,5 \times d = 0,5 \times 190 = 95$ cm

Detalhamento das barras

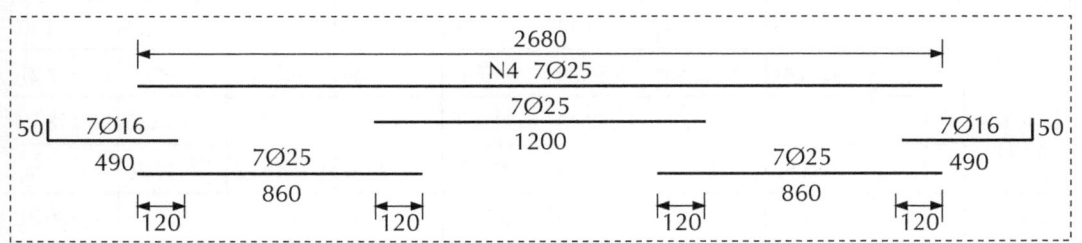

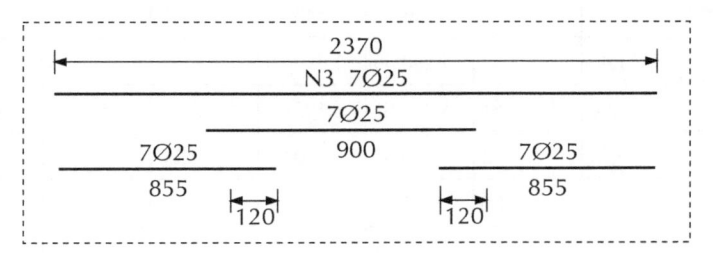

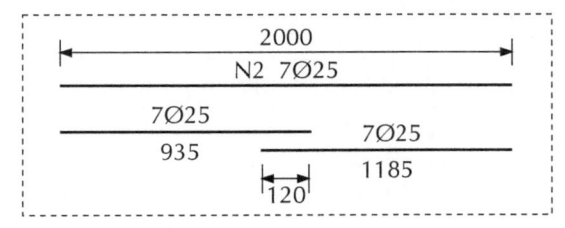

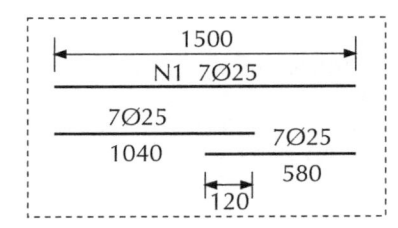

Cálculo da armação de cortante

		Seção							
		0	1e	1d	2	3	4	5	6
Momentos fletores (V) (kN)	V_g	−120,41	−371,29	678,97	534,85	402,30	273,55	144,80	16,10
	φ	1,16	1,16	1,16	1,16	1,16	1,16	1,16	1,16
	V_q^+	−119,01	−445,45	589,19	506,82	429,36	356,81	289,18	226,46
	φ	1,16	1,16	1,16	1,16	1,16	1,16	1,16	1,16
	V_q^-	−119,41	−445,45	−50,80	−67,48	−60,63	−258,56	−90,10	−112,21
Envoltória (V)	V^+	−258,46	−888,01	1.362,43	1.122,76	900,36	687,45	480,25	278,79
	V^-	−258,93	−888,01	620,04	456,57	331,97	−26,38	40,28	−114,06
V_d	kN	361,85	1.243,22	1.907,40	1.571,87	1.260,50	962,43	672,35	390,31
V_{CO}	kN	413,25	743,85	743,85	545,49	413,25	413,25	413,25	413,25
V_{sw}	kN	−51,40	499,37	1.163,55	1.026,38	847,25	549,18	259,10	−22,94
V_{R2}	kN	2.418,23	4.352,81	4.352,81	3.192,06	2.418,23	2.418,23	2.418,23	2.418,23
b_w	m	0,25	0,45	0,45	0,33	0,25	0,25	0,25	0,25
d	m	1,90	1,90	1,90	1,90	1,90	1,90	1,90	1,90
$A_{sw/s}$	cm²/m		6,71	15,64	13,80	11,39	7,38	3,48	
$A_{sw/s,mín}$	cm²/m	3,00	5,40	5,40	3,96	3,00	3,00	3,00	3,00
bitola		Ø8 c/25	Ø8 c/14	2×Ø10c/20	Ø10 c/10	Ø10 c/13	Ø8 c/15	Ø8 c/25	Ø8 c/25

M_q Força cortante carga permanente   fck = 30 MPa
V_q^+ Força cortante cargas móveis máximas   Aço CA-50
V_q^- Força cortante cargas móveis mínimas f_{yd} = 435 MPa = 43,5 kN/cm²
$V^+ = V_g + φ \cdot V_q^+$
$V^- = V_g + φ \cdot V_q^-$

1) Cálculo de V_{R2} $V_{R2} = 5.091 \cdot b_w \cdot d$ $V_d < V_{R2}$
2) Cálculo de V_{c0} $V_{c0} = 870 \cdot b_w \cdot d$
3) Cálculo de $A_{sw/s}$ $A_{sw/s} = V_{sw}/(0,9 \cdot d \cdot f_{yd})$ $(A_{sw/s})_{mín} = 0,12 \, b_w$
     $V_{sw} = V_d - V_{c0}$ $V_d = 1,4 \cdot V_g + 1,4 \cdot φ \cdot (V_q^+)$

Cálculo da fadiga de cortante									
		Seção							
		0	1e	1d	2	3	4	5	6
Esforços cortantes (V) (kN)	V_g	−120,41	−371,29	678,97	534,85	402,30	273,55	144,80	16,10
	φ	1,16	1,16	1,16	1,16	1,16	1,16	1,16	1,16
	V_q^+	−119,01	−445,45	589,19	506,82	429,36	356,81	289,18	226,46
	φ	1,16	1,16	1,16	1,16	1,16	1,16	1,16	1,16
	V_q^-	−119,41	−445,45	−50,80	−67,48	−60,63	−258,56	−90,10	−112,21
$V_{máx}$	kN	−189,44	−629,65	1.020,70	828,81	651,33	480,50	312,52	147,45
$V_{mín}$	kN	−189,67	−629,65	649,51	495,71	367,13	123,59	92,54	−48,98
$A_{sw/s}$	cm²/m	4,00	11,40	16,00	16,00	12,30	7,69	4,00	4,00
V_{c0}	kN	413,25	743,85	743,85	545,49	413,25	413,25	413,25	413,25
b_w	m	0,25	0,45	0,45	0,33	0,25	0,25	0,25	0,25
d	m	1,90	1,90	1,90	1,90	1,90	1,90	1,90	1,90
$\sigma_{sw,máx}$	kN/cm²			23,71	20,32	21,14			
$\sigma_{sw,máx}$	kN/cm²			10,15	8,15	7,63			
$\Delta\sigma_{sw}$	kN/cm²			13,57	12,17	13,51			
$\Delta_{fsd,fad,mín}$	kN/cm²			8,5	8,5	8,5			

V_g Força cortante carga permanente f_{ck} = 30 MPa
V_q^+ Força cortante cargas móveis máximas   Aço CA-50
V_q^- Força cortante cargas móveis mínimas F_{yd} = 435 MPa = 43,5 kN/cm²

Combinação frequente de ações (ψ_1 = 0,5)
2)   Cálculo de V_{c0} V_{c0} = 870 · b_w · d
3)   Cálculo das tensões $\sigma_{sw,máx}$ = ($V_{máx}$ − 0,5 · V_{c0})/(A_{sw} · 0,9 · d)
                                $\sigma_{sw,mín}$ = ($V_{mín}$ − 0,5 · V_{c0})/(A_{sw} · 0,9 · d)
                                $\Delta\sigma_{sw}$ = $\sigma_{sw,máx}$ − $\sigma_{sw,mín}$
$V = V_g + 0,5 \cdot \varphi \cdot (V_q)$ $V_{máx} = V_g + 0,5 \cdot \varphi \cdot V_q^+$
                                $V_{mín} = V_g + 0,5 \cdot \varphi \cdot V_q^-$
Na fórmula das tensões, entrar com $V_{máx}$ e $V_{mín}$ em módulo

Na seção 1d temos de aumentar a armadura, pois $\Delta\sigma_{sw} > \Delta_{fsd,fad,mín}$
     novo A_{sw} = (13,57/8,5) × 16 = 25,54 cm²   adotado 2 · Ø 10 c/12 A_{sw} = 26,6 cm²

Na seção 2 temos de aumentar a armadura, pois $\Delta\sigma_{sw} > \Delta_{fsd,fad,mín}$
     novo A_{sw} = (12,17/8,5) × 16 = 22,91 cm²   adotado 2 · Ø 10 c/12 A_{sw} = 26,6 cm²

Na seção 3 temos de aumentar a armadura, pois $\Delta\sigma_{sw} > \Delta_{fsd,fad,mín}$
     novo A_{sw} = (13,51/8,5) × 12,3 = 19,55 cm²   adotado 2 · Ø 10 c/15 A_{sw} = 21,4 cm²

Cálculo da fadiga de cortante (*sequência*)									
		Seção							
		0	1e	1d	2	3	4	5	6
Esforços cortantes (V) (kN)	V_g	−120,41	−371,29	678,97	534,85	402,30	273,55	144,80	16,10
	φ	1,16	1,16	1,16	1,16	1,16	1,16	1,16	1,16
	V_q^+	−119,01	−445,45	589,19	506,82	429,36	356,81	289,18	226,46
	φ	1,16	1,16	1,16	1,16	1,16	1,16	1,16	1,16
	V_q^-	−119,41	−445,45	−50,80	−67,48	−60,63	−258,56	−90,10	−112,21
$V_{máx}$	kN	−189,44	−629,65	1.020,70	828,81	651,33	480,50	312,52	147,45
$V_{mín}$	kN	−189,67	−629,65	649,51	495,71	367,13	123,59	92,54	−48,98
$A_{sw/s}$	cm²/m	4,00	11,40	26,60	26,60	21,40	7,69	4,00	4,00
V_{c0}	kN	413,25	743,85	743,85	545,49	413,25	413,25	413,25	413,25
b_w	m	0,25	0,45	0,45	0,33	0,25	0,25	0,25	0,25
d	m	1,90	1,90	1,90	1,90	1,90	1,90	1,90	1,90
$\sigma_{sw,máx}$	kN/cm²			14,26	12,22	12,15			
$\sigma_{sw,máx}$	kN/cm²			6,10	4,90	4,39			
$\Delta\sigma_{sw}$	kN/cm²			8,16	7,32	7,77			
$\Delta_{fsd,fad,mín}$	kN/cm²			8,5	8,5	8,5			

Detalhamento dos estribos da viga principal

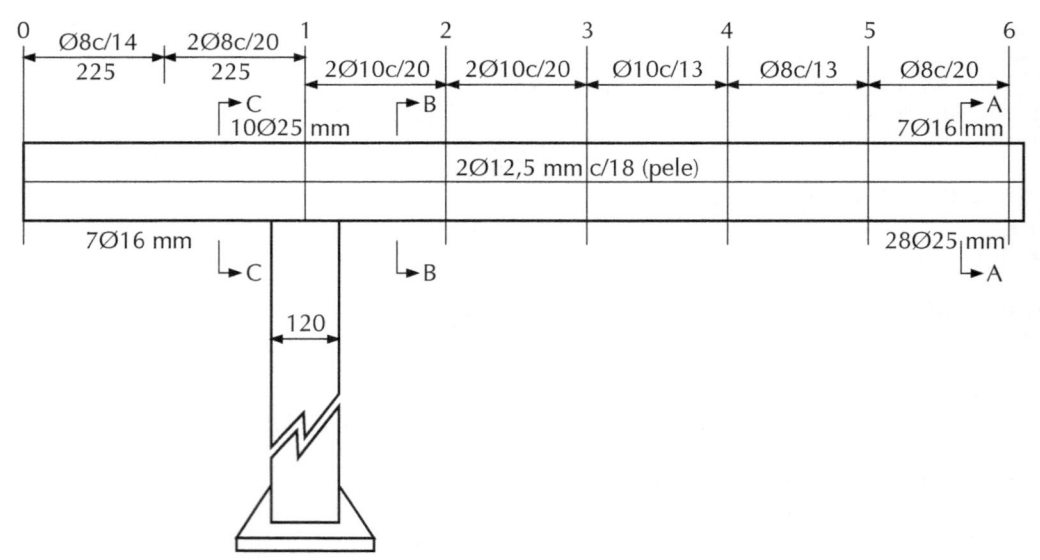

Cortes

Corte A

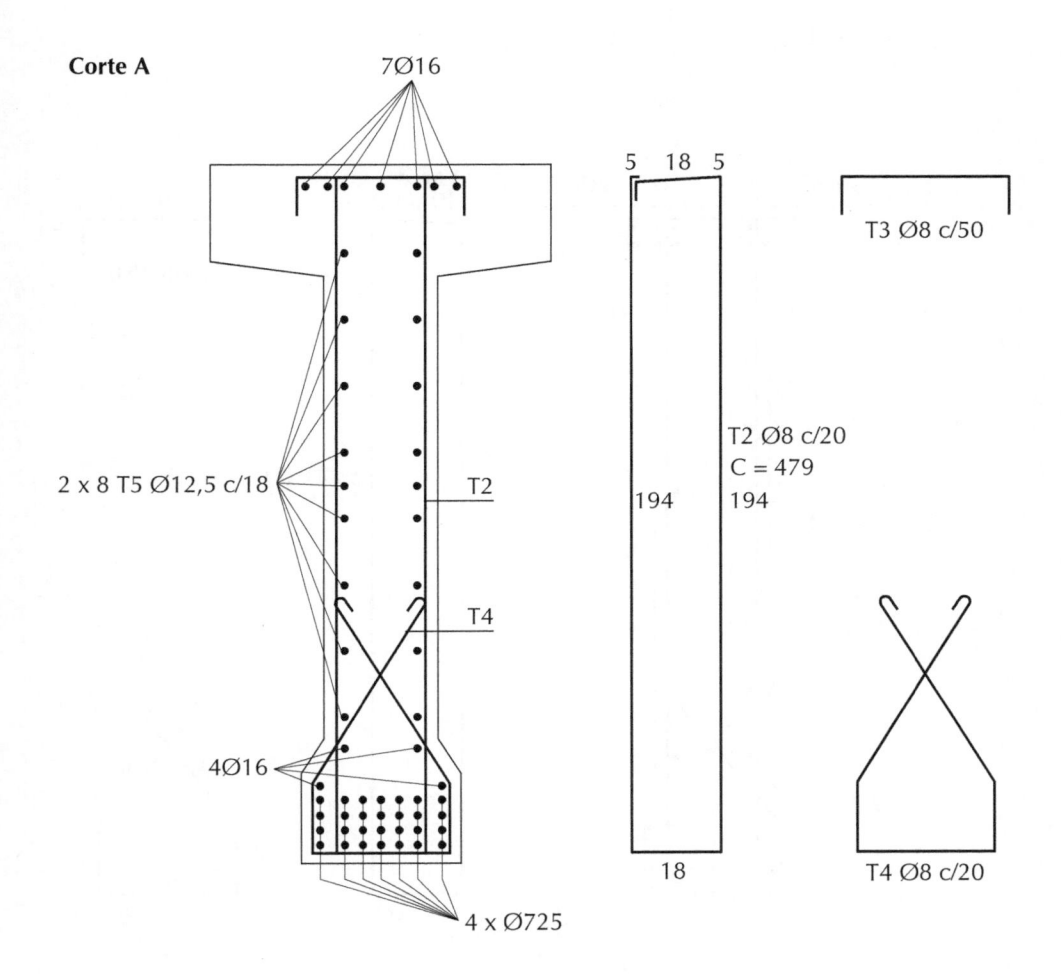

Armadura de pele

$$A_{s,\text{pele}} = 0,1\% \, A_{C,\text{alma}} = \frac{0,1}{100} \times 45 \times 200 = 9 \text{ cm}^2/\text{face}$$

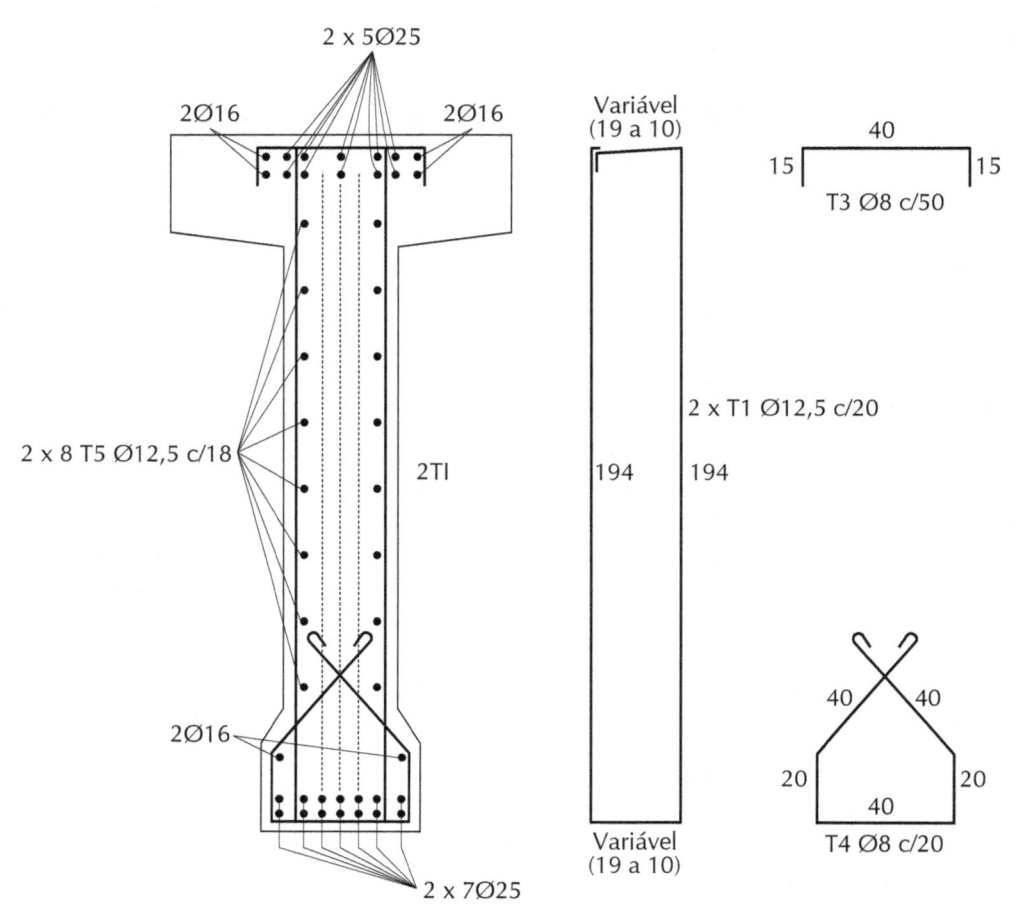

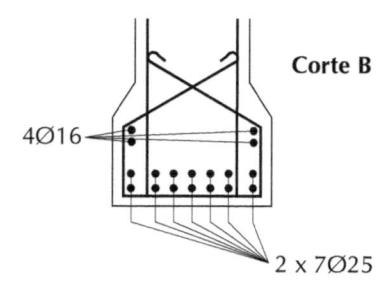

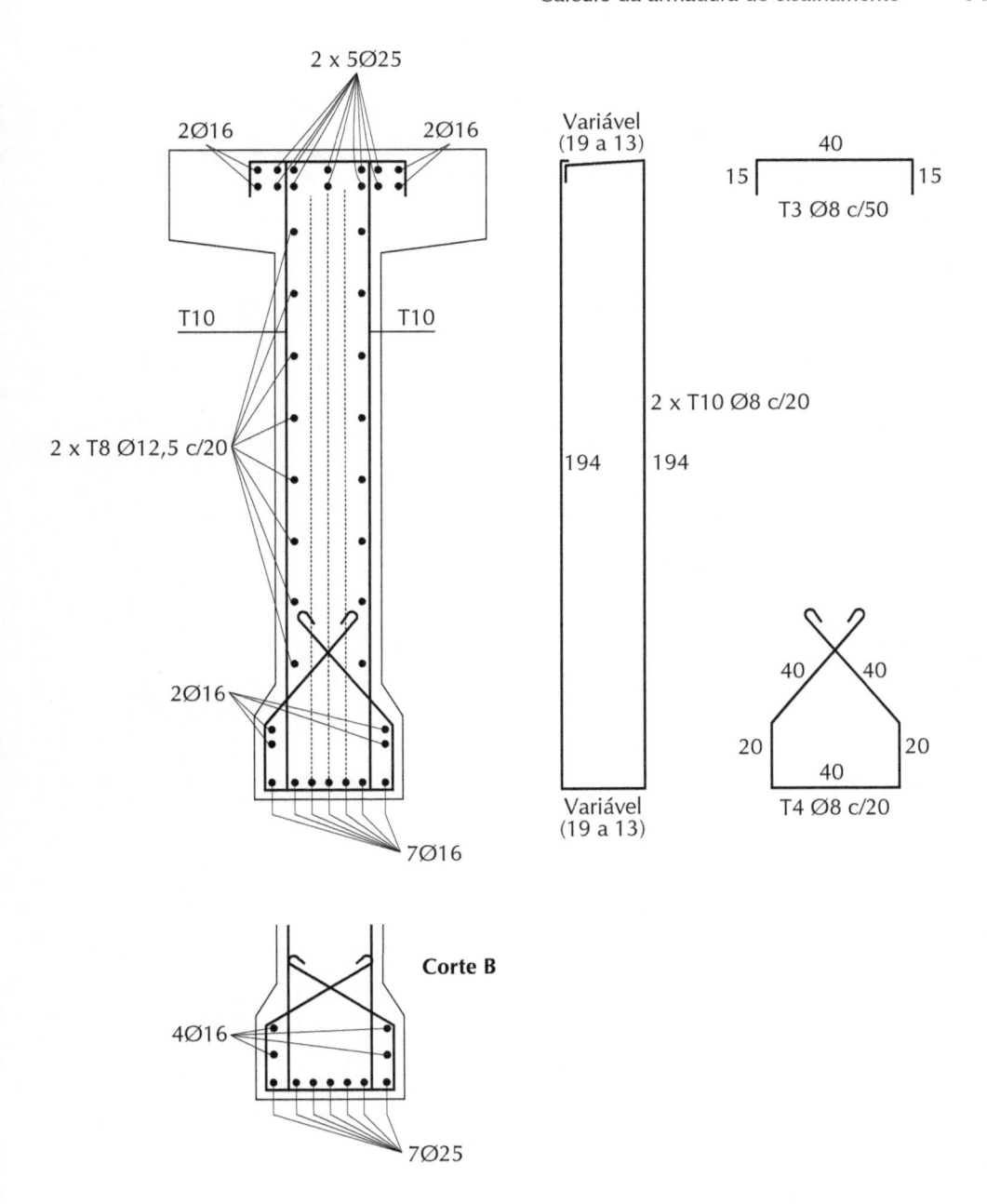

— 13 —
CÁLCULO DAS TRANSVERSINAS

13.1 TRANSVERSINA INTERMEDIÁRIA (30 × 175)

Transversina

$$g_1 = 0,3 \times 1,75 \times 25 = 13,12 \text{ kN/m}$$

Laje (peso próprio + pavimento)

$$g = \frac{0,2 + 0,25}{2} \times 25 + 0,05 \times 25 = 6,88 \text{ kN/m}^2$$

$$g_2 = \frac{6,88 \times 5,3}{4} = 9,12 \text{ kN/m}$$

Peso próprio total

$$g = g_1 + 2g_2 = 13,12 + 9,12 \times 2 = 31,36 \text{ kN/m}$$

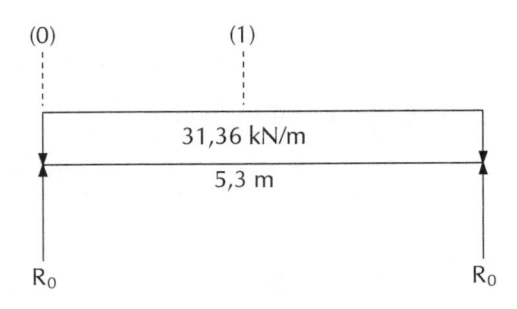

$$Q_0 = R_0 = 31,36$$

$$Q_0 = R_0 = 5,3 \times \frac{31,36}{2} = 83,10 \text{ kN}$$

$$Q_1 = 0$$

$$M_0 = 0$$

$$M_1 = 31,36 \times \frac{5,3^2}{8} = 110,11 \text{ kNm}$$

Carga móvel – classe 45

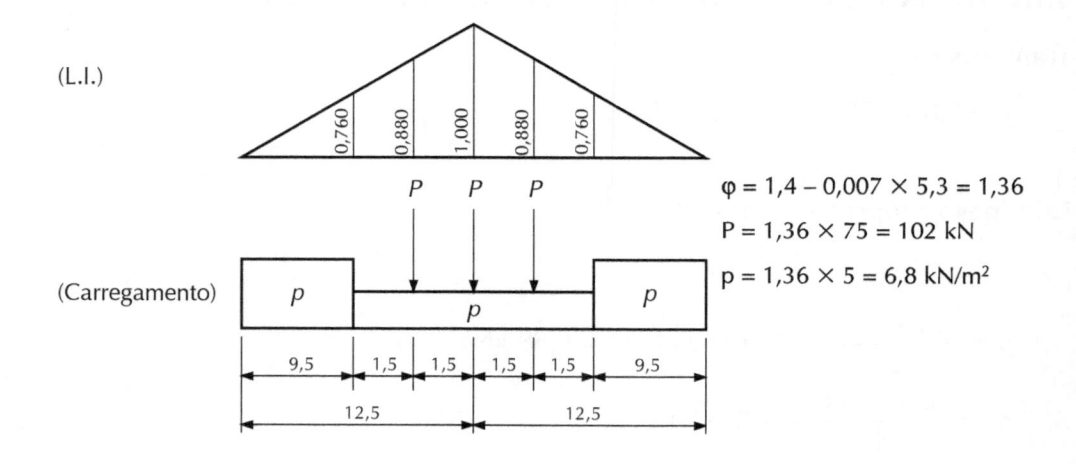

(L.I.)

0,760 0,880 1,000 0,880 0,760

P P P

(Carregamento)

p p p

9,5   1,5 1,5 1,5 1,5   9,5

12,5   12,5

$\varphi = 1,4 - 0,007 \times 5,3 = 1,36$

$P = 1,36 \times 75 = 102 \text{ kN}$

$p = 1,36 \times 5 = 6,8 \text{ kN/m}^2$

Rodas

$$P = 102 \ (1 + 2 \times 0,88) = 281,52 \text{ kN}$$

Multidão

$$m_1 = 6,8 \times \left(\frac{1}{2} \times 0,76 \times 9,5 \right) \times 2 = 49,10 \text{ kN/m}$$

Ao lado do veículo

$$m_2 = 6,8 \times \left(1,0 \times \frac{12,5}{2} \right) \times 2 = 85 \text{ kN/m}$$

Esquema transversal (carregamento)

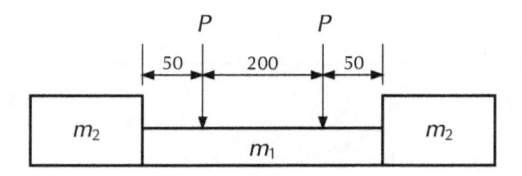

Forças cortantes

Seção (0)

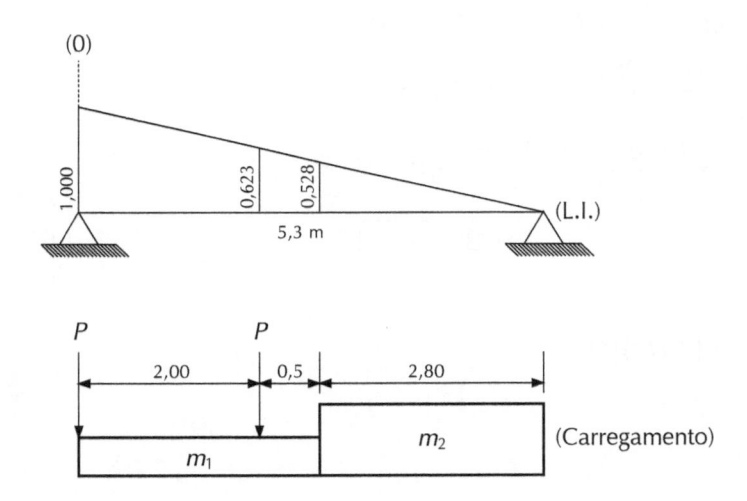

$P = 281,52$ kN

$m_1 = 49,10$ kN/m

$m_2 = 85$ kN/m

$Q_0 = 281,52 \times (1 + 0,623) = 456,91$ kN

$49,10 \times \dfrac{(1 + 0,528)}{2} \times 2,5 \quad = 93,78$ kN

$85 \times \left(\dfrac{1}{2} \times 0,528 \right) \times 2,8 \quad = 62,83$ kN

$$\overline{ 613,52 \text{ kN}}$$

Seção (I)

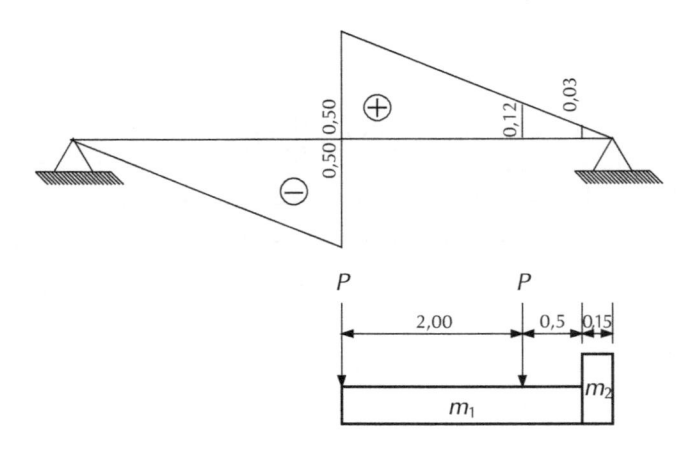

$$Q_1 = 281,52 \times (0,5 + 0,12) = 174,54 \text{ kN}$$

$$49,10 \times \frac{(0,5 + 0,03)}{2} \times 2,5 \quad = 32,53 \text{ kN}$$

$$85 \times \left(\frac{0,3 \times 0,15}{2} \right) \quad = 0,19 \text{ kN}$$

$$\overline{\qquad 207,26 \text{ kN}}$$

MOMENTOS FLETORES

Seção (0)

$$M_{(0)} = 0$$

Seção (1)

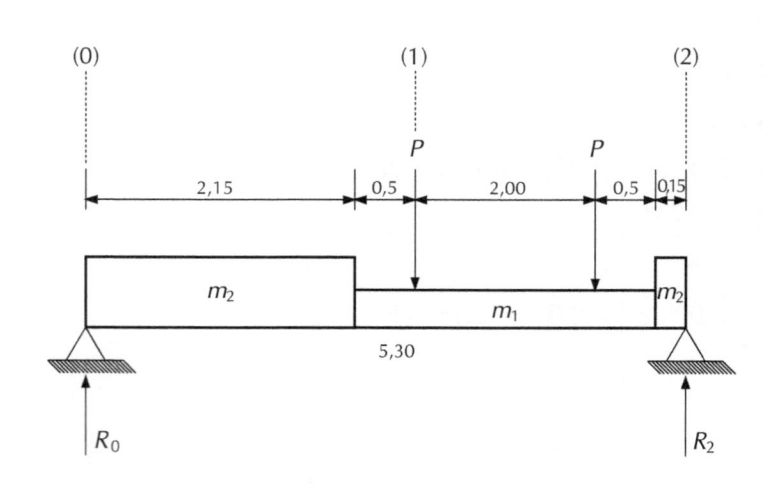

$P = 281,52$ kN

$m_1 = 49,10$ kN/m

$m_2 = 85$ kN/m

$$5,3 \cdot R_0 = 281,52 \times 2,65 + 281,52 \times 0,65 + 85 \times 2,15 \times 4,225 + 85 \times 0,15 \times \frac{0,15}{2} +$$
$$+ 49,1 \times 3 \times 1,65 =$$

$5,3 \cdot R_0 = 1.945,14 \rightarrow R_0 = 367$ kN

$R_0 + R_2 = 905,84$ kN $\qquad R_2 = 538,84$ kN

$$M_{(1)} = 367 \times 2,65 - 85 \times 2,15 \times 1,575 - 49,1 \times \frac{0,5^2}{2} = 678,58 \text{ kNm}$$

$M_{(1)} = 678,58$ kNm

Dimensionamento

$M_d = 1,4 \cdot M_g + 1,4 \cdot \varphi M_q$

$M_d = 1,4 \times 110,11 + 1,4 \times 678,58 = 1.104,16$ kNm

$b_w = 30$ cm $\qquad d = 170$ cm $\qquad d' = 5$ cm

$b_f = 136$ cm $\qquad h_f = 20$ cm $\qquad b_f = 53 + 53 + 30 = 136$ cm

$$\xi_f = \frac{20}{170} = 0,118 \qquad k6 = \frac{1,36 \times 1,70^2 \times 10^5}{1.104,17} = 355$$

$\xi_d = 0,02 < \xi_f \qquad k3 = 0,232$

$$A_S = \frac{0,232}{10} \times \frac{1.104,16}{1,7} = 15,07 \text{ cm}^2$$

$A_S =$ adotado 3Ø25 mm $\qquad A'_S =$ adotado 4Ø16 mm

VERIFICAÇÃO DA FADIGA NA TRANSVERSINA

$\Delta\sigma_{sd,\text{fad,mín}} = 95$ MPa

Combinação frequente de ações: $Q_1 = 0,7$ $\quad \alpha_e = 10$

$M_g = 110,11$ kNm

$\varphi M_{f(1)} = 678,58$ kNm

$M_{\text{freq}} = M_g + \psi_1\, \varphi M_{q(1)} = 110,11 + 0,7 \times 678,58 = 585,11$ kNm

b_w 30 cm $\qquad d = 170$ cm $\qquad d' = 5$ cm

$b_f = 136$ cm $\qquad h_f = 20$ cm $\qquad A_S = 15$ cm^2

$A'_S = 8$ cm^2 $\qquad \alpha_e = 10$

Estádio II

$M_{\text{freq}} = 585,11$ kNm

$x = 17,89$ cm $\qquad \sigma_c = 0,2798$ kN/cm^2 $\quad \sigma_{s,\text{freq}} = 23,77$ kN/cm^2

Estádio II

$M_g = 110,11$ kNm

$x = 17,89$ cm $\qquad \sigma_c = 0,0526$ kN/cm^2 $\quad \sigma_{sg} = 4,47$ kN/cm^2

Fator fadiga:

$$\frac{23,77 - 4,47}{9,5} = 2,03 \rightarrow \begin{array}{l} A_S = 15,0 \times 2,03 = 30,47 \text{ cm}^2 \\ A_S = \text{ adotado } 6\varnothing 25 \text{ mm} \end{array}$$

Armadura de pele

$$A_S = \frac{0,10}{100} \times 30 \times 175 = 5,25 \text{ cm}^2 \qquad 7\varnothing 10 \text{ mm}$$

Forças cortantes seção (0)

$V_0(g) = 83,10$ kN $\qquad b_w = 30$ cm $\qquad d = 170$ cm

$\varphi V_0(q) = 613,52$ kN

1) Cálculo de V_{R2}
   $V_{R2} = 5.091 \cdot b_w \cdot d = 5.091 \times 0,3 \times 1,7 = 2.596,41$ kN

2) Cálculo de V_{c0}
   $V_{c0} = 870 \cdot b_w \cdot d = 870 \times 0,3 \times 1,7 = 443,70$ kN

3) Cálculo da armadura A_{sw}
   $V_{sd} = 1,4 \cdot V_g + 1,4 \cdot \varphi \cdot V_q = 1,4 \times 83,10 + 1,4 \times 613,52 = 975,27$ kN
   $V_{wd} = V_{sd} - V_{c0} = 975,27 - 443,70 = 531,57$ kN
   $$A_{Sw} = \frac{V_{wd}}{0,9 \cdot d \cdot f_{yd}} = \frac{531,70}{0,9 \times 1,7 \times 43,5} = 7,99 \text{ cm}^2$$

VERIFICAÇÃO DA FADIGA (CORTANTE) E COMBINAÇÃO FREQUENTE DE AÇÕES

$$V_{serv} = V_g + \psi_1 \cdot \varphi V_q \qquad \psi_1 = 0,7 \text{ (transversina de ponte)}$$

$$V_{serv} = 83,1 + 0,7 \times 613,52 = 512,56 \text{ kN}$$

$$\sigma_{sw}, V_{serv} = \frac{V_{serv} - 0,5 \cdot V_{c0}}{\left(\dfrac{A_{sw}}{s}\right) \cdot 0,9 \cdot d} = \frac{512,56 - 0,5 \times 443,70}{7,99 \times 0,9 \times 1,7} = 23,78 \text{ kN/cm}^2$$

$$\sigma_{sw,vg} = \frac{V_g - 0,5 \cdot V_{c0}}{\left(\dfrac{A_{sw}}{s}\right) \cdot 0,9 \cdot d} = \frac{83,1 - 0,5 \times 443,70}{7,99 \times 0,9 \times 1,7} < 0 \rightarrow \sigma_{sw,vg} = 0$$

$$\Delta\sigma_{sw} = 23,78 - 0 = 23,78 \text{ kN/cm}^2$$

$$\Delta f_{sd,fad,mín} = 85 \text{ MPa} = 8,5 \text{ kN/cm}^2$$

$$\text{Fator de fadiga} = \frac{23,78}{8,5} = 2,798 \rightarrow A_{sw} = 2,798 \times 7,99 = 22,35 \text{ cm}^2/\text{m} \quad \text{Ø12,5 c/10}$$

ARMAÇÃO DA TRANSVERSINA INTERMEDIÁRIA

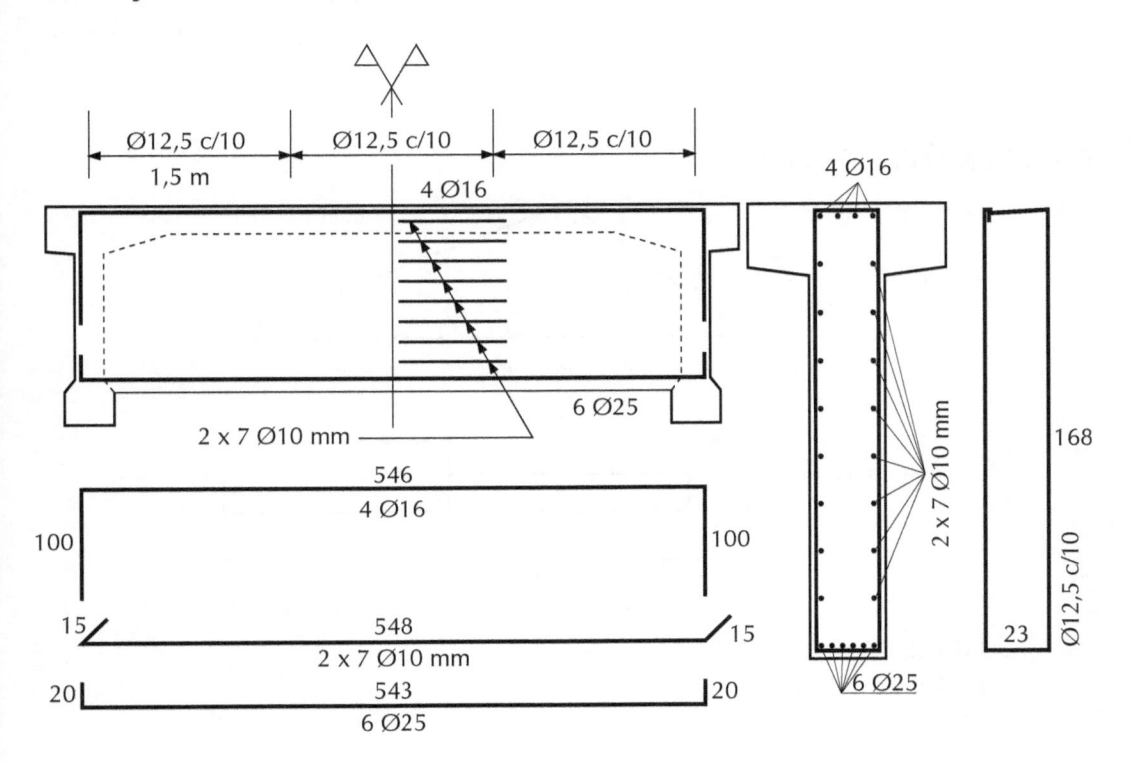

13.2 TRANSVERSINA DE APOIO (40 × 200)

Transversina

$$g_1 = 0,4 \times 2,0 \times 25 = 20 \text{ kN/m}$$

Laje (peso próprio + pavimento)

$$g = 6,88 \text{ kN/m}$$

$$g_2 = \frac{6,88 \times 5,3}{2} = 9,12 \text{ kN/m}$$

Peso próprio total

$$g = g_1 + 2g_2 = 20 + 2 \times 9,12 = 38,24 \text{ kN/m}$$

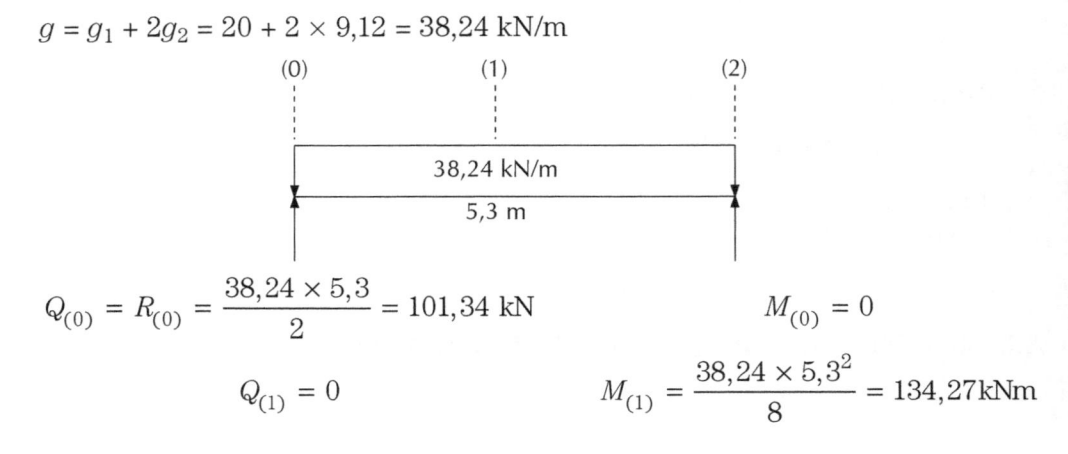

$$Q_{(0)} = R_{(0)} = \frac{38,24 \times 5,3}{2} = 101,34 \text{ kN} \qquad M_{(0)} = 0$$

$$Q_{(1)} = 0 \qquad M_{(1)} = \frac{38,24 \times 5,3^2}{8} = 134,27 \text{ kNm}$$

CARGA MÓVEL CLASSE 45

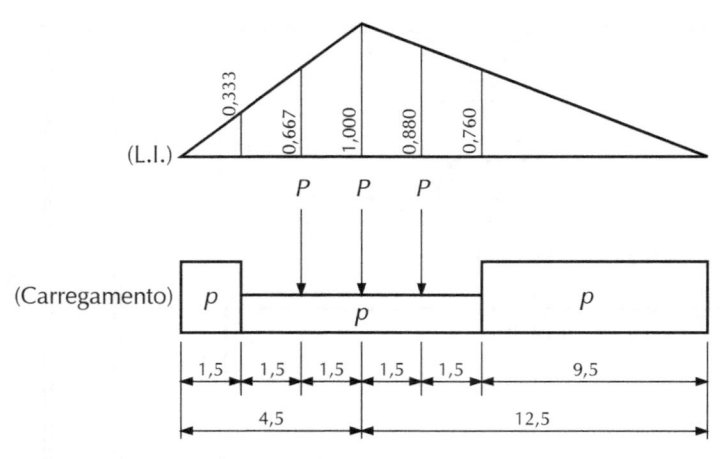

$$\varphi = 1,4 - 0,007 \times 5,3 = 1,36$$
$$P = 1,36 \times 75 = 102 \text{ kN}$$
$$p = 1,36 \times 5 = 6,8 \text{ kN/m}$$

Rodas

$$P = 102 \times (1 + 0{,}88 + 0{,}667) = 259{,}79 \text{ kN}$$

Multidão

$$m_1 = 6{,}8\left[\frac{1}{2}(0{,}76 \times 9{,}5) + \frac{1}{2}(0{,}33 \times 1{,}5)\right] = 26{,}23 \text{ kN/m}$$

Ao lado do veículo

$$m_2 = 6{,}8\left[\frac{1}{2}(12{,}5 + 4{,}5)\right] = 57{,}8 \text{ kN/m}$$

Esquema transversal

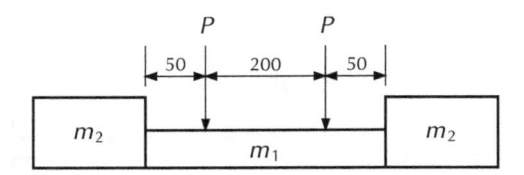

Forças cortantes

Seção (0):

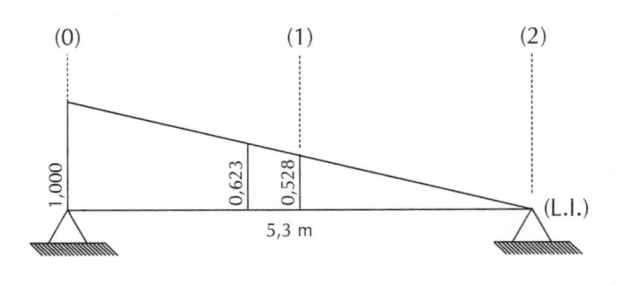

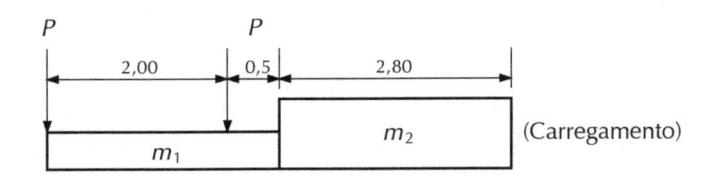

$P = 259{,}79$ kN
$m_1 = 26{,}23$ kN/m
$m_2 = 57{,}8$ kN/m

$$Q_{(0)} = 259,79(1 + 0,623) = 421,64 \text{ kN}$$

$$26,23\left(\frac{1 + 0,528}{2}\right) \times 2,5 = \quad 50,01 \text{ kN}$$

$$57,8\left(\frac{0,528 \times 2,8}{2}\right) = \quad 42,73 \text{ kN}$$

$$\overline{514,38 \text{ kN}}$$

Seção (1)

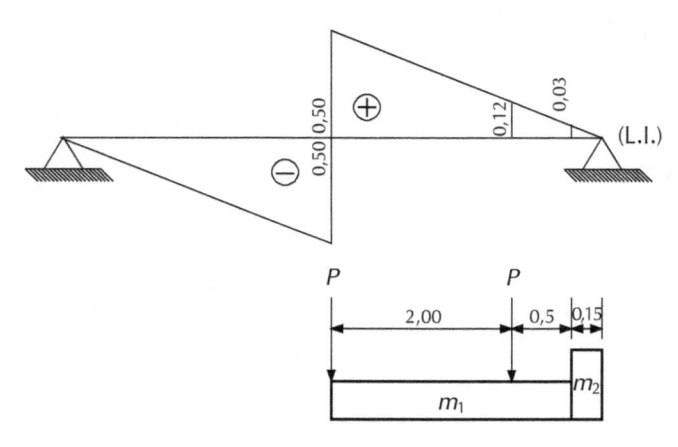

$$Q_{(1)} = 259,79(0,5 + 0,12) = 161,07 \text{ kN}$$

$$26,23\left(\frac{0,5 + 0,03}{2}\right) \times 2,5 = \quad 17,38 \text{ kN}$$

$$57,8\left(\frac{0,03 \times 0,15}{2}\right) = \frac{5,20 \text{ kN}}{183,65 \text{ kN}}$$

MOMENTOS FLETORES

Seção (0)

$$M_{(0)} = 0$$

Seção (1)

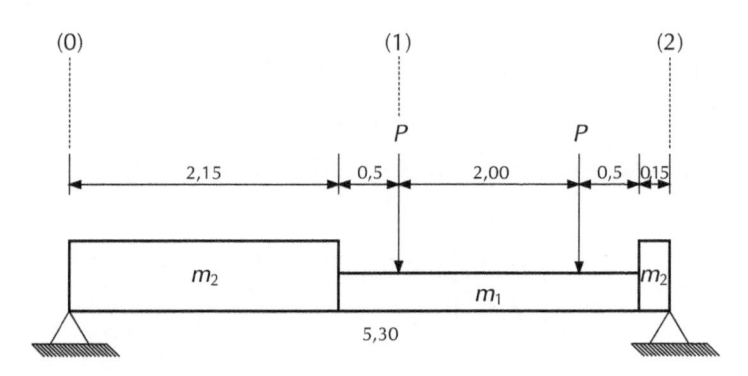

$P = 259{,}79$ kN

$m_1 = 26{,}23$ kN/m

$m_2 = 57{,}8$ kN/m

$$Q_0 = \frac{259{,}79 \times 2{,}65 + 259{,}79 \times 0{,}65 + 57{,}8 \times 2{,}15 \times 4{,}225 + 57{,}8 \times \left(\dfrac{\overline{0{,}15}^2}{2}\right) + 26{,}23 \times 3 \times 1{,}65}{5{,}3} =$$

$$= 285{,}44 \text{ kN}$$

$$M_{(1)} = 285{,}44 \times 2{,}65 - 2{,}15 \times 57{,}8 \times 1{,}575 - 26{,}23 \times \left(\frac{\overline{0{,}5}^2}{2}\right) = 557{,}41 \text{ kNm}$$

Dimensionamento

$M_d = 1{,}4\,M_g + 1{,}4 \cdot \varphi \cdot M_q = 1{,}4 \times 134{,}27 + 1{,}4 \times 557{,}41 = 968{,}35$ kNm

$b_w = 40$ cm $\qquad\qquad d = 195$ cm $\qquad\qquad d' = 5$cm

$b_f = 146$ cm $\qquad\qquad h_f = 20$ cm $\qquad\qquad b_f = 53 + 53 + 40 = 146$ cm

$\xi_f = \dfrac{20}{195} = 0{,}103$

$\xi_d = 0{,}02 < \xi_f \qquad\qquad k6 = \dfrac{1{,}46 \times 1{,}95^2 \times 10^5}{968{,}35} = 573{,}3 \qquad\qquad k3 = 0{,}232$

$A_S = \dfrac{0{,}232}{10} \times \dfrac{968{,}35}{1{,}95} = 11{,}52$ cm$^2 \qquad\qquad A_S = 11{,}52$ cm^2 adotado 3Ø25 mm

$A'_S = $ adotado 4Ø16

VERIFICAÇÃO DA FADIGA NA TRANSVERSINA

$\Delta f_{sd,\text{fad,mín}} = 95$ MPa

Combinação frequente de ações: $\psi_1 = 0,7$ $\alpha_e = 10$

$M_g = 134,27$ kNm $\varphi M_{q(1)} = 557,41$ kNm

$M_{\text{freq}} = M_g + \psi_1\, \varphi M_q = 134,27 + 0,7 \times 557,41 = 524,46$ kNm

$B_w = 40$ cm $d = 195$ cm $d' = 5$ cm

$h_f = 20$ cm $b_f = 146$ cm $A_S = 15$ cm^2

$A'_S = 8$ cm^2 $\alpha_e = 10$

Estádio II

$M_{\text{freq}} = 524,46$ kNm

$x = 18,4$ cm $\sigma_c = 0,1957$ kN/cm^2 $\sigma_s = 18,51$ kN/cm^2

Estádio II

$M_g = 134,27$ kNm

$x = 18,64$ cm $\sigma_c = 0,050$ kN/cm^2 $\sigma_s = 4,74$ kN/cm^2

Fator de fadiga

$$\frac{18,51 - 4,74}{9,5} = 1,45 \rightarrow A_S = 1,45 \times 15 = 21,75 \text{ cm}^2$$

adotado 5Ø25 mm

Armadura de pele

$$A_S = \frac{0,10}{100} \cdot b_w \cdot H = \frac{0,10}{100} \times 40 \times 200 = 8 \text{ cm}^2/\text{face}$$ 10Ø10 mm/face

Forças cortantes Seção (0)

$V_{0(g)} = 101,34$ kN $\varphi V_{0(q)} = 514,38$ kN

$b_w = 40$ cm $d = 195$ cm

1) Cálculo de V_{R2}

$$V_{R2} = 5.091 \cdot b_w \cdot d = 5.091 \times 0,4 \times 1,95 = 3.970,98 \text{ kN}$$

2) Cálculo de V_{c0}

$$V_{c0} = 870 \cdot b_w \cdot d = 870 \times 0,4 \times 1,95 = 678,6 \text{ kN}$$

3) Cálculo da armadura A_{sw}

$$V_{sd} = 1,4 \, V_g + 1,4 \, \varphi V_q = 1,4 \times 101,34 + 1,4 \times 514,38 = 862,0 \text{ kN}$$

$$V_{wd} = V_{sd} - V_{c0} = 862,0 - 678,6 = 183,4 \text{ kN}$$

$$\left(\frac{A_{sw}}{s} \right) = \frac{V_{wd}}{0,9 \cdot d \cdot f_{yd}} = \frac{183,4}{0,9 \times 1,95 \times 43,5} = 2,40 \text{ cm}^2/\text{m}$$

Verificação à fadiga (cortante) e combinação frequente de ações

$$V_{\text{serv}} = V_g + \psi_1 \, \varphi V_q \qquad\qquad \psi_1 = 0,7 \text{ (transversina de ponte)}$$

$$V_{\text{serv}} = 101,34 + 0,7 \times 514,38 = 461,41 \text{ kN}$$

$$\sigma_{sw,\text{serv}} = \frac{V_{\text{serv}} - 0,5 \cdot V_{c0}}{\left(\dfrac{A_{sw}}{s} \right) \cdot 0,9 \cdot d} = \frac{461,41 - 0,5 \times 678,6}{2,40 \times 0,9 \times 1,95} = 28,99 \text{ kN/cm}^2$$

$$\sigma_{sw,Vg} = \frac{101,34 - 0,5 \times 678,6}{2,4 \times 0,9 \times 195} < 0 \rightarrow \sigma_{sw,Vg} = 0$$

$$\Delta \sigma_{sw} = 28,99 - 0 = 28,99 \text{ kN/cm}^2$$

$$\Delta f_{sd,\text{fad,mín}} = 8,5 \text{ kN/cm}^2$$

Fator de fadiga:

$$\frac{29,99}{8,5} = 3,53$$

$$A_{sw} = 3,53 \times 2,40 = 8,47 \text{ cm}^2/\text{m} \qquad\qquad \text{Ø10c/18}$$

Verificação na troca de neoprene

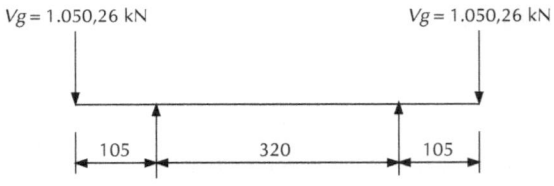

$$V_g = 371,29 + 678,97 = 1.050,26 \text{ kN}$$

$$M_{\text{serv}} = 1.050,26 \times 1,05 = 1.102,77 \text{ kNm}$$

$$M_d = 1,4 \times 1.102,77 = 1.543,88 \text{ kNm}$$

$$b_w = 40 \text{ cm} \qquad\qquad H = 200 \text{ cm}$$

$$k6_d = \frac{10^5 \times 0,4 \times 1,95^2}{1.543,88} = 98,51 \rightarrow k3_d = 0,238$$

$$A_S = \frac{0,238}{10} \times \frac{1.543,88}{1,95} = 18,84 \text{ cm}^2$$

adotado 4Ø25 mm

Transversina de apoio

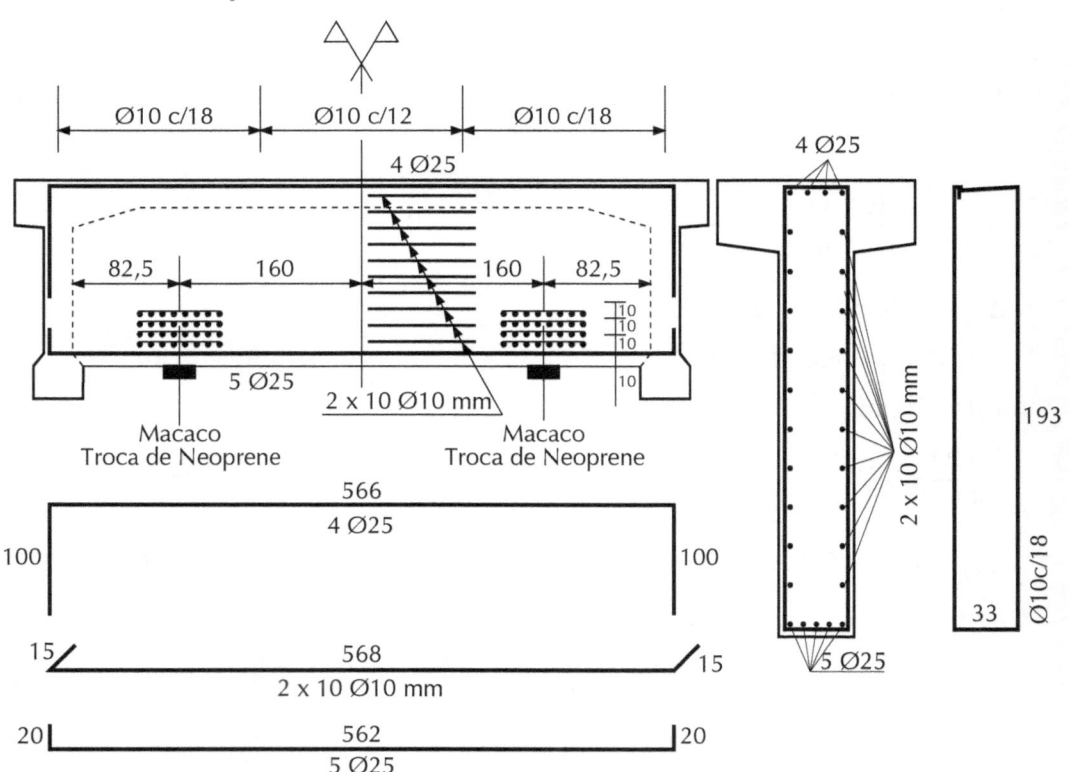

Detalhe da fretagem (4X) para troca de neoprene

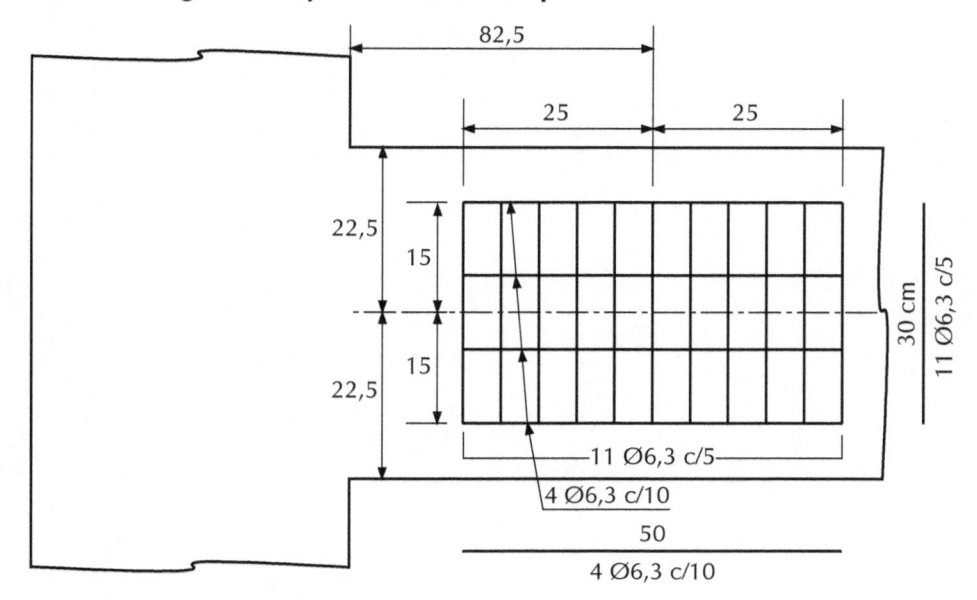

— 14 —
CÁLCULO DOS ENCONTROS, CORTINAS E LAJES DE APROXIMAÇÃO

14.1 CÁLCULO DO ENCONTRO

$$g_1 = \left[(2,1 + 0,3) \times 0,2 + \frac{1}{2}(0,3 + 0,5) \times 0,2\right] \times 25 = 14 \text{ kN/m}$$

Laje de aproximação

A favor da segurança toda descolada do solo.

$$g_2 = \frac{0,2 \times 3 \times 25}{2} = 7,5 \text{ kN/m}$$

Laje da ponte

$$\ell_x = 4,3 \text{ m} \qquad \frac{b}{a} = \frac{5,3}{4,4} = 1,204 \qquad a = 4,4 \text{ m}$$

$$\ell_y = 5,3 \text{ m} \qquad\qquad b = 5,3 \text{ m} \qquad q = 6,88 \text{ kN/m}^2$$

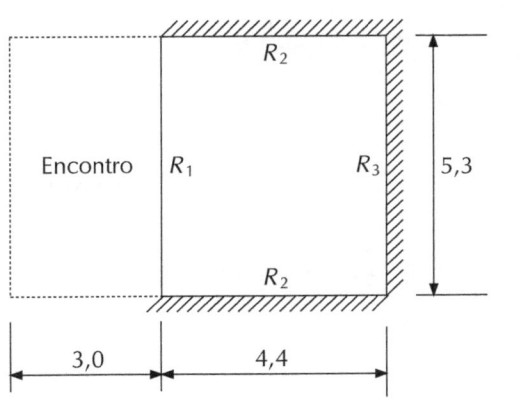

$$R_1 = \left(0{,}366 \cdot a - 0{,}232 \cdot \frac{a^2}{b} \right) \cdot q$$

$$R_1 = \left(0{,}366 \times 4{,}4 - 0{,}232 \times \frac{\overline{4{,}4}^2}{5{,}3} \right) \times 6{,}88 = 5{,}25 \text{ kN/m}$$

$$g_3 = 5{,}25 \text{ kN/m}$$

Aba lateral

$$g_4 = \frac{(2{,}8 + 1{,}3)}{2} \times 3 \times 0{,}2 \times 25 = 30{,}75 \text{ kN}$$

Peso próprio total

$$g = g_1 + g_2 + g_3 = 14 + 7{,}5 + 5{,}25 = 26{,}75 \text{ kN/m}$$

$$g_4 = \text{(concentrada)}$$

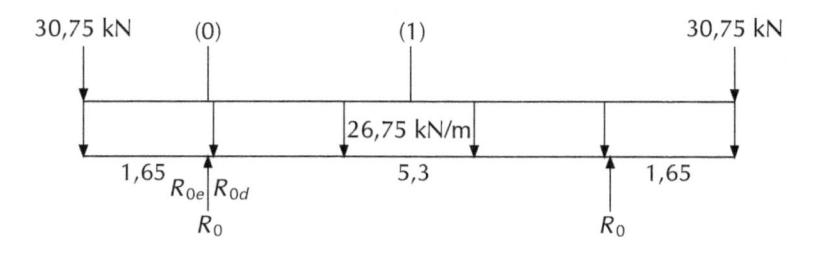

$$R_0 = \left(1{,}65 + \frac{5{,}3}{2} \right) \times 26{,}75 + 30{,}75 = 145{,}78 \text{ kN}$$

$$R_{0e} = 1{,}65 \times 26{,}75 + 30{,}75 = 74{,}88 \text{ kN}$$

$$R_{0d} = 70{,}9 \text{ kN}$$

$$M_{(0)g} = -30{,}75 \times 1{,}65 - 26{,}75 \times \frac{1{,}65^2}{2} = -87{,}15 \text{ kNm}$$

$$M_{(1)g} = 26{,}25 \times \frac{5{,}3^2}{8} - 87{,}15 = 5{,}02 \text{ kNm}$$

Carga móvel classe 45

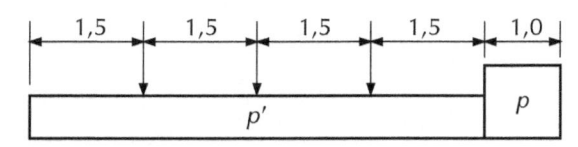

$\varphi = 1,4 - 0,007 \times 5,3 = 1,36$

$P = 1,36 \times 75 = 102$ kN

$p = 1,36 \times 5 = 6,8$ kN/m^2

Carregamento

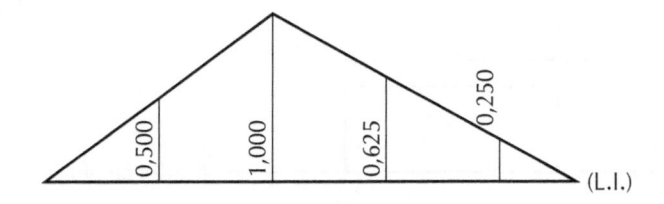

Rodas

$P = 102 \ (1 + 0,5 + 0,625) = 216,75$ kN

Multidão na faixa do veículo

$$m_1 = 6,8\left(\frac{1}{2} \times 0,25 \times 1\right) = 0,85 \text{ kN/m}$$

Ao lado do veículo

$$m_2 = 6,8\left[\frac{1}{2} \times (3 + 4,0)\right] = 23,80 \text{ kN/m}$$

Esquema transversal

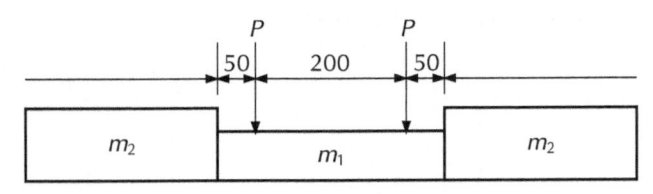

FORÇAS CORTANTES

Seção (0)

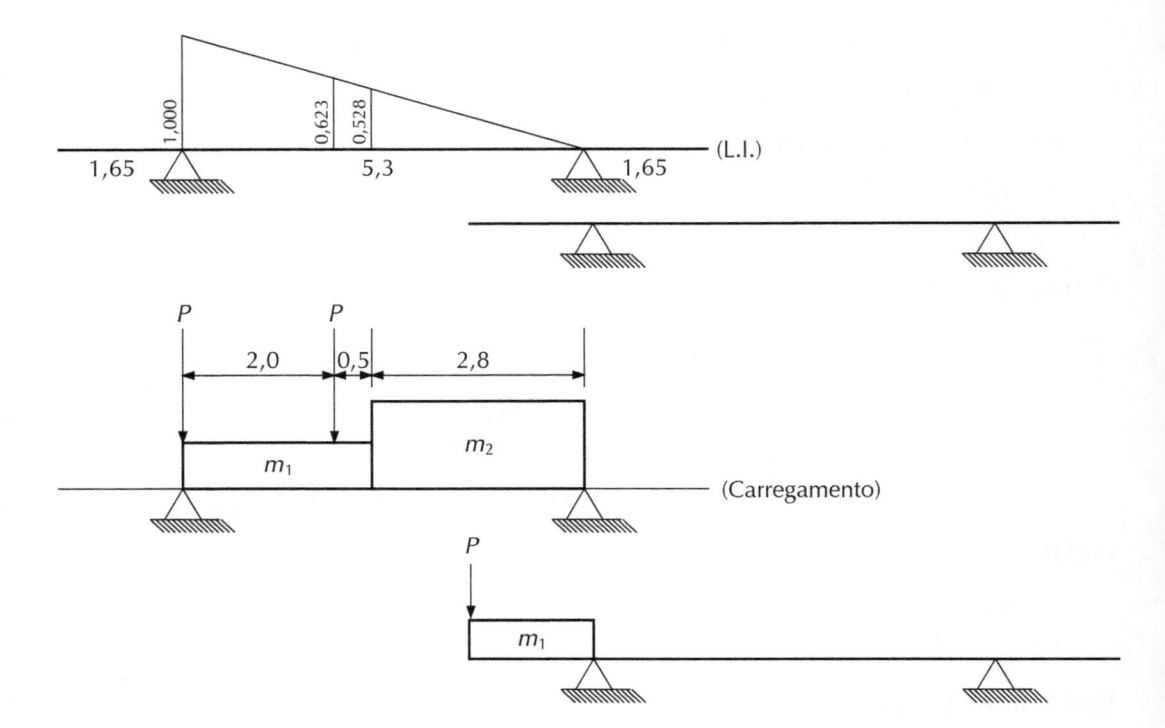

$P = 216,75$ kN

$m_1 = 0,85$ kN/m

$m_2 = 23,80$ kN/m

$$Q_{od} = 216,75 \times (1 + 0,623) = 351,79 \text{ kN}$$

$$0,85\left(\frac{1+0,528}{2}\right) \times 2,5 \qquad = \qquad 1,62 \text{ kN}$$

$$23,80\left(\frac{0,528 \times 2,8}{2}\right) \qquad = \frac{17,59 \text{ kN}}{371,00 \text{ kN}}$$

$$Q_{oe} = 216,75 + 0,85 \times 1,65 = 218,15 \text{ kN}$$

Seção (1)

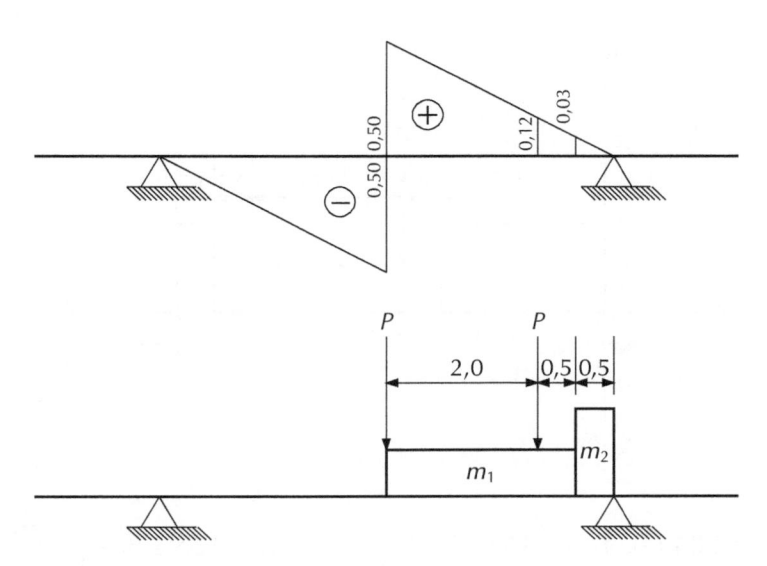

$$Q_{(1)} = 216{,}75 \times (0{,}5 + 0{,}12) = 134{,}39 \text{ kN}$$

$$0{,}85\left(\frac{0{,}5 + 0{,}03}{2}\right) \times 2{,}5 \qquad = \qquad 0{,}56 \text{ kN}$$

$$23{,}80\left(\frac{0{,}03 \times 0{,}15}{2}\right) \qquad = \qquad \frac{0{,}05 \text{ kN}}{135{,}0 \text{ kN}}$$

MOMENTOS FLETORES

Seção (0)

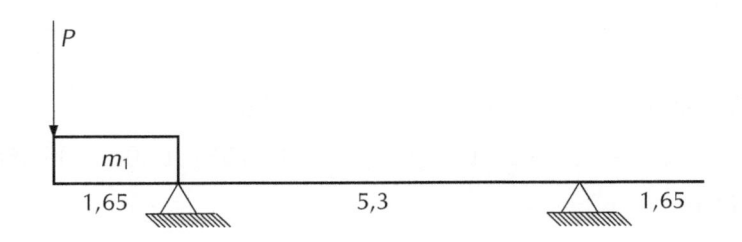

$P = 216{,}75 \text{ kN}$

$m_1 = 0{,}85 \text{ kN/m}$

$m_2 = 23{,}80 \text{ kN/m}$

$$M_{(0)} = 216{,}75 \times 1{,}65 + 0{,}85 \times \frac{1{,}65^2}{2} = 358{,}80 \text{ kNm}$$

Seção (1)

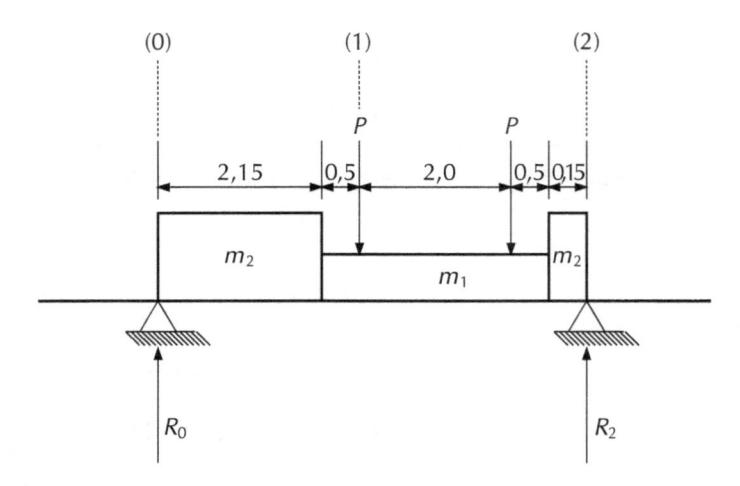

$$R_0 = \frac{216,75(2,65+0,65)+2,15\times23,80\times4,225+3\times0,85\times1,65+\left(\overline{0,15}^2\times\dfrac{23,8}{2}\right)}{5,3}=$$

$$= 176,59 \text{ kN}$$

$$M_{(1)} = 176,59\times2,65 - 2,15\times23,8\times1,575 - 0,85\times\frac{\overline{0,5}^2}{2} = 387,26 \text{ kNm}$$

DIMENSIONAMENTO À FLEXÃO

fck = 30 MPa 　　　　　Aço CA50

b_w = 20 cm 　　　　　d = 200 cm

Seção (0)

$M_{(0)g}$ −87,15Knm 　　　　$\varphi \cdot M_{(0)q}$ −358,80 kNm

$M_{(0)d} = 1,4 \cdot M_{(0)g} + 1,4 \cdot (\varphi \cdot M_{(0)q}) = 1,4 \cdot (-87,15) + 1,40 \cdot (-358,80) =$

− 624,33 kNm

b_w = 20 cm 　　　　　d = 200 cm

$$k6 = \frac{10^5 \times 0,2 \times 2^2}{624,33} = 128,13 \qquad k3 = 0,236$$

$$A_S = \frac{0,236}{10} \times \frac{624,33}{2} = 7,37 \text{ cm}^2 \qquad 4\varnothing16 \text{ mm}$$

Fadiga à flexão, combinação frequente de ações

$\psi_1 = 0,7$ $\qquad\qquad\qquad \alpha_e = 10$

$M_{serv} = -87,15 - 0,7 \times 358,8 = -338,31$ kNm

$b_w = 20$ cm $\qquad\qquad d = 200$ cm $\qquad\qquad A_S = 8$ cm^2

$x = 35,19$ cm $\qquad\qquad \sigma_c = 0,4973$ kN/cm^2 $\qquad \sigma_s = 22,50$ kN/cm^2

$M_{(0)g} = -87,15$ kNm $\qquad x = 35,19$ cm $\qquad\qquad \sigma_c = 0,1281$ kN/cm^2

$\qquad\qquad\qquad\qquad\qquad\qquad\qquad\qquad\qquad\qquad\qquad \sigma_c = 5,79$ kN/cm^2

Fator de fadiga:

$\dfrac{22,50 - 5,79}{10,5} = 1,59$ $\qquad A_S = 8 \times 1,59 = 12,72$ cm^2 $\qquad$ 7Ø16 mm

Seção (1)

$M_{(1)g} = 5,02$ kNm $\qquad\qquad \varphi \cdot M_{(1)q} = 387,26$ kNm

$M_{(1)d} = 1,4 \cdot M_{(1)g} + 1,4 \cdot \varphi \cdot M_{(1)q} = 1,4 \times 5,02 + 1,4 \times 387,26 = 549,19$ kNm

$b_w = 20$ cm $\qquad\qquad\qquad b_f = 50$ cm

$h_f = 20$ cm $\qquad\qquad\qquad d = 200$ cm

$k6 = 10^5 \times \dfrac{0,5 \times 2^2}{549,19} = 364,17$ $\qquad \xi_f = \dfrac{20}{200} = 0,10$

$\xi_d = 0,02 \times 0,8 \cdot \xi_d < \xi_f$ $\qquad$ (seção retangular)

$k3 = 0,232$ $\qquad A_S = \dfrac{0,232}{10} \times \dfrac{549,19}{2} = 6,37$ cm^2 $\qquad$ 4Ø16 mm

Fadiga à flexão, combinação frequente de ações

$\psi_1 = 0,7$ $\qquad\qquad\qquad \alpha_e = 10$

$M_{serv} = 5,02 + 0,7 \times 387,26 = 276,10$ kNm

$b_w = 20$ cm $\qquad\qquad\qquad b_f = 50$ cm $\qquad\qquad\qquad h_f = 20$ cm

$d = 200$ cm $\qquad\qquad\qquad A_S = 8$ cm^2

$M_{serv} = 276,10$ kNm $\qquad x = 23,93$ cm

$\sigma_c = 0,244$ kN/cm^2 $\qquad\qquad \sigma_s = 17,95$ kN/cm^2

$M_{(1)g} = 5,02$ kNm $\qquad\qquad x = 23,93$ cm

$\sigma_c = 0,0044$ kN/cm^2 $\qquad\qquad \sigma_s = 0,33$ kN/cm^2

$$\text{Fator de fadiga } = \frac{17,95 - 0,33}{10,5} = 1,68 \rightarrow A_S = 1,68 \times 8 = 13,44 \text{ cm}^2 \quad 7\text{Ø}16 \text{ mm}$$

Forças cortantes

$$\text{fck} = 30 \text{ MPa} \qquad b_w = 20 \text{ cm} \qquad d = 200 \text{ cm}$$

$$V_{(0)g} = 371 \text{ kN} \qquad V_{0(d)} = 1,4 \cdot V_{(0)g} + 1,4 \cdot \varphi \cdot V_{(0)q}$$

$$\varphi \cdot V_{0(q)} = 314,20 \text{ kN} \qquad V_{(0)d} = 1,4 \times 371 + 1,4 \times 314,20 = 959,20 \text{ kN}$$

1) Cálculo de V_{R2}

$$V_{R2} = 5.091 \cdot b_w \cdot d = 5.091 \times 0,2 \times 2 = 2.020,4 \text{ kN}$$

2) Cálculo de V_{c0}

$$V_{c0} = 870 \cdot b_w \cdot d = 870 \times 0,2 \times 2 = 348 \text{ kN}$$

3) Cálculo da armadura

$$V_{sd} = 959,20 \text{ kN} \qquad V_{wd} = V_{sd} - V_{c0} = 959,2 - 348 = 611,2 \text{ kN}$$

$$\left(\frac{A_{sw}}{s}\right) = \frac{V_{wd}}{0,9 \cdot d \cdot f_{yd}} = \frac{611,2}{0,9 \times 2 \times 43,5} = 7,81 \text{ cm}^2/\text{m}$$

Fadiga (cortante) e combinação frequente de ações

$$\psi_1 = 0,7$$

$$V_{\text{serv}} = V_g + \psi_1 \cdot \varphi \cdot V_q = 371 + 0,7 \times 314,20 = 590,94 \text{ kN}$$

$$\sigma_{sw,V\text{serv}} = \frac{V_{\text{serv}} - 0,5 \cdot V_{c0}}{\left(\dfrac{A_{sw}}{s}\right) \cdot 0,9 \cdot d} = \frac{590,94 - 0,5 \times 348}{7,81 \times 0,9 \times 2} = 29,65 \text{ kN/cm}^2$$

$$\sigma_{sw,Vg} = \frac{V_g - 0,5 \cdot V_{c0}}{\left(\dfrac{A_{sw}}{s}\right) \cdot 0,9 \cdot d} = \frac{371 - 0,5 \times 348}{7,81 \times 0,9 \times 2} = 14,01 \text{ kN/cm}^2$$

$$\Delta\sigma_{sw} = 29,65 - 14,01 = 15,6 \text{ kN/cm}^2$$

$$\Delta f_{sd,\text{fad, mín}} = 8,5 \text{ kN/cm}^2$$

Fator de fadiga:

$$\frac{15,6}{8,5} = 1,835 \rightarrow A_S = 1,835 \times 7,81 = 14,33 \text{ cm}^2/\text{m} \qquad \varnothing 10c/10$$

14.1.1 EMPUXO DE TERRA NO ENCONTRO

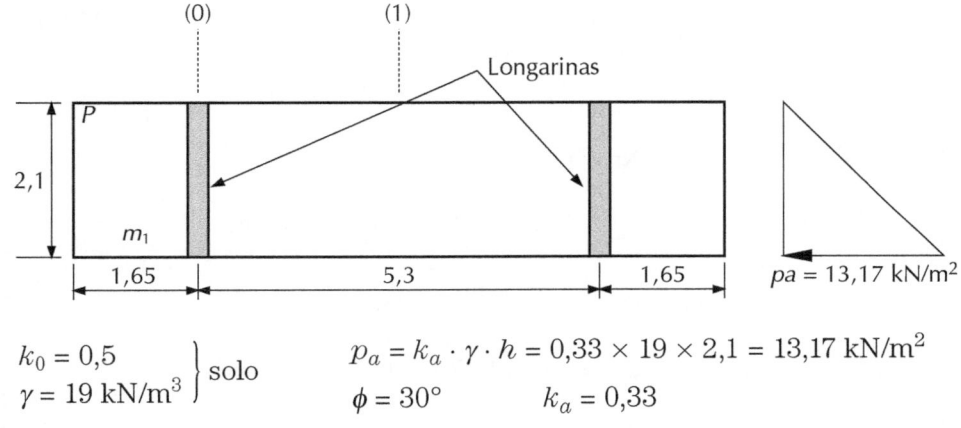

$$\left.\begin{array}{l} k_0 = 0,5 \\ \gamma = 19 \text{ kN/m}^3 \end{array}\right\} \text{solo} \qquad \begin{array}{l} p_a = k_a \cdot \gamma \cdot h = 0,33 \times 19 \times 2,1 = 13,17 \text{ kN/m}^2 \\ \phi = 30° \qquad k_a = 0,33 \end{array}$$

Adotando-se $p_a = 13,17$ kN/m² (valor máximo)

$$b_w = 100 \text{ cm} \qquad d = 16 \text{ cm}$$

$$M_{(0)} = \frac{13,17 \times 1,65^2}{2} = 17,93 \text{ kNm/m} \qquad M_{(0)d} = 1,4 \times 17,93 = 25,10 \text{ kNm}$$

$$k6 = 10^5 \times \frac{1 \times 0,16^2}{25,10} = 101,99 \qquad k3 = 0,237$$

$$A_S = \frac{0,237}{10} \times \frac{25,10}{0,16} = 3,7 \text{ cm}^2/\text{m} \qquad \varnothing 10 \text{ c/20}$$

$$M_{(1)} = \frac{13,17 \times 5,3^2}{8} - 17,93 = 28,31 \text{ kNm/m}$$

$$M_{(1)d} = 1,4 \times 28,31 = 39,63 \text{ kNm}$$

$$k6 = 10^5 \times \frac{1 \times 0,16^2}{28,31} = 90,42 \qquad k3 = 0,238$$

$$A_S = \frac{0,238}{10} \times \frac{28,31}{0,16} = 4,21 \text{ cm}^2/\text{m} \qquad \varnothing 10 \text{ c/18}$$

14.1.2 EMPUXO NA CORTINA LATERAL

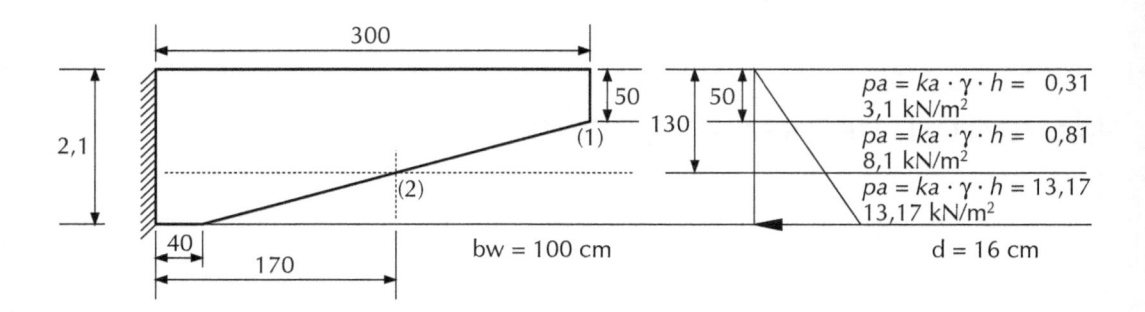

$$M_{(1)} = \frac{3,1 \times \overline{3}^2}{2} = 13,95 \text{ kNm/m} \qquad K\,6 = 131$$

$$A_S = 2,86 \text{ cm}^2 \qquad M_{(1)d} = 1,4 \times 13,95 = 19,53 \text{ kNm/m}$$

$$M_{(2)} = \frac{8,1 \times \overline{1,7}^2}{2} = 11,7 \text{ kNm/m} \qquad k6 = 156$$

$$A_S = 2,39 \text{ cm}^2/\text{m} \qquad M_{(2)d} = 1,4 \times 11,70 = 16,38 \text{ kNm/m}$$

Adotado Ø8 c/15

Viga de fechamento e abas laterais (2×)

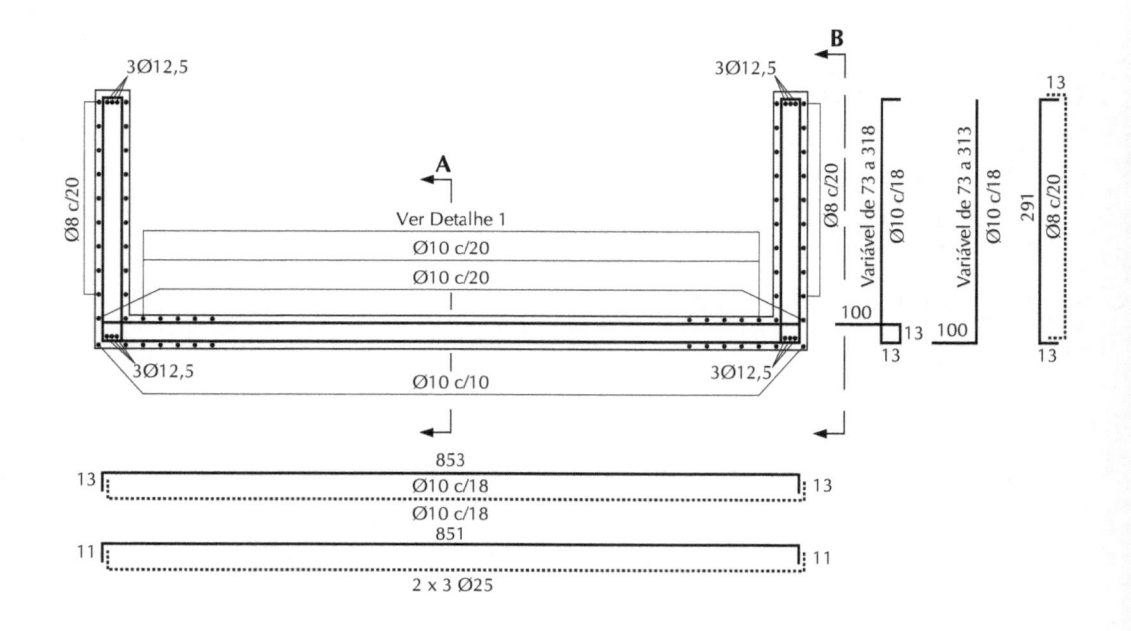

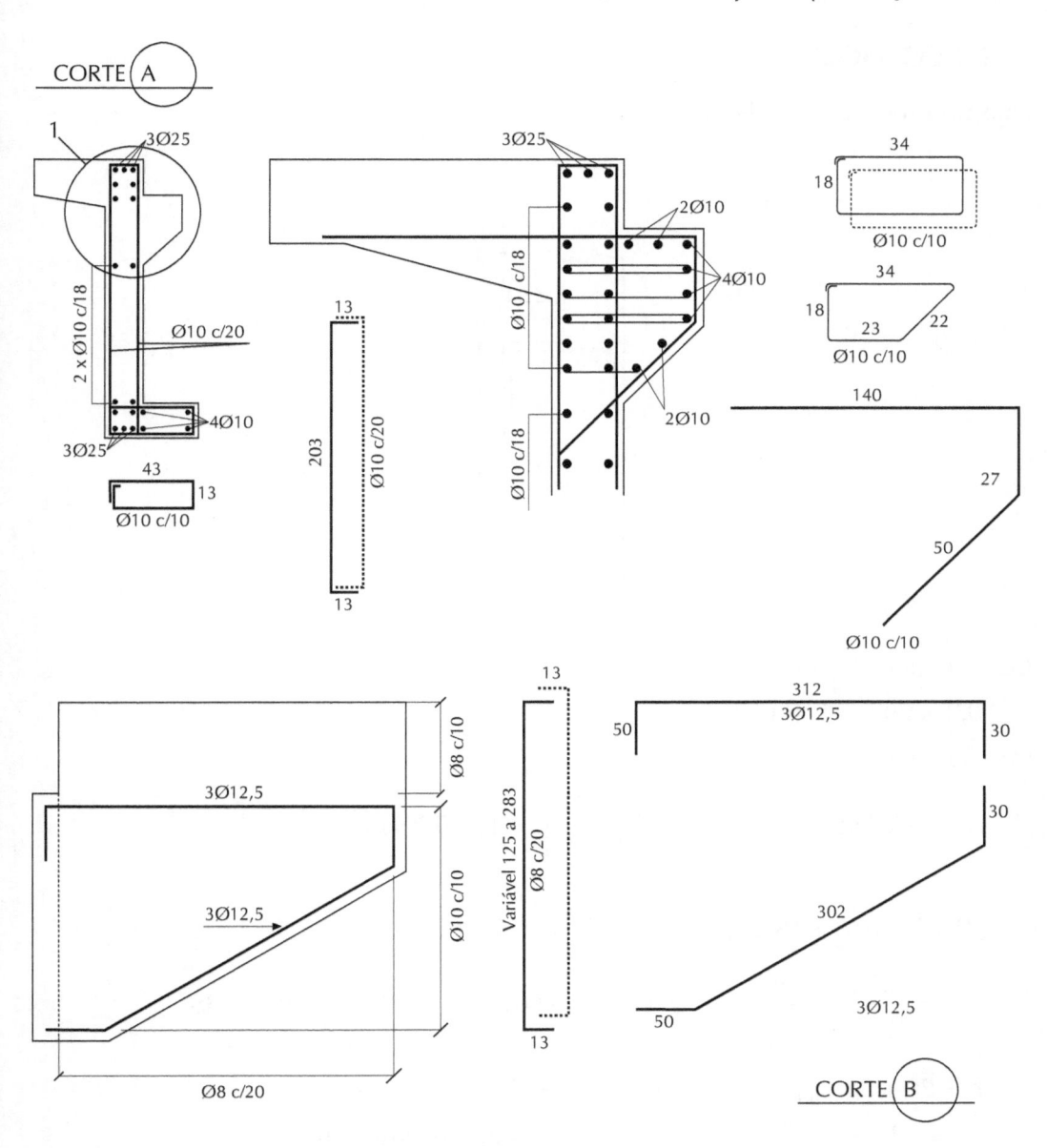

CORTE A

3Ø25

1

2 x Ø10 c/18

Ø10 c/20

3Ø25

4Ø10

43

13

Ø10 c/10

203

Ø10 c/20

13

13

3Ø25

Ø10 c/18

2Ø10

Ø10 c/18

4Ø10

2Ø10

Ø10 c/18

34

18

Ø10 c/10

34

18   23   22

Ø10 c/10

140

27

50

Ø10 c/10

3Ø12,5

3Ø12,5

Ø8 c/10

Ø10 c/10

Ø8 c/20

13

Variável 125 a 283

Ø8 c/20

13

312

3Ø12,5

50   30

30

302

50   3Ø12,5

CORTE B

14.1.3 CONSOLO

Laje totalmente descolada

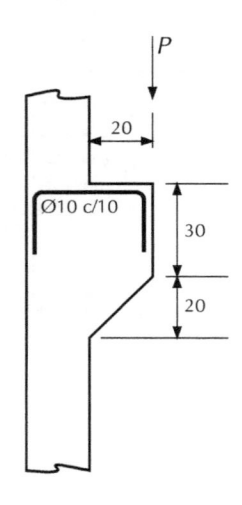

Carga da laje de aproximação

$$0,2 \times 25 = 5 \text{ kN/m}^2$$

Carga móvel

$$p = 5 \text{ kN/m}^2 \qquad P = \frac{450}{3,0 \times 8,2} = 18,29 \text{ kN/m}^2$$

$$P = \left[5 + (5 + 18,29) \times 1,38\right] \times \frac{3}{2} = 55,71 \text{ kN/m}$$

$$A_S = \frac{1,75 \cdot P \cdot a}{0,8 \cdot d \cdot f_{yd}} \qquad \varphi = 1,4 - 0,007 \times 3 = 1,38 \qquad \varphi = 1,38$$

$$a = 20 + 3_{\text{cobrimento}} = 23 \text{ cm} \qquad d = 50 - 5 = 45 \text{ cm}$$

$$f_{yd} = 43,5 \text{ kN/m}^2 \qquad \text{será adotado } \varnothing 10 \text{ c/10}$$

$$A_S = \frac{1,75 \times 55,71 \times 0,23}{0,8 \times 0,45 \times 43,5} = 1,43 \text{ cm}^2/\text{m}$$

Será adotado $\overset{\text{mínimo}}{\varnothing 10}$ c/10

Brückenklasse 30 t bis 60 t				
	M_{xm} in Plattenmitte			
I_x/a	t/a			
	0,125	0,250	0,500	1,0
	L	L	L	L
0,50	0,210	0,150	0,120	0,100
1,00	320	270	193	193
1,50	450	420	360	300
2,00	58	54	490	420
2,50	68	65	559	51
3,00	78	74	69	61
4,00	0,93	0,89	0,54	0,77
5,00	1,05	1,01	0,96	0,90
6,00	1,14	1,11	1,06	1,00
7,00	1,22	1,19	1,14	1,08
8,00	1,29	1,26	1,22	1,14
9,00	1,34	1,32	1,28	1,19
10,00	1,40	1,38	1,33	1,22

Raddruck des SL W von 1,0 t								
	M_{ym} in Plattenmitte				M_{xm} in Mitte des freien Randes			
I_x/a	t/a				t/a			
	0,125	0,250	0,500	1,0	0,125	0,250	0,500	1,0
	L	L	L	L	L	L	L	L
0,50	0,143	0,083	0,075	0,068	0,490	0,360	0,220	0,230
1,00	212	149	091	084	70	60	50	380
1,50	275	220	160	104	92	81	70	60
2,00	355	298	240	162	1,22	1,10	98	84
2,50	422	373	307	228	1,48	1,35	1,22	1,08
3,00	488	440	369	310	1,71	1,58	1,44	1,29
4,00	0,61	0,55	0,470	0,443	2,09	1,94	1,82	1,67
5,00	70	65	58	55	2,40	2,24	2,12	1,98
6,00	78	74	66	64	2,65	2,48	2,36	2,21
7,00	85	82	73	71	2,86	2,68	2,55	2,42
8,00	92	88	80	78	3,03	2,85	2,72	2,61
9,00	97	94	86	84	3,19	3,00	2,85	2,78
10,00	1,02	0,98	0,90	0,87	3,31	3,11	2,95	2,80

I_x/a	Gleichlast um SL W von 1 t/m²					
	für alle Werle t/a					
	M_{xm}		M_{ym}		M_{xr}	
	p	p'	p	p'	p	p'
0,50	-	-	-	-	-	-
1,00	-	0,10	-	0,02	-	0,10
1,50	-	58	-	10	-	30
2,00	-	1,10	-	22	-	60
2,50	-	1,89	-	41	-	99
3,00	0	2,90	0,01	65	0	1,70
4,00	0,15	5,80	0,11	1,33	0,30	3,80
5,00	35	9,82	24	2,25	66	7,24
6,00	70	15,00	48	3,49	1,60	10,70
7,00	1,00	20,40	75	4,87	2,30	16,10
8,00	1,40	27,30	1,08	6,63	3,40	22,10
9,00	1,70	35,00	1,45	8,63	5,50	28,80
10,00	2,22	44,70	1,92	11,14	6,81	38,72

I_x/a	Brückenklasse 3 7 bis 12 t							
	M_{sm} in Plattenmitte							
	t/a							
	0,125		0,250		0,500		1,0	
	L	L'	L	L'	L	L'	L	L'
0,50	0,150	0,055	0,150	0,055	0,095	0,055	0,095	0,090
1,00	380	095	245	095	169	170	125	125
1,50	422	155	319	155	231	206	161	156
2,00	460	215	374	215	280	230	214	190
2,50	490	259	416	257	317	256	275	226
3,00	52	305	455	305	378	300	320	274
4,00	0,57	0,375	0,52	0,370	0,473	0,365	0,394	0,345
5,00	62	431	57	425	54	419	451	407
6,00	66	480	62	475	59	465	51	454
7,00	69	52	65	51	62	51	55	50
8,00	72	55	68	55	65	54	58	53
9,00	74	58	71	58	67	57	62	56
10,00	0,75	0,61	0,73	0,60	0,68	0,60	0,65	0,59

Hinterraddruck des LK W von 1,0 t								
I_x/a	M_{ym} in Plattenmitte							
	t/a							
	0,125		0,250		0,500		1,0	
	L	L'	L	L'	L	L'	L	L'
0,50	0,138	0,009	0,084	0,009	0,037	0,009	0,018	0,015
1,00	220	016	144	016	083	026	037	038
1,50	254	031	187	031	122	036	052	053
2,00	268	053	217	053	148	055	077	073
2,50	318	071	239	070	171	070	108	099
3,00	343	088	272	088	201	090	142	114
4,00	0,389	0,120	0,330	0,119	0,256	0,123	0,197	0,121
5,00	431	149	375	150	301	153	244	165
6,00	470	181	420	183	343	186	288	197
7,00	51	212	455	213	383	218	325	224
8,00	54	242	488	245	417	247	357	252
9,00	57	269	52	273	451	275	388	281
10,00	0,59	0,298	0,55	0,300	0,480	0,303	0,414	0,308

Hinterraddruck des LK W von 1,0 t								
I_x/a	M_{xr} in Mitte des freien Randes							
	t/a							
	0,125		0,250		0,500		1,0	
	L	L'	L	L'	L	L'	L	L'
0,50	0,395	0,100	0,290	0,100	0,210	0,100	1,140	0,100
1,00	56	180	442	180	325	180	198	180
1,50	72	220	60	230	455	210	315	180
2,00	86	190	73	200	60	190	468	180
2,50	97	170	85	170	72	175	59	189
3,00	1,07	250	94	250	81	250	67	270
4,00	1,25	0,395	1,11	0,395	0,98	0,395	0,84	0,415
5,00	1,41	53	1,26	53	1,13	53	99	53
6,00	1,55	64	1,40	64	1,26	64	1,12	64
7,00	1,66	74	1,51	74	1,37	74	1,22	73
8,00	1,74	83	1,60	83	1,46	83	1,31	82
9,00	1,80	91	1,67	91	1,52	91	1,38	90
10,00	1,84	0,98	1,72	0,98	1,56	0,98	1,42	0,96

I_x/a	Gleichlast um SK W von 1 t/m^2					
	für alle Werle t/a					
	M_{xm}		M_{ym}		M_{xr}	
	p	p'	p	p'	p	p'
0,50	-	-	-	-	-	-
1,00	-	-	-	-	-	-
1,50	-	-	-	-	-	-
2,00	0,06	0,80	0,04	0,14	-	-
2,50	09	1,00	05	0,15	0,17	0,17
3,00	10	2,00	10	38	20	60
4,00	0,30	4,50	0,22	0,83	0,70	1,70
5,00	60	7,81	34	1,47	1,23	4,24
6,00	90	12,30	52	2,41	1,90	7,60
7,00	1,30	17,80	76	3,62	2,60	11,80
8,00	1,60	24,40	0,98	5,13	3,30	17,10
9,00	2,00	32,30	1,33	7,05	4,10	24,20
10,00	2,29	41,50	1,99	9,73	4,84	32,70

14.2 LAJE DE APROXIMAÇÃO

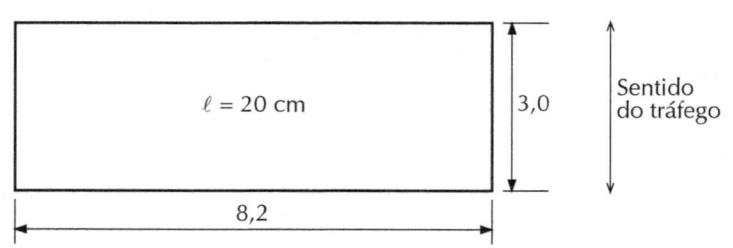

Peso próprio

$$g_1 = 0,2 \times 25 = 5 \text{ kN/m}^2$$

Solo

$$g_2 = 0,25 \times 19 = 4,75 \text{ kN/m}^2 \text{ (a favor da segurança)}$$
$$g_2 = h \cdot \gamma$$

Laje simplesmente apoiada (a favor da segurança)

$$g = g_1 + g_2 = 5 + 4,75 = 9,75 \text{ kN/m}^2 \text{ (tabela n.º 6 - Rüsch)}$$

$$\varepsilon = \frac{8,2}{3,0} = 2,73 \qquad \boxed{M_{gx} = k_{mx} \cdot g \cdot \ell x^2}$$

$$k_{mx} = 0,125 \qquad M_{g°xm} = 0,125 \times 9,75 \times 3^2 = 10,97 \text{ kNm/m}$$

$$k_{my} = 0,0208 \qquad M_{g°ym} = 0,0208 \times 9,75 \times 3^2 = 1,82 \text{ kNm/m}$$

$$\boxed{M_{gy} = k_{my} \cdot g \cdot \ell x^2}$$

Carga móvel

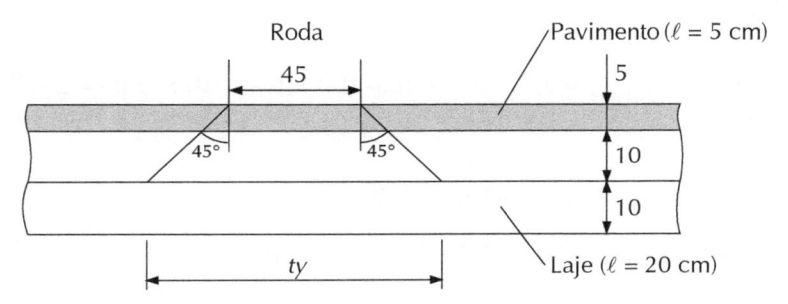

$ty = 45 + 15 + 15 = 75$ cm

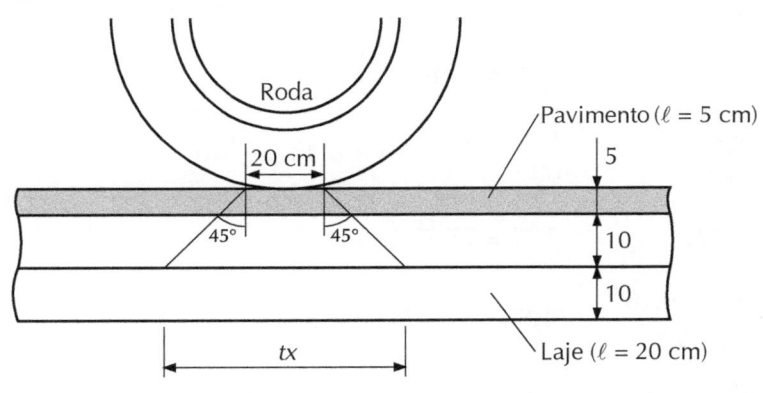

$tx = 20 + 15 + 15 = 50$ cm $\quad t = \sqrt{tx \cdot ty} = \sqrt{75 \times 50} = 61,23$ cm

$$\varepsilon = \frac{8,2}{3,0} = 2,73 \qquad \varphi = 1,4 - 0,007 \times 3 = 1,38$$

$$\frac{\ell_x}{a} = \frac{3}{2,0} = 1,5 \qquad \frac{t}{a} = \frac{60}{200} = 0,30$$

$a = 2,0$ m

ℓ = espessura do pavimento = 5 cm

d = espessura da laje

$t = 61,23$ cm $\qquad\qquad\qquad$ $P = 75$ kN

$t/a = 61,23/200 = 0,306$ $\qquad\quad$ $q = 5$ kN/m^2

Laje simplesmente apoiada

$$M = \varphi \cdot (kL \cdot P + kP \cdot q + kP' \cdot q)$$

$k_{xm} = 0,40$

$k_{xp} = 0,00 \qquad M_{q°xm} = 1,38\left[0,4 \times 75 + 0,0 \times 5 + 0,58 \times 0,5\right] = 41,8$ kNm

$k_{xp'} = 0,58$

$k_{ym} = 0,20$

$k_{yp} = 0,00 \qquad M_{q°ym} = 1,38\left[0,2 \times 75 + 0,0 \times 5 + 0,10 \times 0,5\right] = 20,77$ kNm

$k_{yp'} = 0,10$

$M_x = M_{xp} + \varphi \cdot M_{xq} = 10,97 + 41,8 = 52,77$ kNm/m

$M_y = M_{yp} + \varphi \cdot M_{yq} = 1,82 + 20,77 = 22,59$ kNm/m

$b_w = 100$ cm $\qquad\qquad\qquad$ $f_{ck} = 30$ MPa $\rightarrow \rho_{\text{mín}} = 0,173\%$

$d = 16$ cm $\qquad\qquad\qquad\quad$ $d' = 4$ cm

$$A_{S,\text{mín}} = \frac{0,173}{100} \cdot A_c = \frac{0,173}{100} \times 100 \times 20 = 3,46 \text{ cm}^2/\text{m}$$

$M_{xd} = 1,4 \cdot M_x = 1,4 \times 52,77 = 73,88$ kNm/m

$$k6 = \frac{10^5 \times 1 \times 0,16^2}{73,88} = 34,65 \qquad k3 = 0,252$$

$$A_S = \frac{0,252}{10} \times \frac{73,88}{0,16} = 11,63 \text{ cm}^2/\text{m} \qquad\qquad \text{Ø}12,5 \text{ c/10}$$

$M_{yd} = 1,4 \cdot M_y = 1,4 \times 22,59 = 31,62$ kNm/m

$$k6 = \frac{10^5 \times 1 \times 0,16^2}{31,62} = 80,96 \qquad k3 = 0,239$$

$$A_S = \frac{0,239}{10} \times \frac{31,62}{0,16} = 4,72 \text{ cm}^2 \qquad\qquad \text{Ø}10 \text{ c/15}$$

Laje de aproximação (2×)

Ø10 c/15   Ø10 c/15
810   810   290   290
12   12   12   12
Ø10 c/15   Ø10 c/15   Ø12,5 c/10
12   12

— 15 —
CÁLCULO DAS LAJES (TABELAS DE RÜSCH)

15.1 LAJE CENTRAL DO BALANÇO

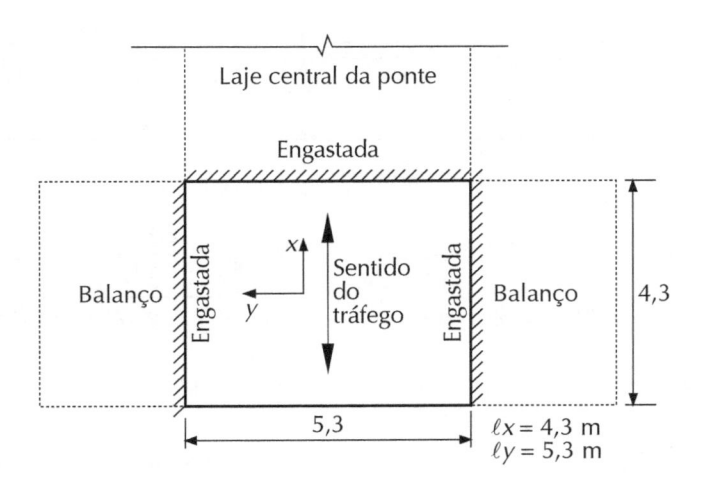

Peso próprio + pavimento

$$g = \underbrace{\frac{0,2 + 0,25}{2} \times 25}_{\text{laje}} + \underbrace{0,05 \times 25}_{\text{pavimento}} \cong 6,88 \text{ kN/m}^2$$

$$\varepsilon = \frac{5,3}{4,3} = 1,23$$

a) Laje simplesmente apoiada (tabela n.º 78) (ver tabelas de Rüsch para pontes)

$$k_{xm} = 0,059 \qquad\qquad M_{g°xm} = 0,059 \times 6,88 \times \overline{4,3}^2 = 7,5 \text{ kNm/m}$$

$$k_{ym} = 0,043 \qquad\qquad M_{g°xm} = 0,043 \times 6,88 \times \overline{4,3}^2 = 5,47 \text{ kNm/m}$$

b) Laje com 3 apoios engastados (tabela 95)

$k_{xm} = 0,031$ $M_{g'xm} = 0,031 \times 6,88 \times \overline{4,3}^2 = 3,94$ kNm/m

$k_{ym} = 0,027$ $M_{g'ym} = 0,027 \times 6,88 \times \overline{4,3}^2 = 3,44$ kNm/m

$k_{xe} = 0,075$ $M_{g'xe} = 0,075 \times 6,88 \times \overline{4,3}^2 = 9,54$ kNm/m

$k_{ye} = 0,069$ $M_{g'ye} = 0,069 \times 6,88 \times \overline{4,3}^2 = 8,78$ kNm/m

Carga móvel

$\varepsilon = 1,23$

$\varphi = 1,4 - 0,007 \cdot \ell_x = 1,4 - 0,007 \times 4,3 = 1,37$

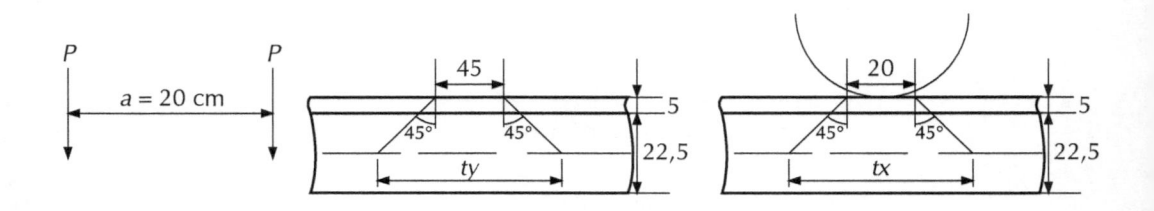

$t_y = 45 + 2 \times 5 + 22,5 = 77,5$ cm $h_{médio} = \dfrac{20 + 25}{2} = 22,5$

$t_x = 20 + 2 \times 5 + 22,5 = 52,5$ cm $t = \sqrt{77,5 \times 52,5} \cong 63,8$ cm

$\dfrac{\ell_x}{a} = \dfrac{430}{200} = 2,15$ $P = 75$ kN

$\dfrac{t}{a} = \dfrac{63,8}{200} = 0,32$ $p = 5$ kN/m^2

a) Laje simplesmente apoiada (tabela n.° 78)

$\begin{aligned} k_{xm} &= 0,36 \\ k_{xp} &= 0,0 \\ k_{xp'} &= 0,29 \end{aligned}$ $M_{q°xm} = 1,37(0,36 \times 75 + 0,0 \times 5 + 0,29 \times 5) = 38,98$ kNm/m

$\begin{aligned} k_{ym} &= 0,30 \\ k_{yp} &= 0,0 \\ k_{yp'} &= 0,15 \end{aligned}$ $M_{q°ym} = 1,37(0,30 \times 75 + 0,0 \times 5 + 0,15 \times 5) = 31,85$ kNm/m

b)   Laje com 3 apoios engastados (tabelas n.° 84 e n.° 90)

$$k_{xm} = 0,29$$
$$k_{xp} = 0,0 \qquad M_{q'xm} = 1,37(0,29 \times 75 + 0,0 \times 5 + 0,07 \times 5) = 30,27 \text{ kNm/m}$$
$$k_{xp'} = 0,07$$

$$k_{ym} = 0,29$$
$$k_{yp} = 0,0 \qquad M_{q'ym} = 1,37(0,29 \times 75 + 0,0 \times 5 + 0,11 \times 5) = 30,55 \text{ kNm/m}$$
$$k_{yp'} = 0,11$$

$$k_{xe} = 0,22$$
$$k_{xep} = 0,0 \qquad M_{q'xe} = -1,37(0,22 \times 75 + 0,0 \times 5 + 0,18 \times 5) = -23,84 \text{ kNm/m}$$
$$k_{xep'} = 0,18$$

$$k_{ye} = 0,27$$
$$k_{yep} = 0,0 \qquad M_{q'ye} = -1,37(0,27 \times 75 + 0,0 \times 5 + 0,21 \times 5) = -29,18 \text{ kNm/m}$$
$$k_{yep'} = 0,21$$

Engastamentos elásticos

40% simplesmente apoiado – 60% engastada

$$M_{gxm} = \overbrace{0,4}^{40\%} \times 7,5 + \overbrace{0,6}^{60\%} \times 3,94 = 5,36 \text{ kNm/m}$$
$$M_{qxm} = 0,4 \times 38,98 + 0,6 \times 30,27 = 33,75 \text{ kNm/m}$$

$$M_{gym} = 0,4 \times 5,47 + 0,6 \times 3,44 = 4,25 \text{ kNm/m}$$
$$M_{qym} = 0,4 \times 31,85 + 0,6 \times 30,55 = 31,07 \text{ kNm/m}$$

$$M_{gxe} = -0,6 \times 9,54 = -5,72 \text{ kNm/m}$$
$$M_{qxe} = -0,6 \times 23,84 = -14,30 \text{ kNm/m}$$

$$M_{gye} = -0,6 \times 8,78 = -5,27 \text{ kNm/m}$$
$$M_{qye} = -0,6 \times 29,18 = -17,50 \text{ kNm/m}$$

Momento			M_x	M_y	M_{xe}	M_{ye}
M_g		(kNm/m)	5,36	4,25	-5,72	-5,27
$\varphi \cdot M_q$		(kNm/m)	33,75	31,07	-14,30	-17,50
M_d		(kNm/m)	54,75	49,45	-28,03	-31,88
b_w		(cm)	100,00	100,00	100,00	100,00
d		(cm)	22,00	22,00	32,00	32,00
$k6$			88,40	97,88	365,35	321,22
$k3$			0,239	0,238	0,232	0,233
A_S		(cm^2)	5,95	5,35	2,96	3,38
Estádio II	M_{freq}	(kNm/m)	32,36	29,11	-17,16	-19,27
	x	(cm)	4,55	4,34	4,06	4,32
	σ_{sg}	(kN/cm^2)	4,88	3,86	6,30	5,10
	$\sigma_{s,freq}$	(kN/cm^2)	26,55	26,48	18,92	18,66
	$\Delta\sigma_s$	(kN/cm^2)	26,55	22,62	12,62	13,56
k			2,53	2,15	1,20	1,29
A_{sf}		(cm^2)	15,04	11,52	3,55	4,36
Bitola			Ø16 c/12,5	Ø12,5 c/10	Ø10 c/20	Ø10 c/18

$$M_d = 1{,}4 \cdot M_g + 1{,}4 \cdot \varphi \cdot M_q$$

Fadiga, cálculo no Estádio II: com combinação frequente de ações:

$$\psi_1 = 0{,}8 \qquad \alpha_e = 10$$

$$M_{freq} = M_g + \psi_1 \cdot \varphi \cdot M_q$$

$$k6 = 10^2 \cdot b_w \cdot d^2/M_d$$

$$A_S = k3 \cdot M_d/(10 \cdot d)$$

$$k = \Delta\sigma_s/10{,}5$$

$$\Delta f_{sd,\,fad,\,min} = 10{,}5 \text{ kN/cm}^2$$

15.2 LAJE CENTRAL DA PONTE

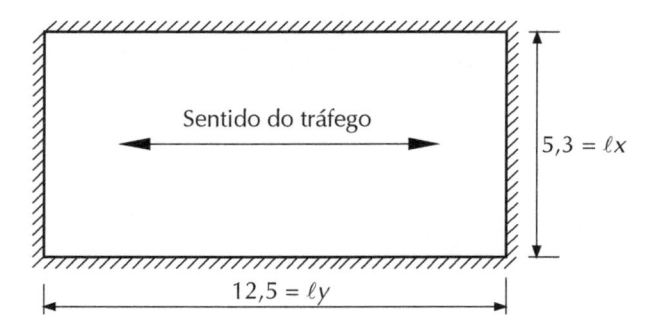

Peso próprio + pavimento

$$g = 6,88 \text{ kN/m}^2$$

$$\varepsilon = \frac{12,5}{5,3} = 2,36$$

a)   Laje simplesmente apoiada (tabela n.º 6)

$$k_{xm} = 0,125 \qquad M_{g°xm} = 0,125 \times 6,88 \times \overline{5,3}^2 = 24,16 \text{ kNm/m}$$

$$k_{ym} = 0,0208 \qquad M_{g°ym} = 0,0208 \times 6,88 \times \overline{5,3}^2 = 4,02 \text{ kNm/m}$$

b)   Laje com apoios engastados

$$k_{xm} = 0,041 \qquad M_{g'xm} = 0,041 \times 6,88 \times \overline{5,3}^2 = 7,93 \text{ kNm/m}$$

$$k_{ym} = 0,011 \qquad M_{g'ym} = 0,011 \times 6,88 \times \overline{5,3}^2 = 2,13 \text{ kNm/m}$$

$$k_{xe} = 0,083 \qquad M_{g'xe} = -0,083 \times 6,88 \times \overline{5,3}^2 = -16,04 \text{ kNm/m}$$

$$k_{ye} = 0,057 \qquad M_{g'ye} = 0,057 \times 6,88 \times \overline{5,3}^2 = -11,02 \text{ kNm/m}$$

Carga móvel $\varepsilon = 2,36$

$$\frac{\ell_x}{a} = \frac{5,3}{2} = 2,65 \qquad \varphi = 1,4 - 0,07 \times 5,3 = 1,36$$

$$\frac{t}{a} = 0,32 \qquad P = 75 \text{ kN} \qquad p = 5 \text{ kN/m}^2$$

a) Laje simplesmente apoiada (tabela n.° 1)

$k_{xm} = 0,61$
$k_{xp} = 0,70$ $M_{q°xm} = 1,36(0,61 \times 75 + 0,7 \times 5 + 1,08 \times 5) = 74,12$ kNm/m
$k_{xp'} = 1,08$

$k_{ym} = 0,35$
$k_{yp} = 0,12$ $M_{q°ym} = 1,36(0,35 \times 75 + 0,12 \times 5 + 0,29 \times 5) = 38,48$ kNm/m
$k_{yp'} = 0,29$

b) Laje com apoios engastados (tabelas n.° 27 e 58)

$k_{xm} = 0,363$
$k_{xp} = 0,090$ $M_{q'xm} = 1,36(0,363 \times 75 + 0,09 \times 5 + 0,348 \times 5) = 40,00$ kNm/m
$k_{xp'} = 1,348$

$k_{ym} = 0,193$
$k_{yp} = 0,015$ $M_{q'ym} = 1,36(0,193 \times 75 + 0,015 \times 5 + 0,163 \times 5) = 20,90$ kNm/m
$k_{yp'} = 0,163$

$k_{xe} = 0,731$
$k_{xep} = 0,116$ $M_{q'xe} = 1,36(0,731 \times 75 + 0,116 \times 5 + 0,499 \times 5) = -78,74$ kNm/m
$k_{xep'} = 0,499$

$k_{ye} = 0,884$
$k_{yep} = 0,498$ $M_{q'ye} = 1,36(0,884 \times 75 + 0,498 \times 5 + 1,130 \times 5) = -101,24$ kNm/m
$k_{yep'} = 1,130$

Engastamentos elásticos

40% simplesmente apoiada – 60% engastada

$$M_{gxm} = \overbrace{0,4}^{40\%} \times 24,16 + \overbrace{0,6}^{60\%} \times 7,93 = 14,42 \text{ kNm/m}$$

$$M_{qxm} = 0,4 \times 74,12 + 0,6 \times 40,0 = 53,65 \text{ kNm/m}$$

$$M_{gym} = 0,4 \times 4,02 + 0,6 \times 2,13 = 2,88 \text{ kNm/m}$$

$$M_{qym} = 0,4 \times 38,48 + 0,6 \times 20,90 = 27,93 \text{ kNm/m}$$

$M_{gxe} = -0,6 \times 16,04 = -9,62$ kNm/m
$M_{qxe} = -0,6 \times 78,74 = -47,24$ kNm/m

$M_{gye} = -0,6 \times 11,02 = -6,61$ kNm/m
$M_{qye} = -0,6 \times 101,24 = -60,74$ kNm/m

Momento			M_x	M_y	M_{xe}	M_{ye}
M_g		(kNm/m)	14,42	2,88	−9,62	−6,61
$\varphi \cdot M_q$		(kNm/m)	53,65	27,93	−47,24	−60,74
M_d		(kNm/m)	95,30	43,13	−79,60	−94,29
b_w		(cm)	100,00	100,00	100,00	100,00
d		(cm)	22,00	22,00	32,00	32,00
$k6$			50,79	112,21	128,64	108,60
$k3$			0,245	0,237	0,236	0,237
A_S		(cm²)	10,61	4,65	8,54	10,16
Estádio II	M_{freq}	(kNm/m)	57,34	25,22	−47,41	−55,20
	x	(cm)	5,85	4,08	6,58	7,11
	σ_{sg}	(kN/cm²)	6,78	3,00	3,77	2,20
	$\sigma_{s,freq}$	(kN/cm²)	26,96	26,28	18,63	18,33
	$\Delta\sigma_s$	(kN/cm²)	20,18	23,28	18,62	16,13
k			1,92	2,22	1,77	1,54
A_{sf}		(cm²)	20,40	10,30	15,14	15,60
Bitola			Ø16 c/10	Ø12,5 c/10	Ø16 c/12,5	Ø16 c/12,5

$M_d = 1,4 \cdot M_g + 1,4 \cdot \varphi \cdot M_q$

Fadiga, cálculo no Estádio II com combinação frequente de ações

$\psi_1 = 0,8$ \qquad $\alpha_e = 10$

$M_{freq} = M_g + \psi_1 \cdot \varphi \cdot M_q$

$k6 = 10^2 \cdot b_w \cdot d^2/M_d$

$A_S = k3 \cdot M_d/(10 \cdot d)$

$k = \Delta\sigma_s/10,5$

$\Delta f_{sd,fad,mín} = 10,5$ kN/cm²

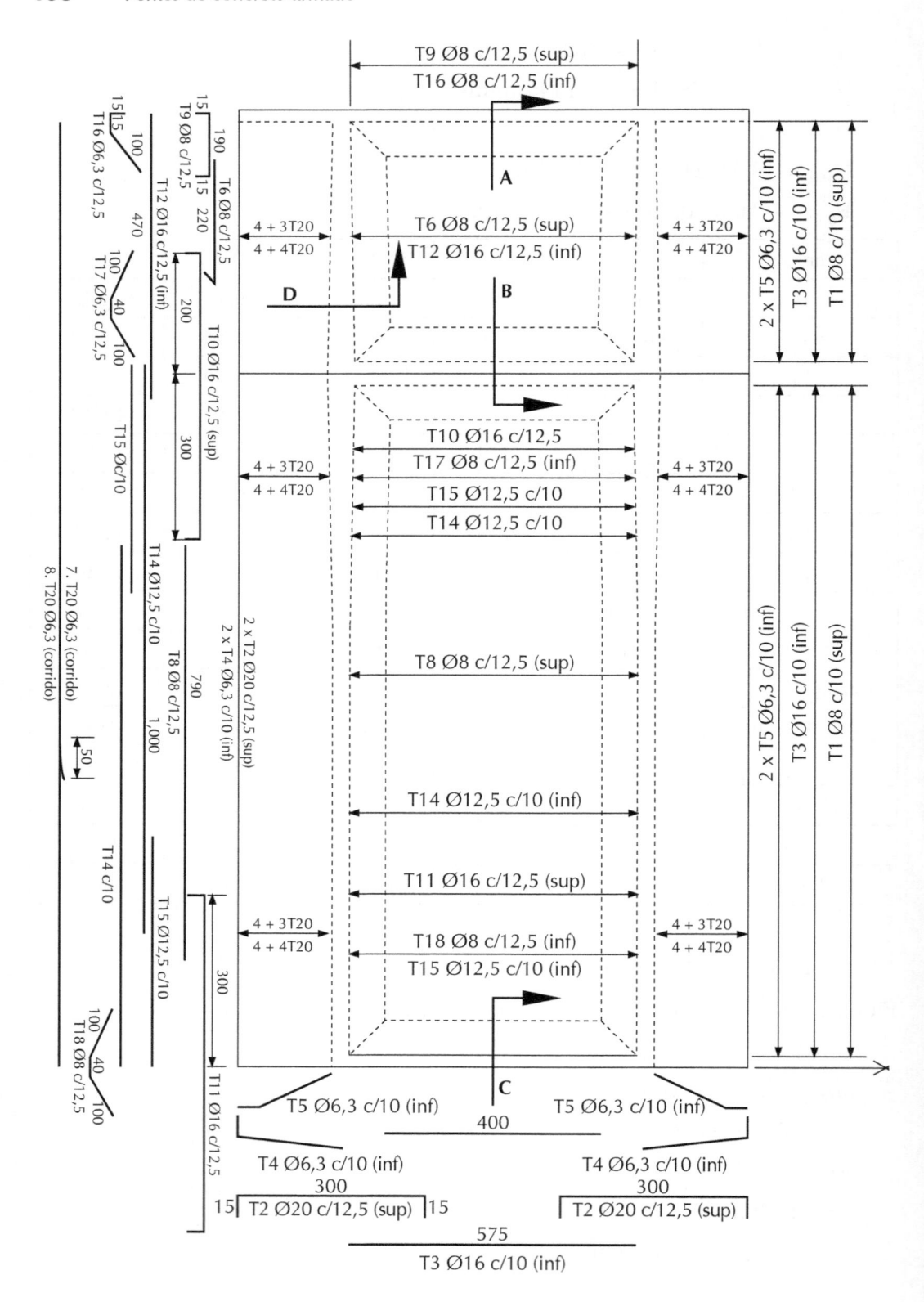

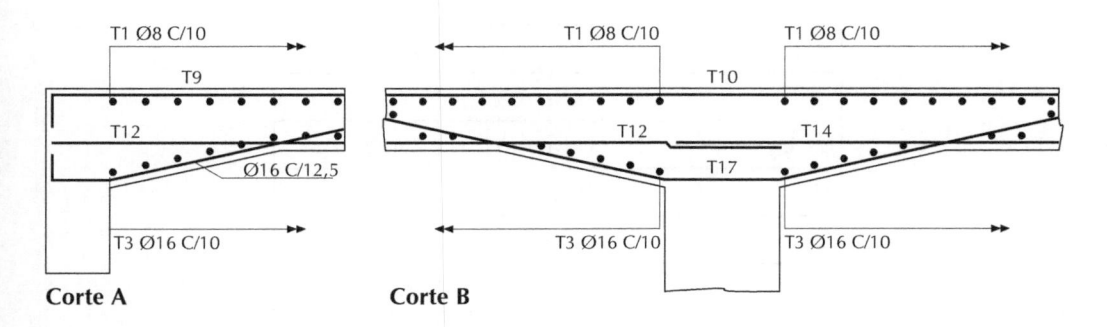

Corte A

Corte B

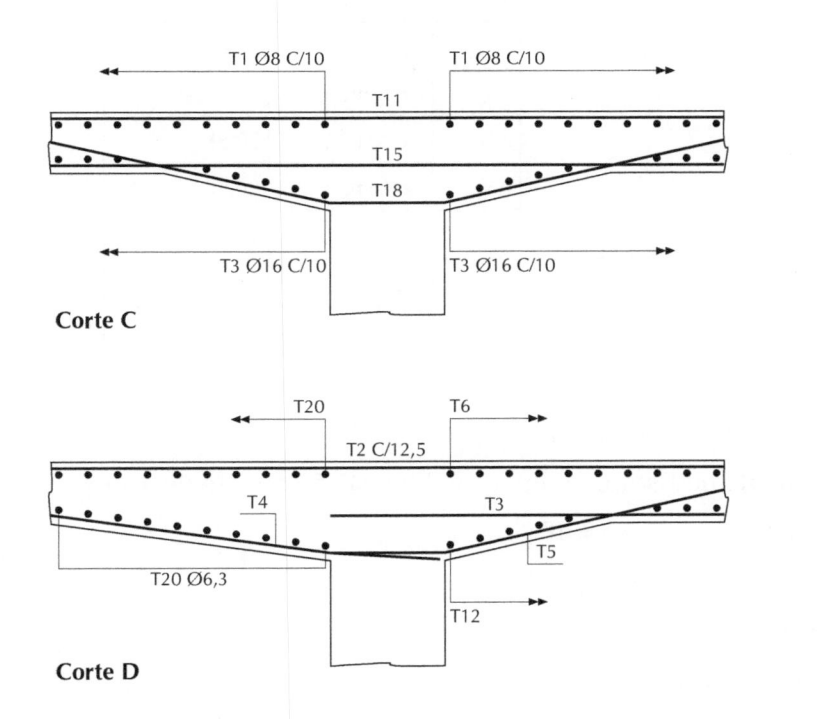

Corte C

Corte D

Momento			M
M_g		(kNm/m)	−21,79
$\varphi \cdot M_q$		(kNm/m)	−94,12
M_d		(kNm/m)	−162,27
b_w		(cm)	100,00
d		(cm)	32,00
$k6$			63,10
$k3$			0,242
A_S		(cm^2)	12,27
Estádio II	M_{freq}	(kNm/m)	−97,09
	x	(cm)	7,72
	σ_{sg}	(kN/cm^2)	6,03
	$\sigma_{s,\text{freq}}$	(kN/cm^2)	26,88
	$\Delta\sigma_s$	(kN/cm^2)	20,85
k			1,99
A_{sf}		(cm^2)	24,37
Bitola			Ø20 c/12,5

$M_d = 1{,}4 \cdot M_g + 1{,}4 \cdot \varphi \cdot M_q$

Fadiga, cálculo no Estádio II com combinação frequente de ações:

$\psi_1 = 0{,}8$ $\qquad\qquad$ $\alpha_e = 10$

$M_{\text{freq}} = M_g + \psi_1 \cdot \varphi \cdot M_q$

$k6 = 10^2 \cdot b_w \cdot d^2 / M_d$

$A_S = k3 \cdot M_d / (10 \cdot d)$

$k = \Delta\sigma_s / 10{,}5$

$\Delta f_{sd,\,\text{fad, mín}} = 10{,}5 \text{ kN/cm}^2$

Cisalhamento em laje

$V_{sd} < V_{rd}1$ Não precisa armar

$V_{rd}1 = (\tau\rho d \cdot K \cdot (1{,}2 + 40 \cdot p_1) + 0{,}15 \cdot \sigma_{cp}) \cdot b_w \cdot d$

$f_{ctd} = f_{ctk,\text{inf}} / y\gamma$ $\qquad\qquad$ fck = 30 MPa $\qquad\qquad$ $f_{ctk,\text{inf}} = 2{,}03$ MPa

f_{ctd} 2,03/1,4 = 1,45

$\tau rd = 0,25 \cdot F_{ctd} = 0,25 \cdot 1,45 = 0,36 \text{ MPa} = 0,036 \text{ kN/cm}^2$

$\rho_1 = A_S \, 1/(b_w \cdot d)$ $\qquad \rho_1 = 25,2/(100 \times 32) = 0,0079$

$k = 1,6 \cdot d = 1,6 - 0,32 = 1,28$

$\sigma_{cp} = 0$

$V_{rd1} = [0,036 \times 1,28 \times (1,2 + 40 \times 0,0079)] \times 100 \times 32 = 223 \text{ kN}$

$V_{sd} = 1,4 \cdot (V_g + \varphi \cdot V_q) = 1,4 \times 19,91 + 112,55 = 185,44 \text{ kN} < V_{Rd1}$

Não precisa armar a cortante

15.3 LAJE EM BALANÇO

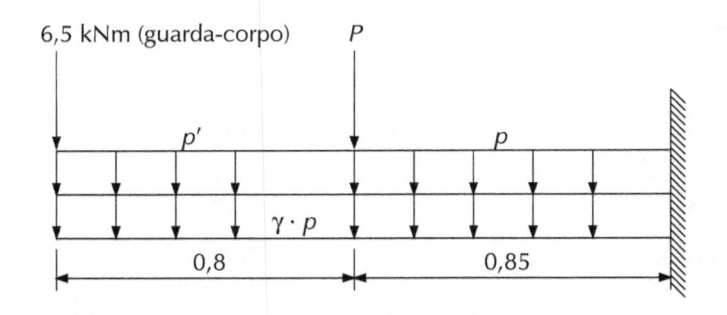

Laje: $\dfrac{0,35+0,2}{2} \times 25 \cong 6,88 \text{ kN/m}^2$

Pavimento: $0,05 \times 25 = \underline{1,25 \text{ kN/m}^2}$

$$8,13 \text{ kN/m}^2$$

Barreira lateral (guarda-corpo)

$\varphi = 1,4 - 0,007 \times 1,65 \cong 1,39$

$p = 5 \times 1,39 \cong 6,95 \text{ kN/m}^2$ $\qquad pp = 0,26 \times 25 = 6,5 \text{ kN/m}$

$P = 1,39 \times 75 = 104,25 \text{ kN}$ $\qquad p' = 3 \text{ kN/m}^2$

Carga permanente

$$M_g = -\left(\frac{8,13 \times \overline{1,65}^2}{2} + 6,5 \times 1,65\right) = 21,79 \text{ kNm/m}$$

$$V_g = 8,13 \times 1,65 + 6,5 = 19,91 \text{ kN/m}$$

Carga móvel

$$\varphi \cdot V_q = (6,95 \times 0,85 + 3 \times 0,8 + 104,25) = -112,55 \text{ kNm/m}$$

$$M_q = -\left(\frac{6,95 \times 0,85^2}{2} + 3 \times 0,8 \times \left(\frac{0,80}{2} + 0,85\right) + 104,25 \times 0,85\right) = -94,12 \text{ kNm/m}$$

Guarda-rodas

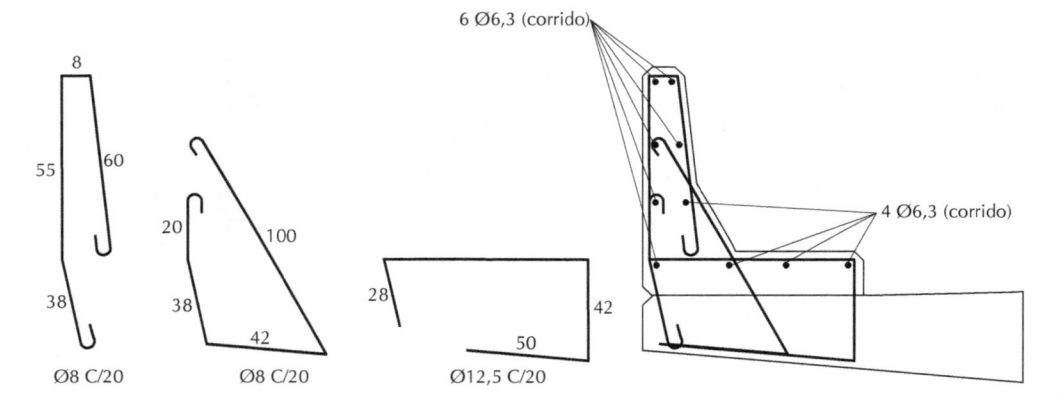

— 16 —
MOMENTOS NO TUBULÃO DEVIDOS À FORÇA HORIZONTAL

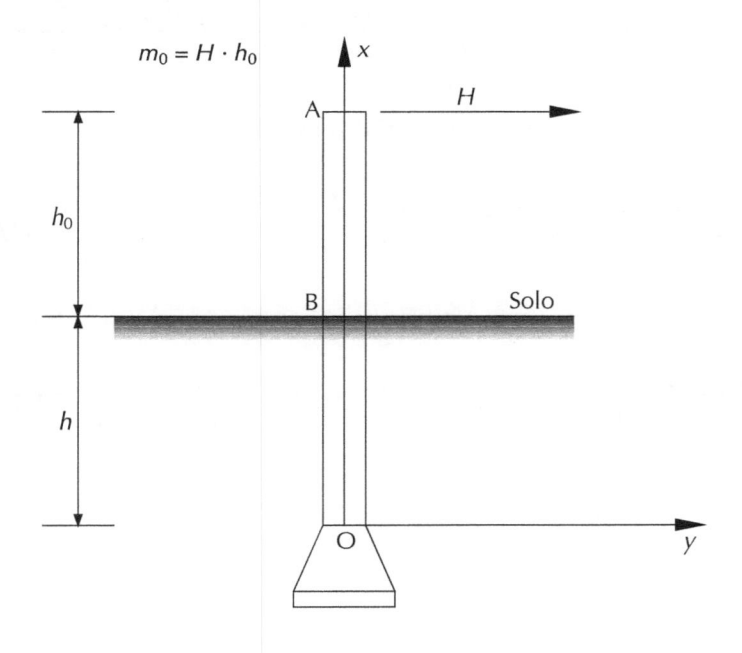

Do capítulo 10 em sua seção 10.2.1, obtém-se, para as equações de força cortante para a parte enterrada (h), as seguintes expressões:

$$k = \frac{m \cdot b}{E_c \cdot J}$$

Para H

$$\frac{1}{kf_1} \cdot \left[\frac{d3_y}{dx^3} \right]_H = \frac{x^2}{2} - hx + \frac{2h^2}{\pi} \cdot \operatorname{sen}\frac{\pi x}{2h} - \frac{4h^2}{\pi^2} \cdot \cos\frac{\pi x}{2h} - \frac{2hx}{\pi} \cdot \operatorname{sen}\frac{\pi x}{2h} + \frac{h^2}{2} - \frac{1}{kf_1} \cdot \frac{H}{EJ}$$

Para M_0

$$\frac{1}{kf_2} \cdot \left[\frac{d^3y}{dx^3}\right]_{M_0} = \frac{x^2}{2} - hx + \frac{2h^2}{\pi} \cdot \text{sen}\frac{\pi x}{2h} - \frac{4h^2}{\pi^2} \cdot \cos\frac{\pi x}{2h} - \frac{2hx}{\pi} \cdot \text{sen}\frac{\pi x}{2h} + \frac{h^2}{2}$$

$$Q = Q_1 + Q_2 \qquad\qquad Q = -EJ\left[\left(\frac{d^3y}{dx^3}\right)_H + \left(\frac{d^3y}{dx^3}\right)_{M_0}\right]$$

sendo que $f = f_1 + f_2$

$$Q = -EJk\left(f\frac{x^2}{2} - fhx + f\frac{2h^2}{\pi}\cdot\text{sen}\frac{\pi x}{2h} - f\frac{4h^2}{\pi^2}\cdot\cos\frac{\pi x}{2h} - f\frac{2hx}{\pi}\cdot\text{sen}\frac{\pi x}{2h} + \frac{fh^2}{2} - \frac{1}{K}\cdot\frac{H}{EJ}\right)$$

sendo que $M_{\text{máx}}$ corresponde a $Q = 0$, então temos com $\xi = x/h$

$$\frac{\xi^2}{2} - \xi + \frac{2}{h}\cdot\text{sen}\frac{\pi\xi}{2} - \frac{4}{\pi^2}\cdot\cos\frac{\pi}{2}\xi - \frac{2}{\pi}\cdot\xi\cdot\text{sen}\frac{\pi}{2}\xi + \frac{1}{2} - \frac{1}{kfh^2}\cdot\frac{H}{EJ} = 0$$

chamando

$$f(\xi) = \frac{\xi^2}{2} - \xi + \frac{2}{\pi}\cdot\text{sen}\frac{\pi}{2}\cdot\xi - \frac{4}{\pi^2}\cdot\cos\frac{\pi}{2}\xi - \frac{2}{\pi}\cdot\xi\cdot\text{sen}\frac{\pi}{2}\cdot\xi + \frac{1}{2}$$

e

$$\beta = \frac{1}{kfh^2}\cdot\frac{H}{EJ} = f(\xi)$$

o valor da flecha pode ser dado por

$$f = f_1 + f_2 = \frac{(2h + 3h_0)\cdot h^2}{6EJ(1 + 0{,}01407\,kh^5)}\cdot H$$

$$\beta = \frac{6(1 + 0{,}01407\cdot k\cdot h^5)}{k(2h + 3h_0)h^4}$$

para: $\xi = 0$ $\beta = 94{,}715 \times 10^{-3}$, o valor máximo do momento fletor é igual ao momento de engastamento.

Momento de engastamento

$$M_e = \left[\frac{5{,}59268 \times 10^{-2} \cdot k \cdot (2_h + 3_{h0}) \cdot h^5}{6(1 + 0{,}01407\ kh^5)} - (h + ho) \right] \cdot H$$

Momento máximo

$$M = M_1 + M_2 = -H[h_0 + (h - x_m)]$$

calculado $\beta \rightarrow$ tabela $\xi \rightarrow$ como

$$\xi = \frac{xm}{h} \rightarrow xm = \xi h$$

Observação: Caso o valor de $\beta > 9{,}472 \times 10^{-2} \rightarrow \xi = 0$, o valor do momento fletor máximo é igual ao momento do engastamento.

$$M_{máx} = M_e \rightarrow \begin{cases} x = 0 \\ \xi = 0 \end{cases}$$

$(E - O2 = 10^{-2})$

				Tabela ξ, β					
ξ	β	ξ	β	ξ	β	ξ	β	ξ	β
0,000	9,472E-02	0,200	9,193E-02	0,400	7,664E-02	0,600	4,779E-02	0,800	1,585E-02
0,050	9,467E-02	0,205	9,173E-02	0,405	7,606E-02	0,605	4,697E-02	0,805	1,517E-02
0,010	9,471E-02	0,210	9,152E-02	0,410	7,547E-02	0,610	4,614E-02	0,810	1,449E-02
0,015	9,471E-02	0,215	9,131E-02	0,415	7,488E-02	0,615	4,531E-02	0,815	1,383E-02
0,020	9,471E-02	0,220	9,108E-02	0,420	7,427E-02	0,620	4,448E-02	0,820	1,317E-02
0,025	9,471E-02	0,225	9,085E-02	0,425	7,366E-02	0,625	4,365E-02	0,825	1,253E-02
0,030	9,470E-02	0,230	9,060E-02	0,430	7,304E-02	0,630	4,281E-02	0,830	1,190E-02
0,035	9,470E-02	0,235	9,035E-02	0,435	7,241E-02	0,635	4,198E-02	0,835	1,128E-02
0,040	9,469E-02	0,240	9,009E-02	0,440	7,177E-02	0,640	4,114E-02	0,840	1,067E-02
0,045	9,468E-02	0,245	8,981E-02	0,445	7,112E-02	0,645	4,031E-02	0,845	1,007E-02
0,050	9,467E-02	0,250	8,953E-02	0,450	7,047E-02	0,650	3,947E-02	0,850	9,493E-03
0,055	9,465E-02	0,255	8,924E-02	0,455	6,980E-02	0,655	3,864E-02	0,855	8,925E-03
0,060	9,463E-02	0,260	8,894E-02	0,460	6,913E-02	0,660	3,780E-02	0,860	8,370E-03
0,065	9,461E-02	0,265	8,863E-02	0,465	6,846E-02	0,665	3,697E-02	0,865	7,830E-03
0,070	9,458E-02	0,270	8,832E-02	0,470	6,777E-02	0,670	3,613E-02	0,870	7,304E-03
0,075	9,455E-02	0,275	8,799E-02	0,475	6,708E-02	0,675	3,530E-02	0,875	6,794E-03
0,080	9,452E-02	0,280	8,765E-02	0,480	6,637E-02	0,680	3,447E-02	0,880	6,298E-03
0,085	9,448E-02	0,285	8,730E-02	0,485	6,567E-02	0,685	3,364E-02	0,885	5,819E-03
0,090	9,444E-02	0,290	8,695E-02	0,490	6,495E-02	0,690	3,282E-02	0,890	5,355E-03
0,095	9,439E-02	0,295	8,658E-02	0,495	6,423E-02	0,695	3,199E-02	0,895	4,908E-03
0,100	9,434E-02	0,300	8,620E-02	0,500	6,350E-02	0,700	3,117E-02	0,900	4,478E-03
0,105	9,428E-02	0,305	8,582E-02	0,505	6,276E-02	0,705	3,036E-02	0,905	4,065E-03
0,110	9,421E-02	0,310	8,542E-02	0,510	6,202E-02	0,710	2,954E-02	0,910	3,669E-03
0,115	9,414E-02	0,315	8,501E-02	0,515	6,127E-02	0,715	2,873E-02	0,915	3,292E-03
0,120	9,407E-02	0,320	8,460E-02	0,520	6,052E-02	0,720	2,793E-02	0,920	2,932E-03
0,125	9,399E-02	0,325	8,417E-02	0,525	5,976E-02	0,725	2,713E-02	0,925	2,592E-03
0,130	9,390E-02	0,330	8,374E-02	0,530	5,899E-02	0,730	2,633E-02	0,930	2,271E-03
0,135	9,381E-02	0,335	8,329E-02	0,535	5,822E-02	0,735	2,554E-02	0,935	1,969E-03
0,140	9,371E-02	0,340	8,284E-02	0,540	5,745E-02	0,740	2,475E-02	0,940	1,687E-03
0,145	9,360E-02	0,345	8,237E-02	0,545	5,667E-02	0,745	2,397E-02	0,945	1,426E-03
0,150	9,349E-02	0,350	8,190E-02	0,550	5,588E-02	0,750	2,319E-02	0,950	1,185E-03
0,155	9,337E-02	0,355	8,142E-02	0,555	5,509E-02	0,755	2,243E-02	0,955	9,649E-04
0,160	9,324E-02	0,360	8,092E-02	0,560	5,429E-02	0,760	2,166E-02	0,960	7,666E-04
0,165	9,310E-02	0,365	8,042E-02	0,565	5,349E-02	0,765	2,091E-02	0,965	5,901E-04
0,170	9,296E-02	0,370	7,991E-02	0,570	5,269E-02	0,770	2,016E-02	0,970	4,359E-04
0,175	9,281E-02	0,375	7,938E-02	0,575	5,188E-02	0,775	1,942E-02	0,975	3,044E-04
0,180	9,265E-02	0,380	7,885E-02	0,580	5,107E-02	0,780	1,869E-02	0,980	1,959E-04
0,185	9,248E-02	0,385	7,831E-02	0,585	5,026E-02	0,785	1,797E-02	0,985	1,108E-04
0,190	9,231E-02	0,390	7,776E-02	0,590	4,944E-02	0,790	1,725E-02	0,990	4,953E-05
0,195	9,212E-02	0,395	7,720E-02	0,595	4,862E-02	0,795	1,655E-02	0,995	1,248E-05
								1,000	0,000E+00

16.1 ESFORÇOS LONGITUDINAIS E TRANSVERSAIS

16.1.1 PÓRTICO P_1 (ESFORÇOS LONGITUDINAIS)

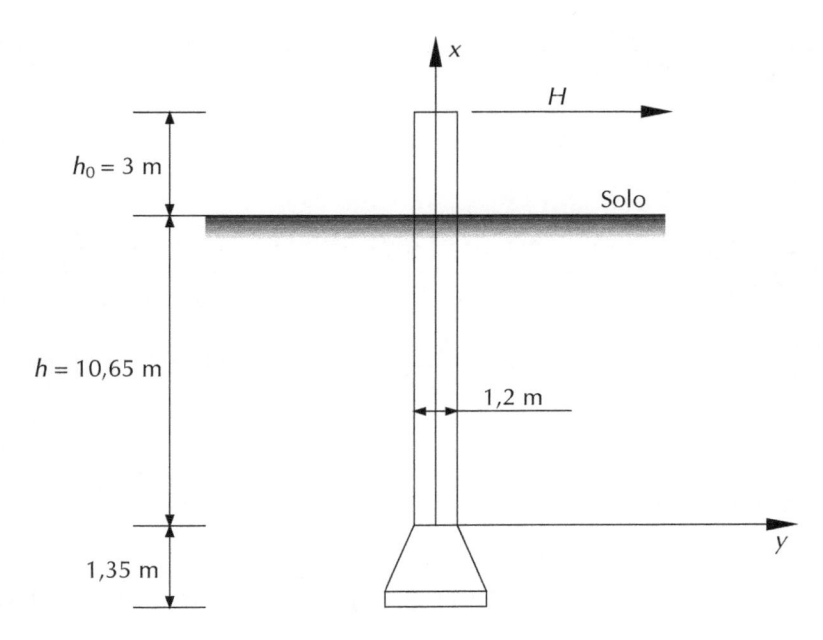

$H = 72,71$ kN

Solo: argila arenosa variegada média

$m = 6.000$ kN/m^4

Tubulão

$b = \phi = 120$ cm $\qquad$ fck = 20 Mpa $\qquad$ $E_C = 21.287$ Mpa

$$A = \frac{\pi d^2}{4} = \frac{\pi \cdot 1,2^2}{4} = 1,1304 \text{ m}^2$$

$$J = \frac{\pi d^4}{64} = \frac{\pi \cdot 1,2^4}{64} = 0,1017 \text{ m}^4$$

$h = 10,65$ m $\qquad$ $h_0 = 3$ m

Cálculo de k

$$\boxed{k = \frac{m \cdot b}{E_C \cdot J}}$$

$$k = \frac{m \cdot b}{E_C \cdot J} = \frac{6.000 \times 1,2}{21.287.000 \times 0,1017} = 3.325,81 \times 10^{-6} \rightarrow k = 3.325,81 \times 10^{-6}$$

Cálculo de β

$$\beta = \frac{6(1+0,01407 \cdot k \cdot h^5)}{k(2h+3h_0)h^4} = \frac{6(1+0,01407 \times 3.325,81 \times 10^{-6} \times 10,65^5)}{3.325,81 \times 10^{-6} \times (2 \times 10,65 + 3,3) \times 10,65^4} = \frac{44,467}{1.296,39}$$

$$\begin{aligned}\beta &= 0,0343 \\ \beta &= 3,43 \times 10^{-2}\end{aligned} \xrightarrow{\text{tabela}} \xi = 0,681 = \frac{x_m}{h} \rightarrow x_m = 0,681 \times 10,65 = 7,25 \text{ m}$$

Cálculo do momento máximo

$$M_{\text{máx}} = -H[h_0 + (h - x_m)] = -72,71\left(3 + \overbrace{(10,65 - 7,25)}^{3,40 \text{ m}}\right) = -465,34 \text{ kNm}$$

Cálculo do momento de engastamento na base

$$M_e = \left[\frac{5,59268 \times 10^{-2} \cdot k \cdot (2h+3h_0) \cdot h^5}{6(1+0,01407 \cdot k \cdot h^5)} - (h+h_0)\right]H$$

$$M_e = \left[\frac{5,59268 \times 10^{-2} \times 3.325,81 \times 10^{-6} \times (2 \times 10,65 + 3 \times 3) \times 10,65^5}{6(1+0,01407 \times 3.325,81 \times 10^{-6} \times 10,65^5)} - (10,65+3)\right] \times 72,71$$

$$M_e = \left[17,36 - (13,65)\right] \times 72,71 = 269,75 \text{ kNm}$$

Diagrama de momentos fletores

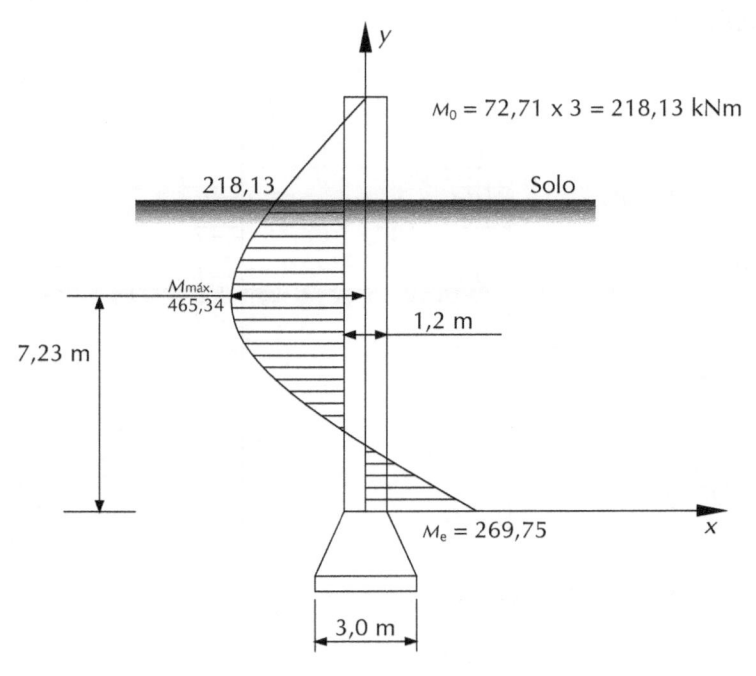

16.1.2 PÓRTICO P_1 (ESFORÇOS TRANSVERSAIS) (HT = 81,6 kN)

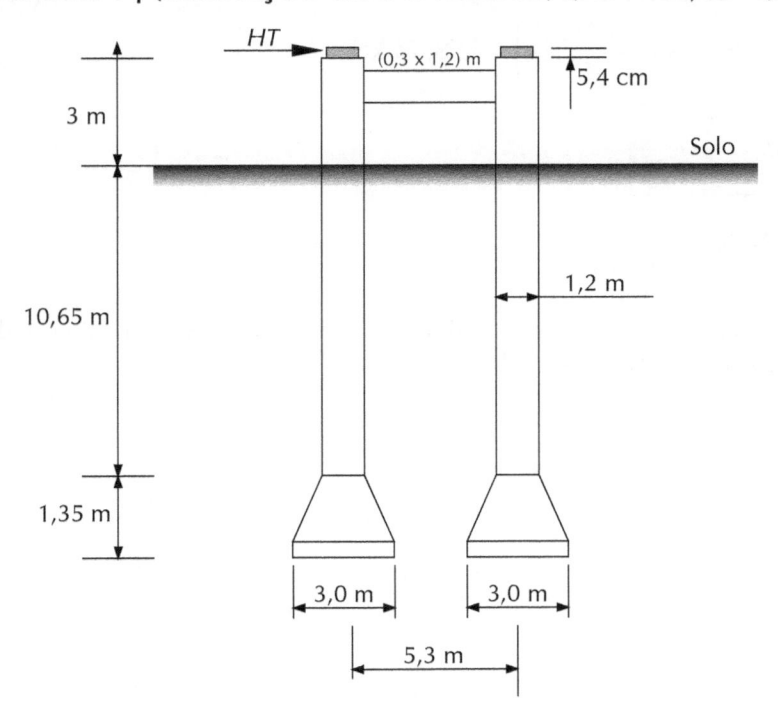

Devido à grande rigidez do conjunto do pórtico (viga e tubulão), podemos fazer as seguintes simplificações:

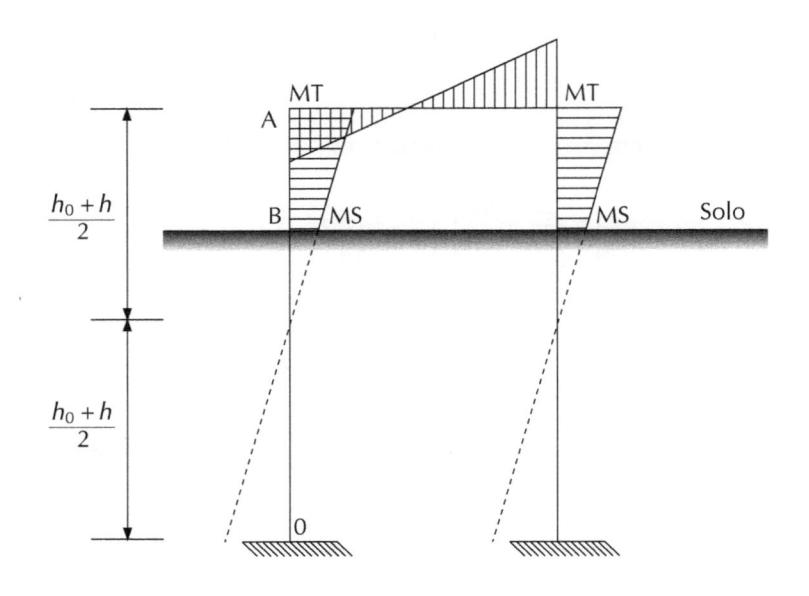

$$MT = \frac{1}{2} \cdot HT \cdot \left(\frac{h_0 + h}{2} \right)$$

$$MT = \frac{1}{2} \times 81,6 \times \left(\frac{3 + 10,65}{2} \right) = 278,46 \text{ kNm}$$

$$MS = MT \cdot \frac{h - h_0}{h + h_0}$$

$$MS = 278,46 \times \frac{10,65 - 3}{10,65 + 3} = 72,42 \text{ kNm}$$

sendo que o diagrama de momentos fletores do tubulão fora do solo é válido, agora vamos estudar o tubulão enterrado.

Vamos agora analisar a parte do tubulão enterrada

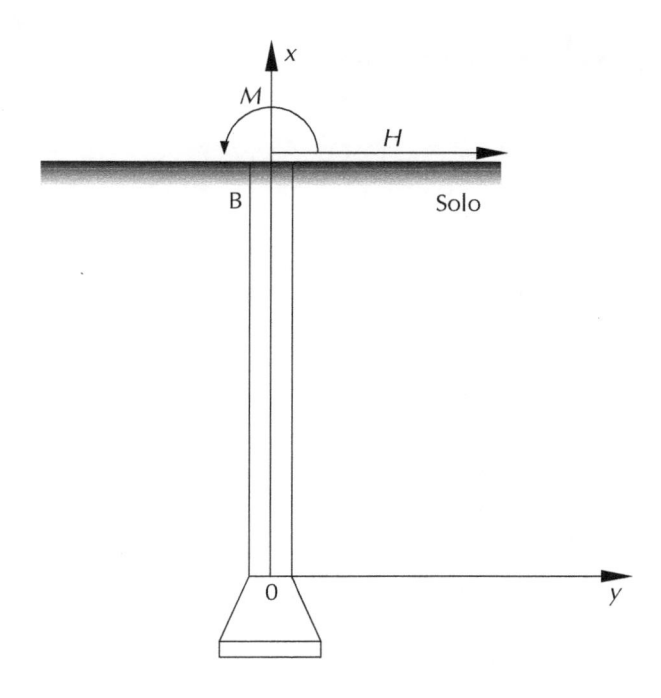

$$MA = MT$$

$$MS = MB$$

$$\boxed{MS = MB = MA \cdot \frac{h - h_0}{h + h_0}}$$

Os deslocamentos são opostos, portanto $f = f_1 - f_2$, para a facilidade de usarmos as fórmulas já demonstradas, iremos fazer um artifício.

$M_0 = H \cdot h_0 \rightarrow$ como M_0 negativo em relação às fórmulas demonstradas, faremos $-M_0 = H \cdot h'_0 \rightarrow h'_0 = -M_0/H$ e usaremos as mesmas fórmulas já demonstradas anteriormente.

$$\boxed{\beta = \frac{6(1 + 0,01407 \cdot k \cdot h^5)}{k(2h + 3h_0) \cdot h^4}}$$

$$\boxed{M_{\text{máx}} = -H(h'_0 + (h - x_m))}$$

$$\boxed{M_e = \left[\frac{5,59268 \times 10^{-2} \cdot k \cdot (2h + 3h'_0) \cdot h^5}{6(1 + 0,01407 \cdot k \cdot h^5)} - (h + h'_0) \right] \cdot H}$$

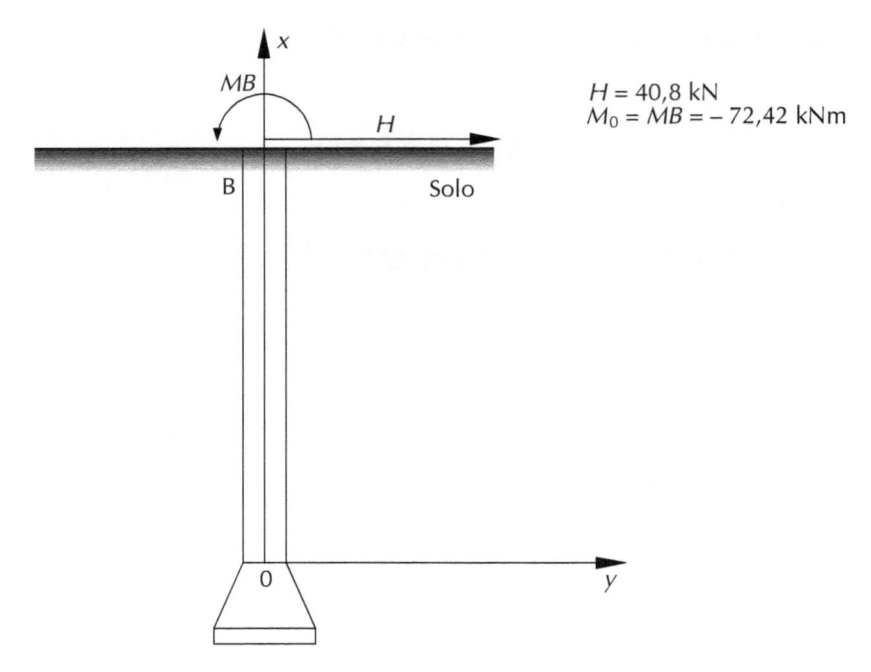

Cálculo de k

$$k = \frac{m \cdot b}{E_C \cdot J} = 3.325,81 \times 10^{-6}$$

Cálculo de β

$$-M_0 = H \cdot h_0' \rightarrow h_0' = -M_0/H = -\frac{72,42}{40,8} = -1,775 \rightarrow h_0' = -1,775 \text{ m}$$

$$\beta = \frac{6(1+0,01407 \cdot k \cdot h^5)}{k(2h + 3ho) \cdot h^4} = \left(\frac{6(1 + 0,01407 \times 3.325,81 \times 10^{-6} \times 10,65^5)}{3.325,81 \times 10^{-6} \times (2 \times 10,65 - 3 \times 1,775) \times 10,65^4}\right) =$$

$$= \frac{44,467}{683,497} = 0,065$$

$$\begin{array}{l} \beta = 0,065 \\ \beta = 6,5 \times 10^{-2} \end{array} \xrightarrow{\text{tabela}} \xi = 0,485 \rightarrow x_m = 0,485 \times 10,65 = 5,165 \text{ m}$$

Cálculo do momento máximo

$$M_{\text{máx}} = -H(ho' + h - x_m) = -40,8\left[\overbrace{-1,775 + 10,65 - 5,165}^{3,71}\right] = -151,37 \text{ kNm}$$

Cálculo do momento de engastamento

$$M_e = \left[\frac{5,59268 \times 10^{-2} \cdot k \cdot (2h + 3h_0') \cdot h^5}{6(1 + 0,01407 \cdot k \cdot h^5)} - (h + h_0')\right] \cdot H$$

$$M_e = \left[\frac{5,59268 \times 10^{-2} \times 3.325,81 \times (2 \times 10,65 - 3 \times 1,775) \times 10,65^5}{6(1 + 0,01407 \times 3.325,81 \times 10^{-6} \times 10,65^5)} - (10,65 - 1,775)\right] \times 40,81 =$$

$$M_e = \left(\frac{407,104}{14,467} - 8,875\right) \times 40,81 = (9,155 - 8,875) \times 40,81 = 11,43 \text{ kNm}$$

Diagrama de momentos fletores (kNm)

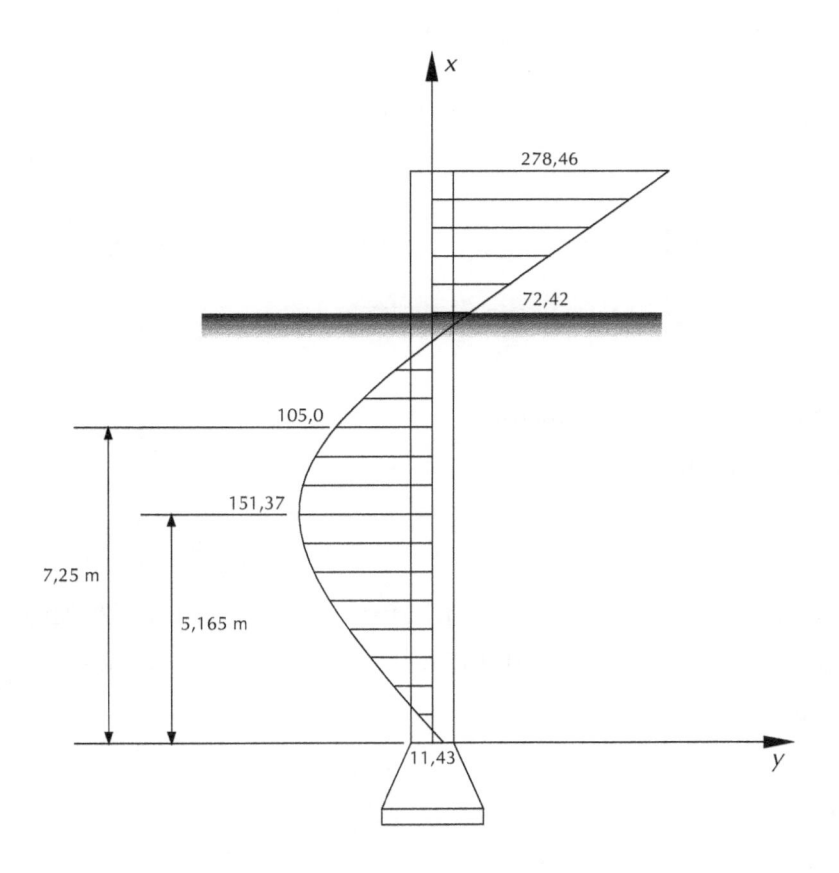

16.2 PÓRTICO P_2 (ESFORÇOS LONGITUDINAIS)

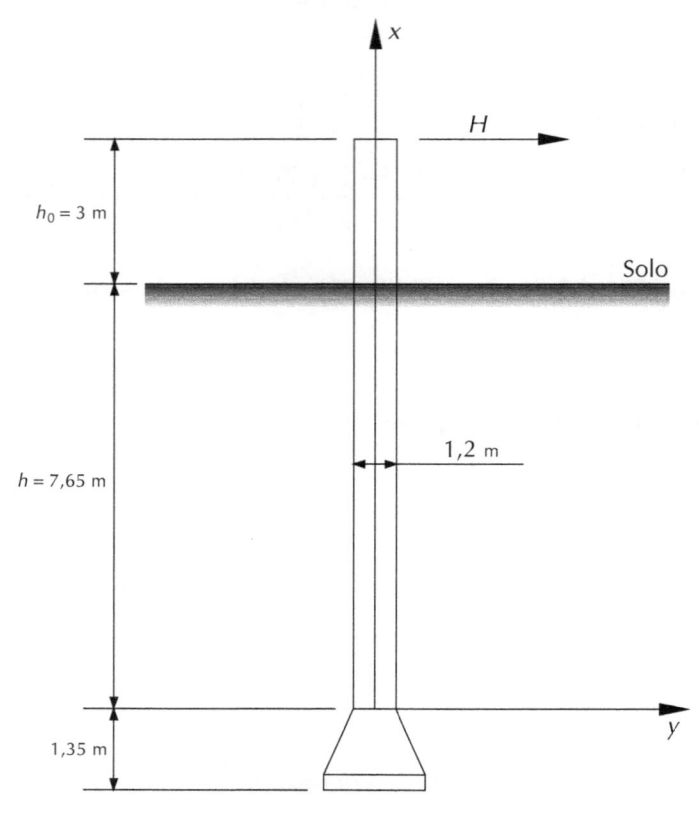

$H = 66,75$ kN

Solo: argila arenosa variegada média

$m = 6.000$ kNm/m^4

Tubulão

$\phi = b = 1,2$ m	$E_C = 21.287$ Mpa	fck = 20 Mpa
$A = 1,1304$ m^2	$J = 0,1017$ m^4	$h = 7,65$ m
$h_0 = 3$ m		

Cálculo de k

$$k = \frac{m \cdot b}{E_C \cdot J} = \frac{6.000 \times 1,2}{21.287.000 \times 0,1017} = 3.325,81 \times 10^{-6}$$

Cálculo de β

$$\beta = \frac{6(1+0,01407 \cdot k \cdot h^5)}{k \cdot (2h + 3ho) \cdot h^4} = \frac{6(1+0,01407 \times 3.325,81 \times 10^{-6} \times 7,65^5)}{3.325,81 \times 10^{-6} \times (2 \times 7,65 + 3 \times 3) \times 7,65^4} = \frac{13,356}{276,79}$$

$$\beta = 0,04825 = 4,825 \times 10^{-2} \xrightarrow{\text{tabela}} \xi = 0,597 \rightarrow x_m = \xi_h = 0,597 \times 7,65 = 4,57 \text{ m}$$

Cálculo do momento máximo

$$M_{\text{máx}} = -H(h_0 + h - x_m) = -66,75 \, (3 + 7,65 - 4,57) = -405,84 \text{ kNm}$$

Cálculo do momento de engastamento na base

$$M_e = \left[\frac{5,59268 \times 10^{-2} \cdot k \cdot (2_h + 3ho) \cdot h^5}{6(1 + 0,01407 \cdot k \cdot h^5)} - (h + h_0) \right] \cdot H$$

$$M_e = \left[\frac{5,59268 \times 10^{-2} \times 3.325,81 \times 10^{-6} \times (2 \times 7,65 - 3 \times 3) \times 7,65^5}{6(1 + 0,01407 \times 3.325,81 \times 10^{-6} \times 7,65^5)} - (7,65 + 3) \right] \times 66,75$$

$$M_e = \left(\frac{118,421}{13,356} - 10,65 \right) \times 66,75 = (8,86 - 10,65) \times 66,75 = -119,48 \text{ kNm}$$

Diagrama de momentos fletores

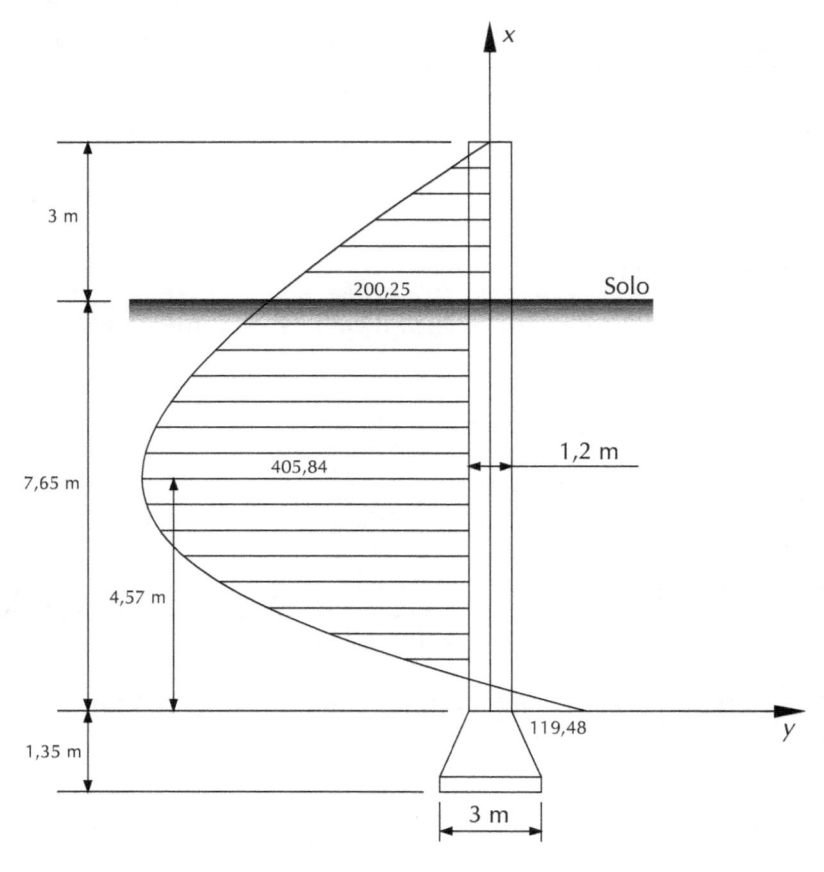

$M_0 = 66,75 \times 3 = 200,25 \text{ kN}$

16.2.1 PÓRTICO P_2 (ESFORÇOS TRANSVERSAIS)

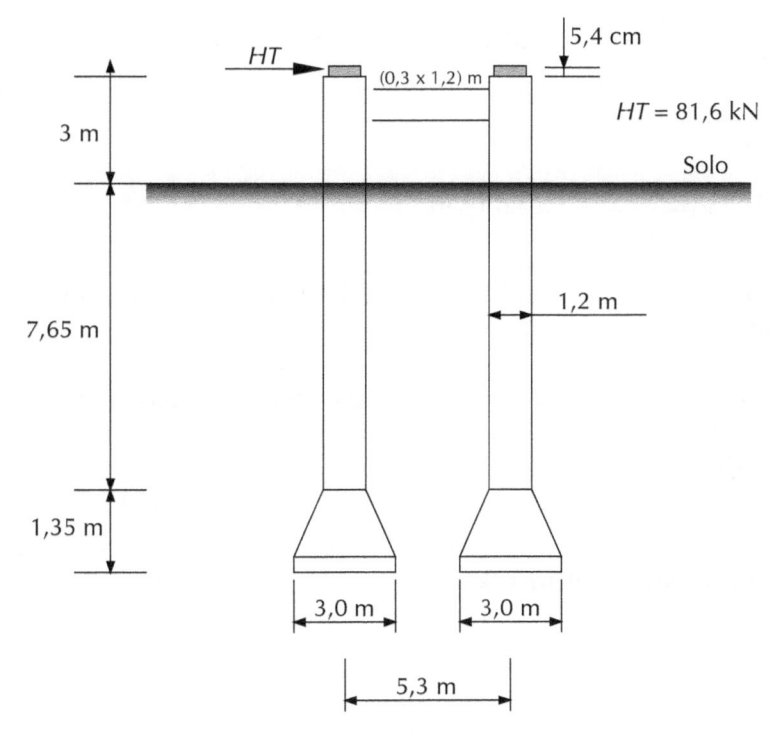

Devido à grande rigidez do conjunto do pórtico (viga e tubulão), podemos fazer as seguintes simplificações:

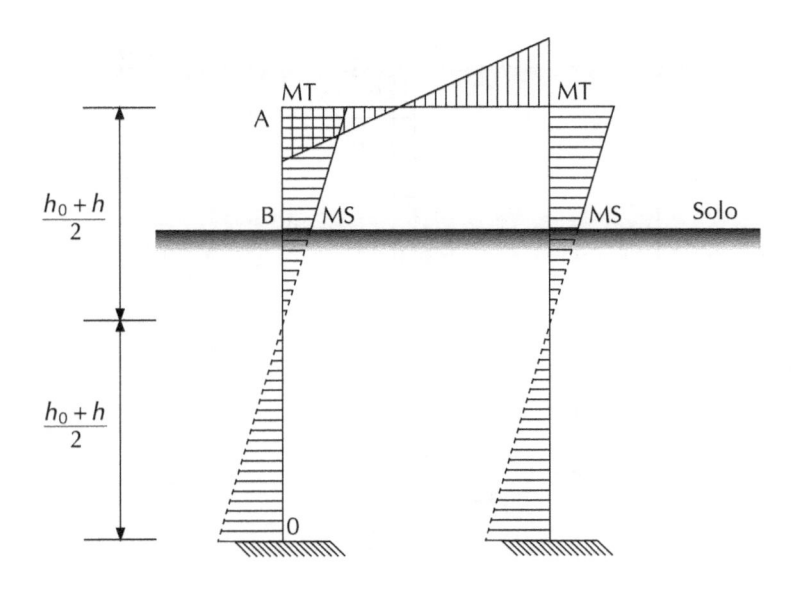

$$MT = \frac{1}{2} \cdot H \cdot T \frac{(h_0 + h)}{2}$$

$$MT = \frac{81,6}{2} \times \frac{3 + 7,65}{2} = 217,26 \text{ kNm}$$

$$Ms = MT \frac{h - h_0}{h + h_0}$$

$$Ms = 217,26 \times \frac{7,65 - 3}{7,65 + 3} = 94,86 \text{ kNm}$$

sendo que o diagrama de momentos fletores do tubulão fora do solo é válido, agora vamos estudar o tubulão enterrado.

$$M_e = \left(\frac{40,643}{13,356} - 5,33 \right) \times 40,8 = (3,04 - 5,33) \times 40,8 = -93,43 \text{ kNm}$$

$$M_e = -93,43 \text{kNm}$$

Diagrama de momentos fletores (kNm)

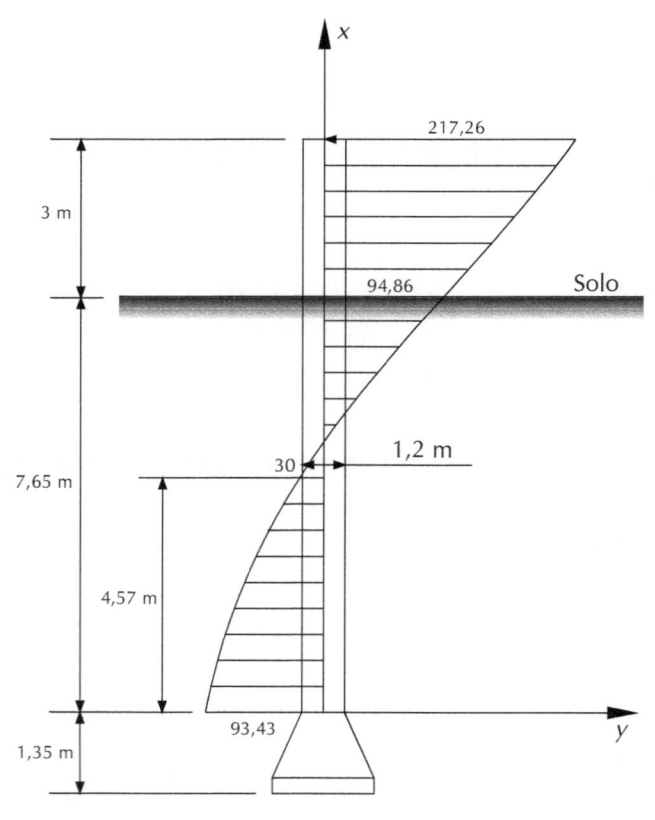

— 17 —
DIMENSIONAMENTO DO PILAR, VIGA DE TRAVAMENTO E SAPATA

17.1 DIMENSIONAMENTO DO PILAR (TUBULÃO)

17.1.1 PILAR P_1

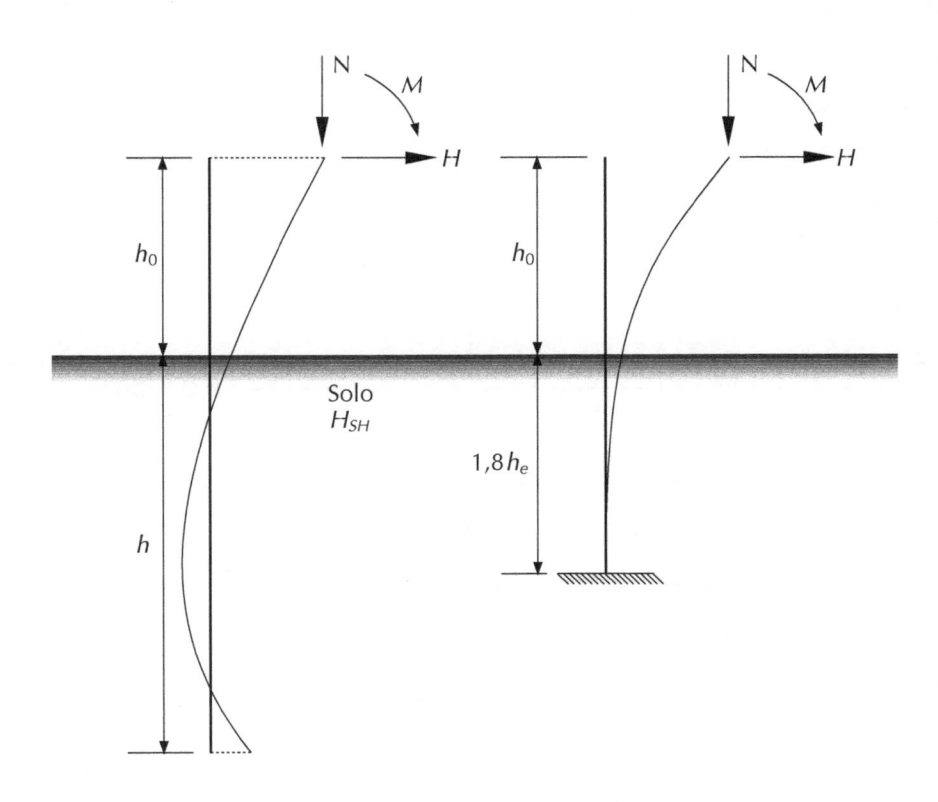

$$h_e = \sqrt[5]{\frac{Ec \cdot I}{k_s h'}} \quad \text{(comprimento elástico)}$$

A favor da segurança para o cálculo da armadura do tubulão, consideraremos um comprimento engastado no solo de $1,8\,h_e$ sendo

$$\ell be = ho + 1,8\sqrt[5]{\frac{E_C \cdot I}{k_{SH}}} = 3 + \overbrace{1,8 \times 3,25}^{5,85} = 8,85\text{ m}$$

$$h_e = \sqrt[5]{\frac{21.287.000 \times 0,1017}{6.000}} = 3,25\text{ m}$$

$E_C = 21.287$ MPa $\qquad I = 0,1017\ m^4$

$K_{SH} = 6.000$ kN/m³ $\qquad$ fck = 20 MPa

Cargas: pilar P_1

Força normal máxima:

$\qquad$ 888,01 + 1.362,43 = 2.250,44 kN

Força normal mínima:

$\qquad$ 888,01 + 620,04 = 1.508,05 kN

Viga de travamento:

$$\frac{278,46}{5,3} = \frac{MT}{\ell} = 52,54\text{ kN}$$

Peso próprio do tubulão total:

$$\left[\frac{\pi \cdot 1,2^2}{4}(15 - 13,5) + \left(\frac{\pi \cdot 1,2^2}{4} + \frac{\pi \cdot 3^2}{4}\right) \cdot \frac{1,15}{2} + \frac{\pi \cdot 3^2}{4} \cdot 0,2\right] \cdot 25$$

peso próprio do tubulão total 538,9 kN.

$\qquad N_{máx} = 2.250,44 + 52,54 + 538,9 = 2.841,88$ kN

$\qquad N_{mín} = 1.508,05 - 52,54 + 538,9 = 1.994,41$ kN

$\qquad ML = 465,34$ kNm $\qquad M_R = \sqrt{465,34^2 + 105^2} = 477,04$ kNm

$\qquad MT = 105$kNm $\qquad M_R^d = 1,4 \times 477,04 = 667,86$ kNm

Cálculo do comprimento de flambagem na extremidade livre

$\qquad \ell e = 8,85$ m $\qquad\qquad k = 2$ (livre extremidade superior)

$\qquad$ fck = 20 MPa (tubulão) $\quad I = 0,1017\ m^4 \qquad A = 1,1304\ m^2$

$$\lambda = \frac{k \cdot \ell e}{\sqrt{\dfrac{I}{A}}} = \frac{2 \times 8,85}{\sqrt{\dfrac{0,1017}{1,1304}}} = 59,01 > 35 \qquad \text{ou}$$

$$\lambda = \frac{k \cdot \ell e}{r} = \frac{2 \times 8,85}{0,299947} = 59,01 > 35 \qquad r = \sqrt{\frac{I}{A}} = \sqrt{\frac{0,1017}{1,1304}} = 0,299947$$

a) Cálculo do momento de 1ª ordem

$$M_{id,\,\text{mín}} = N_{sd} \cdot (0,015 + 0,03\,h) = 1,4 \times 2.841,88(0,015 + 0,03 \times 1,2) = 202,91 \text{ kNm}$$

b) Cálculo do momento de 2ª ordem

$$\sigma_d = \frac{N_{sd}}{A_C \cdot f_{cd}} = \frac{1,4 \times 2.841,88}{1,1304 \times \dfrac{20.000}{1,4}} = 0,246$$

$$\frac{1}{r} = \frac{0,005}{h(\underbrace{\sigma_d + 0,5}_{\geq 1})} = \frac{0,05}{1,2(\underbrace{0,246 + 0,5}_{1_{\text{mínimo}}})} = \frac{0,005}{1,2 \times 1} = 0,004167 \text{ m}^{-1}$$

$$M_{2d} = N_{sd} \cdot \frac{\ell e^2}{10} \cdot \frac{1}{r} = 1,4 \times 2.841,88 \times \frac{17,7^2}{10} \times 0,004167 = 519,36 \text{ kNm}$$

c) Flexão normal composta

$$M_{d,\text{total}} = M_R^d + M_{1,d\,\text{mín}} + M_{2d} = 667,86 + 202,91 + 519,36 = 1.390,13$$

$$\sigma_{d,\text{máx}} = 0,246 \qquad \sigma_{d,\text{mín}} = \frac{1,4 \times 1.994,41}{1,1304 \times \dfrac{20.000}{1,4}} = 0,172$$

$$\mu_d = \frac{M_{d,\text{total}}}{A_C \cdot h \cdot f_{ed}} = \frac{1.390,13}{1,1304 \times 1,2 \times \dfrac{20.000}{1,4}} = 0,072 \qquad \mu_d = 0,072$$

entrando no ábaco 1, temos $\rho_{\text{mín}} = 0,4\%$

$$A_S = \frac{0,4}{100} \times 1,1304 \times 10^4 = 45,21 \text{ cm}^2$$

10Ø25 mm, estribos Ø5 c/20

16Ø20 mm, estribos Ø5 c/20

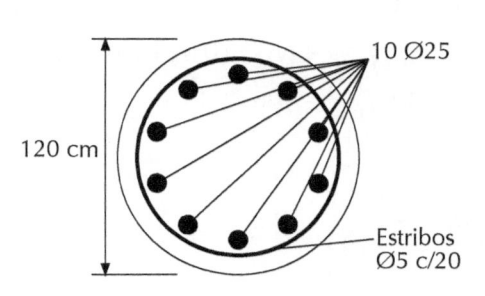

17.1.2 Pilar P_2

Cargas: pilar P_2

Força normal máxima = 2.250,44 kN

Força normal mínima = 1.508,05 kN

Viga de travamento = $\dfrac{MT}{\ell} = \dfrac{217,26}{5,3} = 41,0$ kN

Peso próprio do tubulão total =

$$= \left[\frac{\pi \cdot 1,2^2}{4} \cdot (12 - 1,35) + \left(\frac{\pi \cdot 1,2^2}{4} + \frac{\pi \cdot 3^2}{4} \right) \times \frac{1,15}{2} + \frac{\pi \cdot 3^2}{4} \cdot 0,2 \right] \times 25$$

peso próprio do tubulão total = 454,10 kN

$N_{máx} = 2.250,44 + 41 + 454,10 = 2.745,54$ kN

$N_{mín} = 1.508,05 - 41 + 454,10 = 1.508,05 - 41 + 454,10 = 1.921,15$ kN

$ML = 405,84$ kNm $\qquad M_R = \sqrt{405,84^2 + 30^2} = 406,92$kNm

$MT = 30$ kNm $\qquad M_R^d = 1,4 \times 406,92 = 569,69$kNm

Cálculo do comprimento de flambagem na extremidade livre

$\ell_e = 8,85$ m $\qquad k = 2$ $\qquad I = 0,1017$ m^4

$A = 1,1304$ m^2 $\qquad \ell_e = 8,85$ m $\qquad$ fck = 20 MPa (tubulão)

$r = \sqrt{\dfrac{I}{A}} = \sqrt{\dfrac{0,1017}{1,130^4}} = 0,299947$

$\lambda = \dfrac{k\ell e}{r} = \dfrac{2 \times 8,85}{0,299947} \cong 59,01 > 35$

a) Cálculo do momento de 1ª ordem

$M_{id,mín} = N_{sd} \cdot (0,015 + 0,03h) = 1,4 \times 2.745,54 \, (0,015 + 0,03 \times 1,2) =$

$M_{id,mín} = 196,03$ kNm

b) Cálculo do momento de 2ª ordem

$$\sigma_{d,\text{máx}} = \frac{N_{sd,\text{máx}}}{A_C \cdot f_{cd}} = \frac{1,4 \times 2.745,54}{1,1304 \times \dfrac{20.000}{1,4}} = 0,238$$

$$\sigma_{d,\text{mín}} = \frac{N_{sd,\text{mín}}}{A_C \cdot f_{cd}} = \frac{1,4 \times 1.921,15}{1,1304 \times \dfrac{20.000}{1,4}} = 0,1666$$

$$\left(\frac{1}{r}\right) = \frac{0,005}{h(\underbrace{\sigma_d + 0,5}_{\geq 1})} = \frac{0,005}{1,2(\underbrace{0,238 + 0,5}_{1_{\text{mínimo}}})} = \frac{0,005}{1,2} = 0,004167 \ \text{m}^{-1}$$

$$M_{2d} = N_{sd} \cdot \frac{\ell e^2}{10} \cdot \frac{1}{r} = 2.745,54 \times \frac{17,7^2}{10} \times 0,004167 = 358,43$$

c) Flexão normal composta

$$M_{d,\text{total}} = M_R^d + M_{id,\text{mín}} + M_2^d = 569,69 + 196,03 + 358,43 = 1.124,15 \ \text{kNm}$$

$$\sigma_{d,\text{máx}} = 0,238 \qquad\qquad \sigma_{d,\text{mín}} = 0,166$$

$$\mu_d = \frac{M_{d,\text{total}}}{A_C \cdot h \cdot f_{cd}} = \frac{1.124,15}{1,1304 \times 1,2 \times \dfrac{20.000}{1,4}} = 0,058$$

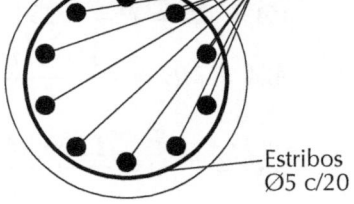

10 Ø25

Estribos
Ø5 c/20

entrando no ábaco 1, temos:

$\rho_{\text{mín}} = 0,4\%$ $\qquad\qquad A_S = 45,21 \ \text{cm}^2$

10Ø25 mm, estribos Ø5 c/20

17.2 CÁLCULO DAS VIGAS DE TRAVAMENTO

(30 × 120) cm

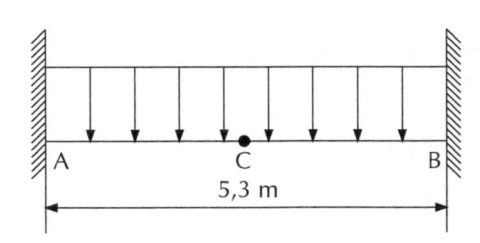

A   C   B
5,3 m

a) Peso próprio:

0,3 × 1,2 × 25 = 9 kN/m
p = 9 kN/m

$$M_{\text{máx}\,B} = M_{\text{máx}\,A} = \frac{p\ell^2}{24} = \frac{9 \times 5,3^2}{24} = 10,53 \text{ kNm}$$

$$V = \frac{p\ell}{2} = \frac{9 \times 5,3}{2} = 23,85 \text{ kN}$$

b) Troca dos aparelhos de neoprene

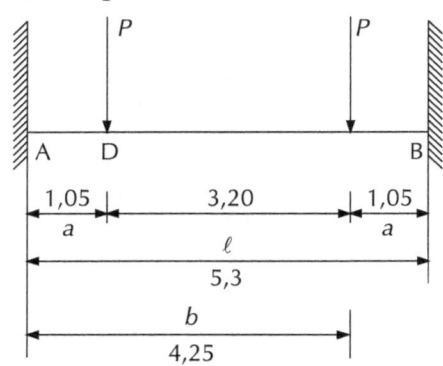

P = carga total com tráfego

$P = 2.250,44$ kN

$VA = VB = P = 2.250,44$ kN

$$MA = MB = -\frac{P \cdot a \cdot b}{\ell} = -2.250,44 \times \frac{1,05 \times 4,25}{5,3} = -1.894,83 \text{ kNm}$$

$$MD = \frac{pa^2}{\ell} = \frac{2.250,44 \times 1,05^2}{5,3} = 468,14 \text{ kNm}$$

Cálculo da viga de travamento (30 × 120)

a) Cortante:

$V_{sd} = 1,4 \times 2.250,44 = 3.150,62$ kN

Cálculo de V_{Rd2}

$V_{Rd2} = 3.548 \cdot b_w \cdot d = 3.548 \times 0,3 \times 1,2 = 1.277 \text{ kN} < V_{sd}$

Vamos aumentar a seção para (100 × 120)

Cálculo de V_{Rd2}

$b_w = 100$ cm $d = 115$ cm   fck = 20 MPa

$V_{Rd2} = 3.548 \cdot b_w \cdot d = 3.548 \times 1 \times 1,15 = 4.080 > V_{sd}$ (O.K.)

Cálculo de V_{c0}

$V_{c0} = 663 \cdot b_w \cdot d = 663 \times 1,0 \times 1,15 = 762,45$ kN

Cálculo de $(A_{S\,w/s})$

$V_{sd} = V_{wd} + V_{c0} \rightarrow V_{nd} = V_{sd} - V_{c0} = 3.150,62 - 762,45 = 2.388,17$ kN

$$\left(\frac{A_{sw}}{s}\right) = \frac{V_{wd}}{0,9 \cdot d \cdot f_{yd}} = \frac{2.388,17}{0,9 \times 1,15 \times 43,5} = 53,04 \text{ cm}^2/\text{m}$$

$f_{yd} = 435$ MPa $= 43,5$ kN/cm^2 $\qquad\qquad$ Ø12,5 c/12,5 (6 ramos)

b) Flexão simples (100 × 120)

$M_{d,A} - 1.894,83 \times 1,4 = -2.652,76$ kNm

$M_D d = 468,14 \times 1,4 = 655,40$ kNm

$$k6_d = 10^5 \cdot \frac{b_w \cdot d^2}{M_A d} = 10^5 \times \frac{1 \times 1,15^2}{2.652,76} = 49,83 \rightarrow k3_d = 0,253$$

$$A_S = \frac{0,253}{10} \times \frac{2.652,76}{1,15} = 58,4 \text{ cm}^2 \qquad 12\text{Ø}25 \text{ mm}$$

$$k6_d = 10^5 \cdot \frac{b_w \cdot d^2}{M_D d} = 10^5 \times \frac{1 \times 1,15^2}{655,40} = 201,78 \rightarrow k3d = 0,235$$

$$A_S = \frac{0,235}{10} \times \frac{655,40}{1,15} = 13,4 \text{ cm}^2$$

$$A_{S,\text{mín}} = \frac{0,15}{100} \times 100 \times 120 = 18 \text{ cm}^2 \qquad\qquad 4\text{Ø}25 \text{ mm/ou } 6\text{Ø}20 \text{ mm}$$

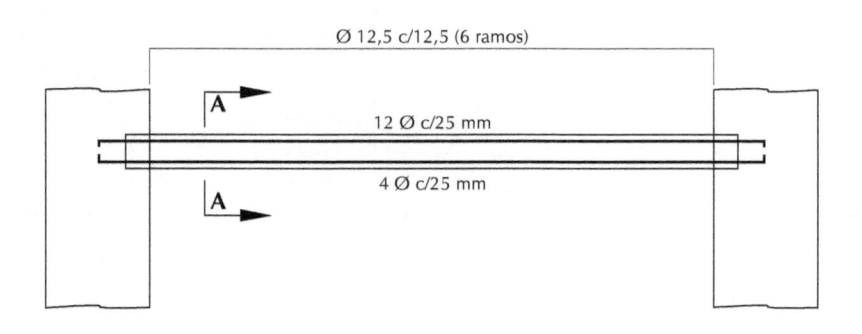

Ø 12,5 c/12,5 (6 ramos)

12 Ø c/25 mm

4 Ø c/25 mm

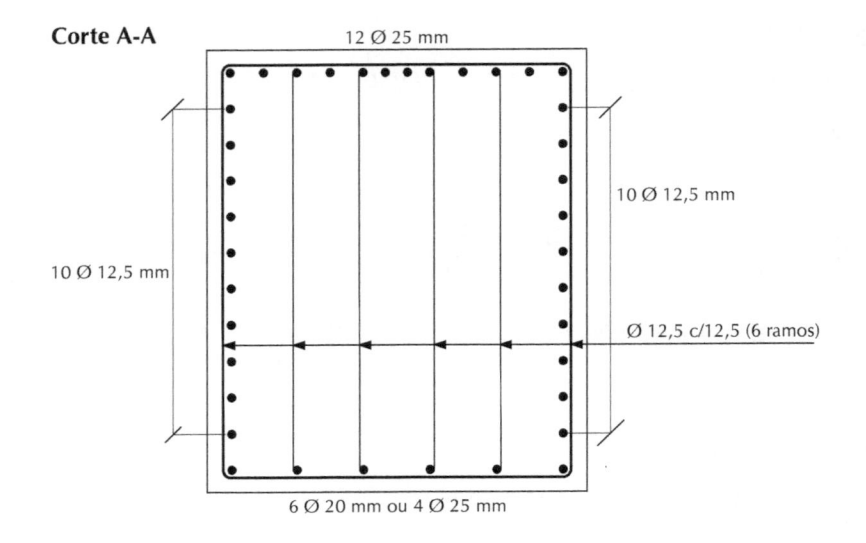

Corte A-A

12 Ø 25 mm

10 Ø 12,5 mm

10 Ø 12,5 mm

Ø 12,5 c/12,5 (6 ramos)

6 Ø 20 mm ou 4 Ø 25 mm

Armadura de pele

$$A_S = \frac{0,1}{100} \cdot b_w \cdot H = \frac{0,1}{100} \times 100 \times 120 = 12 \text{ cm}^2 \qquad 10Ø12,5 \text{ mm}$$

17.3 CÁLCULO DA SAPATA DO TUBULÃO

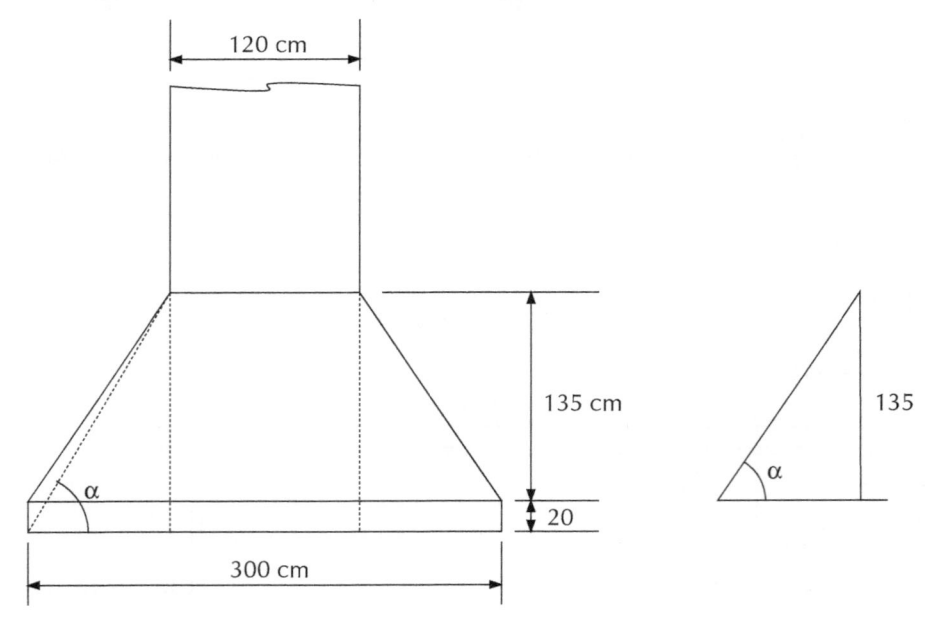

120 cm

135 cm

20

300 cm

135

α

$50° < \alpha < 60°$ (recomendação)

Verificação:

$$tg\alpha = \frac{135}{90} = 1,5 \rightarrow \alpha = 56,31° \qquad \text{(O.K.)}$$

Verificação de tensões

$$N_{máx} = 2.841,88 \text{ kN}$$

$$M_e = \sqrt{269,75^2 + 11,43^2} = 269,99 \text{ kNm}$$

$$\sigma = \frac{\rho}{S} \pm \frac{M}{w} \qquad P = 2.841,88 \text{ Kn}$$

$$S = \frac{\pi d^2}{4} = \frac{\pi \cdot 3^2}{4} = 7,06 \text{ m}^2 \qquad w = \frac{\pi d^3}{32} = \frac{\pi \cdot 3^3}{32} = 2,65 \text{ m}^3$$

$$\sigma_{máx} = \frac{2.841,88}{7,06} + \frac{269,99}{2,65} = 402,53 + 101,88 = 504,41 \text{ kN/m}^2 = 5,04 \text{ kgf/cm}^2$$

$$\sigma_{mín} = \frac{2.841,88}{7,06} - \frac{269,99}{2,65} = 402,53 - 101,88 = 300,65 \text{ kN/m}^2 = 3,00 \text{ kgf/cm}^2$$

(O.K.)

17.4 DETALHE DE ARMAÇÃO

Viga de travamento dos pilares

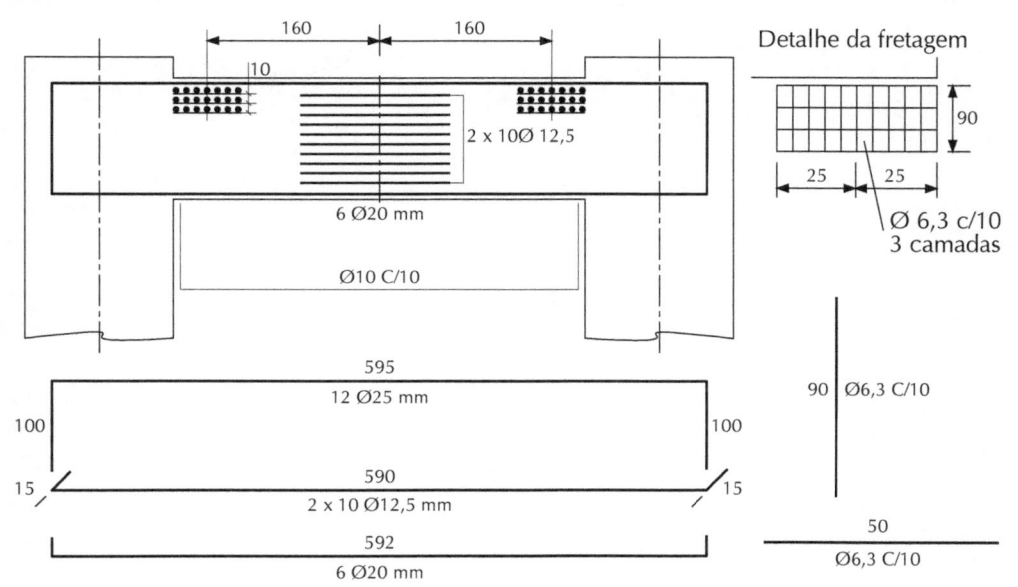

Detalhe da fretagem

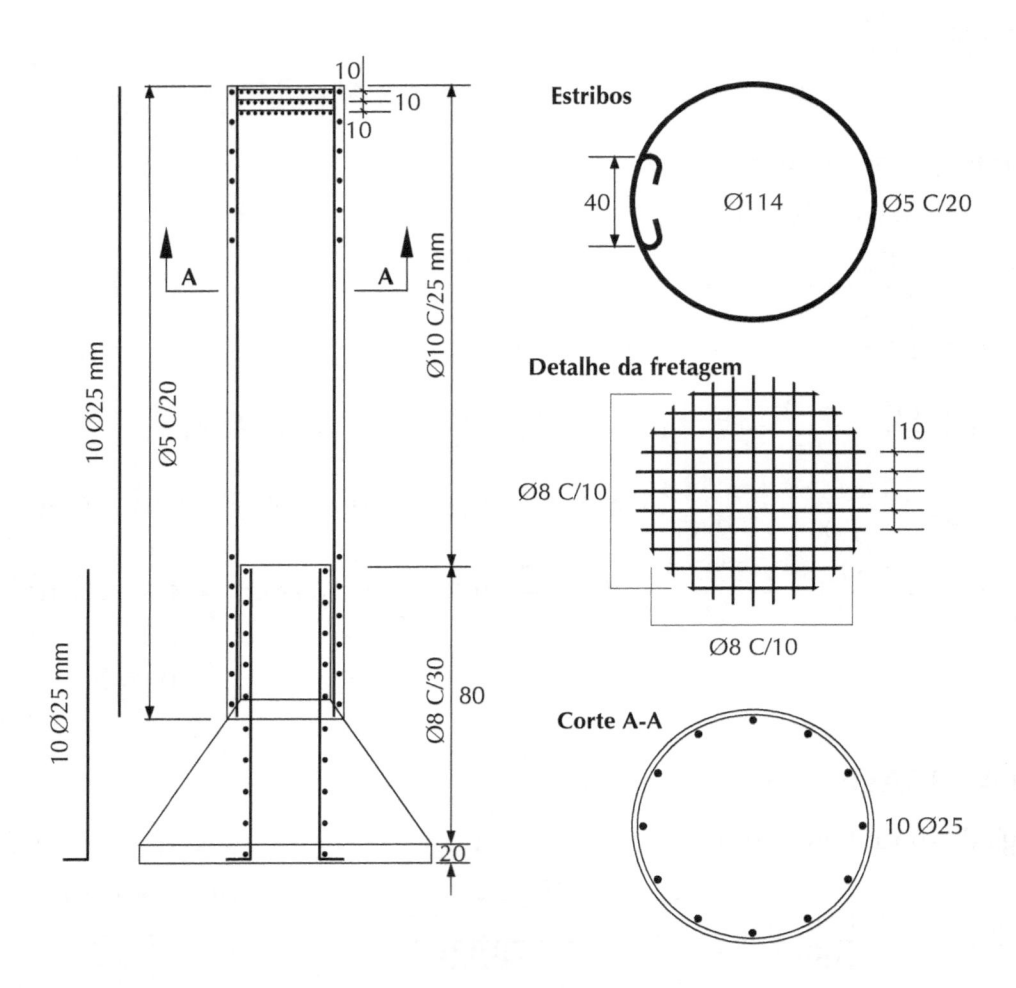

— 18 —
APOIO DE ELASTÔMEROS (NEOPRENE)

18.1 APARELHOS DE APOIO

Um aparelho de apoio é um elemento de ligação disposto entre uma estrutura e seu suporte, destinado a transmitir as reações, sem impedir as rotações.

Um aparelho de apoio fretado é constituído por empilhamento alternado de camadas de elastômero à base de policloropreno (neoprene na Dupont), e de chapas de aço, aderidas entre si durante a vulcanização. Sobre a superfície externa, uma camada suplementar de elastômero protege definitivamente o aço contra a corrosão.

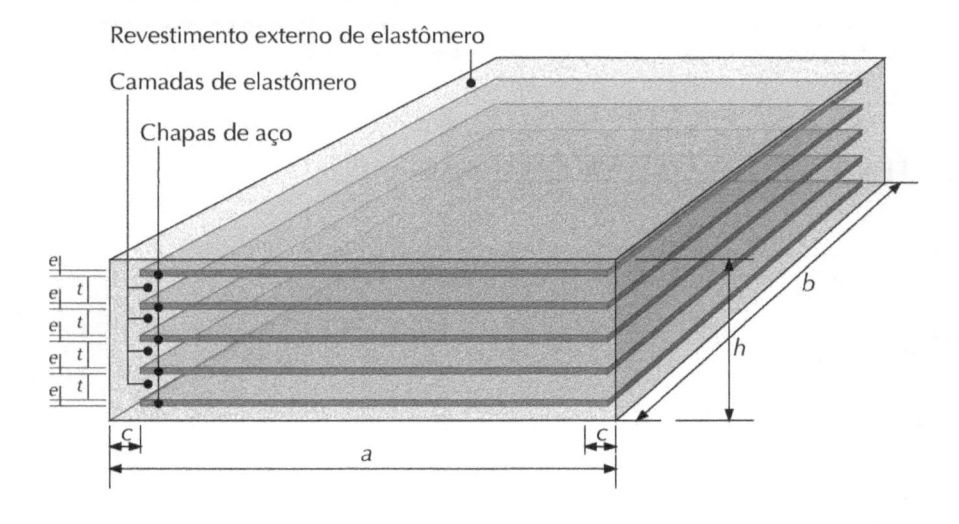

Características do elastômero

a)   Sobre corpos-de-prova envelhecidos

Dureza *shore* A (ASTM-D-676) – 60 ± 5 pontos

Resistência à ruptura mínima – 175 kgf/cm^2 = 1,75 kN/cm^2

Alongamento à ruptura mínima – 350°

Módulo de elasticidade transversal "*G*", determinado
entre os ângulos de distorção 15° e 30°, no carregamento – (10 ± 2) kgf/cm^2
$$(0,1 \pm 0,02) \text{ kN/cm}^2$$

18.2 COMPORTAMENTO À COMPRESSÃO

Sob a ação de cargas verticais, os apoios de neoprene são solicitados a tensões normais de compressão e apresentam recalques verticais, associados a deformações laterais.

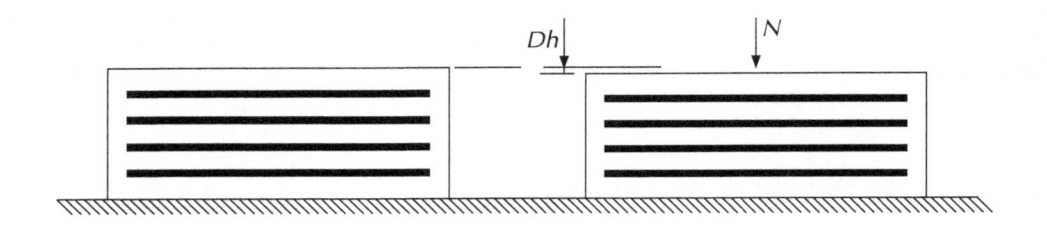

18.2.1 TENSÕES NORMAIS DE COMPRESSÃO

$$\sigma_{c,\text{máx}} = \frac{N_{\text{máx}}}{(a - 2c) \cdot (b - 2c)} \leq 100 \text{ kgf/cm}^2 = 1 \text{ kN/cm}^2$$

$$\sigma_{c,\text{mín}} = \frac{N_{\text{mín}}}{(a - 2c) \cdot (b - 2c)} > 30 \text{ kgf/cm}^2 = 0,3 \text{ kN/cm}^2$$

chamemos de

$$\begin{cases} a' = a - 2c \\ b' = b - 2c \end{cases}$$

18.2.2 TENSÃO DE CISALHAMENTO DA FORÇA NORMAL

$$\text{Fator de forma} = \frac{a' \cdot b'}{2 \cdot t \cdot (a' + b')} = ff \qquad Tn < 30 \text{ kgf/cm}^2 = 0,3 \text{ kN/cm}^2$$

$$Tn = 1,5 \cdot \frac{\sigma_{c,\text{máx}}}{\text{fator de forma}} \qquad \text{(tensão de cisalhamento da força normal entre o neoprene e a placa metálica)}$$

18.2.3 RECALQUE POR COMPRESSÃO

$$Dh = \frac{\sigma_{c,\text{máx}} \cdot (nt + 2c)}{4 \cdot G \cdot ff + 3\sigma_{\text{máx}}} < 0,25 \cdot h$$

18.3 COMPORTAMENTO A FORÇAS HORIZONTAIS

18.3.1 TENSÃO DE CISALHAMENTO DAS FORÇAS HORIZONTAIS

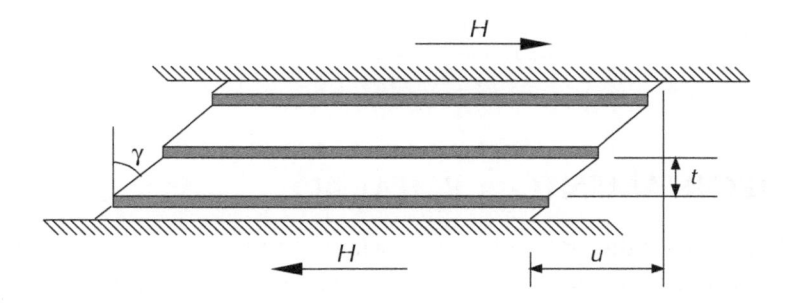

sendo que

$H\ell\ell$ – Força horizontal longitudinal de longa duração;
$H\ell c$ – Força horizontal longitudinal de curta duração;
$Ht\ell$ – Força horizontal transversal de longa duração;
Htc – Força horizontal transversal de curta duração.

18.3.2 TENSÕES DE CISALHAMENTO DEVIDAS ÀS FORÇAS HORIZONTAIS

$$T\ell\ell = \frac{H\ell\ell}{a' \cdot b'} < 0{,}5G \qquad \text{tensão de cisalhamento longitudinal de longa duração}$$

$$T\ell c = \frac{H\ell c}{2 \cdot a' \cdot b'} < 0{,}5G \qquad \text{tensão de cisalhamento longitudinal de curta duração}$$

$$Tt\ell = \frac{Ht\ell}{a' \cdot b'} < 0{,}5G \qquad \text{tensão de cisalhamento transversal de longa duração}$$

$$Ttc = \frac{Htc}{2 \cdot a' \cdot b'} < 0{,}5G \qquad \text{tensão de cisalhamento transversal de curta duração}$$

$$T\ell = T\ell\ell + T\ell c < 0{,}7G$$

$$Tt = Tt\ell + Ttc < 0{,}7G$$

18.3.3 DISTORÇÃO

$$Hr = \sqrt{(H\ell\ell + 0{,}5 \cdot H\ell c)^2 + (Ht\ell + 0{,}5 \cdot Htc)^2} \qquad \begin{array}{l}\text{força horizontal total} \\ \text{(resultante)}\end{array}$$

$$Dab = \frac{n \cdot t \cdot Hr}{a' \cdot b' \cdot G} \qquad\qquad tgA = \frac{Dab}{h} < 0{,}5$$

18.4 COMPORTAMENTO À ROTAÇÃO

A rotação de um aparelho pode ter como origem uma rotação imposta pelas cargas atuantes nas estruturas, mas pode também ser devida a uma falta de paralelismo inicial entre as superfícies de contato com o elastômero.

Nos aparelhos com várias camadas, a rotação total é alcançada por rotações aproximadamente iguais a cada camada, a qual absorve uma fração de $1/n$ da rotação total, sendo (n) o número de camadas.

Admitiremos uma rotação residual permanente, devido às imperfeições de instalação de $\alpha_0 = 3 \times 10^{-3}$ rad, em estruturas moldadas *in loco* e metálicas $\alpha_0 = 10 \times 10^{-3}$ rad para estruturas pré-fabricadas.

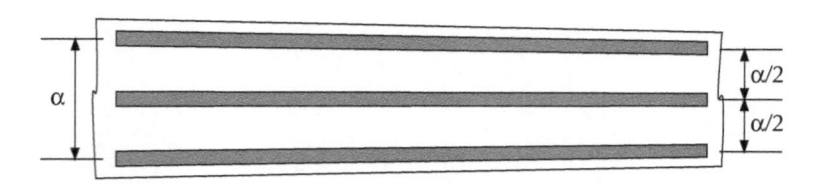

18.4.1 TENSÃO DE CISALHAMENTO NA ROTAÇÃO

$$Ta = \frac{G \cdot a'^2 \cdot (Ao + At)}{2 \cdot t \cdot h} < 1,5G$$

tensão de cisalhamento devida à rotação.

18.4.2 TENSÃO DE CISALHAMENTO TOTAL

$$T = Tn + T\ell + Tt + Ta < 5G$$

18.5 VERIFICAÇÃO À ESBELTEZ E ESPESSURA MÍNIMA

$$h < \frac{a'}{5}$$

$$h > \frac{a'}{10}$$

18.6 LEVANTAMENTO DAS BORDAS DO APARELHO

$$\frac{At}{n} < \frac{3 \cdot (\sigma_{c,\text{máx}} + \sigma_{c,\text{mín}}) \cdot 0,5 \cdot \left(\dfrac{t}{a'}\right)^2}{G \cdot ff}$$

18.7 ESCORREGAMENTO

$$\frac{Hr}{N_{\text{mín}}} < 0,10 + \frac{0,06}{\sigma_{c,\text{mín}}}$$

18.8 ESPESSURA DAS CHAPAS METÁLICAS, CONSIDERANDO O AÇO 1020

$$\varphi > \frac{a'}{ff} \cdot \frac{\sigma_{c,\text{máx}}}{\sigma_e} \qquad \sigma_e = 1.600 \text{ kgf/cm}^2 = 16 \text{ kN/cm}^2$$

18.9 DEFORMABILIDADE

$$Def = \frac{n \cdot t}{G \cdot a' \cdot b'}$$

CÁLCULO DAS ROTAÇÕES DA VIGA PONTE

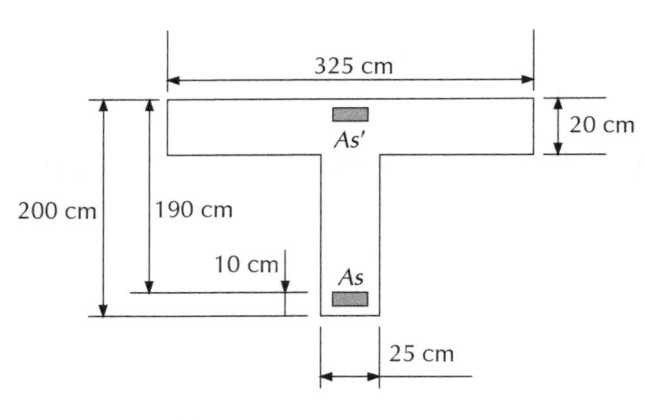

$A_S = 28\emptyset25 \text{ mm} = 140 \text{ cm}^2$

$A_S = 7\emptyset16 \text{ mm} = 14 \text{ cm}^2$

$fck = 30 \text{ MPa} \rightarrow \alpha_e = 8{,}05$

Momento de fissuração

$fct = 0{,}3\,fck^{2/3} \rightarrow fck = 30 \text{ MPa} \rightarrow fct + 2{,}896 \text{ MPa} + 0{,}2896 \text{ kN/cm}^2$

$\alpha = 1{,}2 \text{ (seção T)} \qquad \alpha = 1{,}5 \text{ seção retangular}$

$$Mr = \frac{\alpha\, fct\, I_c}{yt} = \frac{1{,}2 \times 0{,}2896 \times 38.957.576{,}66}{149{,}10} = 90.801{,}72 \text{ kNcm} = 908{,}01 \text{ kNm}$$

CÁLCULO NO ESTÁDIO I

$$yt_{inf} = \frac{b_w \cdot \dfrac{h^2}{2} + (b - b_w) \cdot hf \cdot \left(h - \dfrac{hf}{2}\right)}{b_w \cdot h + (b - b_w) \cdot hf} = \frac{25 \times \dfrac{200^2}{2} + (325 - 25) \times 20 \times \left(200 - \dfrac{20}{2}\right)}{25 \times 200 + (325 - 25) \times 20} =$$

$$= \frac{1.640.000}{11.000}$$

$yt_{inf} = 149,10$ cm

$$I_c = (b - b_w) \cdot hf \cdot \left(h - \frac{hf}{2} - yt_{inf}\right)^2 + b_w \cdot h \cdot \left(\frac{h}{2} - yt_{inf}\right)^2 + \frac{b_w h^3}{12} + (b - b_w) \cdot \frac{h\ell^3}{12}$$

$$I_c = (325 - 25) \times 20 \times \left(200 - \frac{20}{2} - 149,1\right)^2 + 25 \times 200\left(\frac{200}{2} - 149,1\right)^2 + \frac{25 \times 200^3}{12} +$$

$$+ (35 - 25) \times \frac{20^3}{12}$$

$I_c -10.036.860 + 12.054.050 + 16.666.666,66 + 200.000,00 = 38.957.576,66$ cm^4

$I_c = 0,38957$ m^4

CÁLCULO NO ESTÁDIO II

Combinação quase permanente

$b_w = 25$ cm $M_g = 3.161,41$ Knm

$b_f = 325$ cm $\varphi = 1,16$

$d = 190$ cm $M_Q = 3.588,08$ kNm

$h = 200$ cm $M_d = 1,4 \cdot (M_g + \varphi \cdot M_q) = 1,4(3.161,41 + 1,16 \times 3.588,08)$

$h_f = 20$ cm $M_d = 10.253,01$ kNm

$A_S = 140$ cm $M = M_g + \psi_1 \cdot \varphi \cdot M_q = 3.161,41 + 0,5 \times 1,16 \times 3.588 = 5.242,45$ kNm

$A'_S = 14$ cm^2 $x = 35,73$ cm^2

$\alpha_e = 8,05$ $\sigma_c = 0,595$ kN/cm^2

fck $= 30$ MPa $I_2 = 31.480.475,13$ cm$^4 = 0,3148$ m^4

CÁLCULO DA INÉRCIA EQUIVALENTE

$$I_{eq} = \left(\frac{Mr}{Ma}\right)^3 \cdot I_c + \left[1 - \left(\frac{Mr}{Ma}\right)^3\right]I_2$$

$$I_{eq} = \left(\frac{908,01}{10.253,01}\right)^3 \times 0,38957 + \left[1 - \left(\frac{908,01}{10.253,01}\right)^3\right] \times 0,3148$$

$$I_{eq} = 0,000271 + 0,3145 = 0,314852 \text{ m}^4$$

$$I_{eq} = \left(\frac{908,01}{10.253,01}\right)^3 \times 38.957.576,66 + \left[1 - \left(\frac{908,01}{10.253,01}\right)^3\right] \times 31.480.475,13$$

$$I_{eq} = 27.058,87 + 31.458.609,64 = 31.485.668,52 \text{ cm}^4$$

Vamos fazer o cálculo das rotações de apoio por programa de vigas ou pórticos para facilitar.

Carga permanente

$I = 31.485.688,52 \text{ cm}^4 = 0,314852 \text{ m}^4$

$A = 325 \times 20 + 25 \times 180 = 11.000 \text{ cm}^2 = 1,1 \text{ m}^2$

fck = 30 MPa

$Eccs = 0,85\, Eci = 26.071 \text{ MPa} = 26.071.000 \text{ kPa}$

do programa de vigas ou pórticos, temos:

rotação no apoio = 0,00261 rad = $2,61 \times 10^{-3}$ rad

Ponte carga permanente		
Coordenadas dos pontos		
pto	x	y
1	0,000	0,000
2	4,500	0,000
3	29,500	0,000
4	34,000	0,000

Apoios

seq	pto	codx	cody	codz
1	2	1,0	1,0	0,0
2	3	0,0	1,0	0,0

$E = 26071000 \; G = 0$

Seções básicas

Sec	Área	Inércia
1	1.1000	0.31485

Barras

bar	ni	nf	ext	sec
1	1	2	0	1
2	2	3	0	1
3	3	4	0	1

Carregamento 1

Cargas nodais – carregamento 1

seq	pto	fx	fy	mz
1	1	0.000	−120.410	0.000
4	4	0.000	−120.410	0.000
2	2	0.000	−45.500	0.000
3	3	0.000	−45.500	0.000

Cargas nas barras – carregamento 1

seq	b	tp	a/1;h	c/1	P/p/DT	q
1	1	L	0,000	1,000	−51,50	−60,000
4	2	C	0,500		−32,20	
2	2	L	0,000	0,180	−60,00	−51,50
5	2	L	0,820	0,180	−51,50	−60,00
3	2	D	0,180	0,640	−51,50	
6	3	L	0,000	1,000	−60,00	−51,50

Deslocamentos nodais – carregamento 1

pto	desl.x	desl.y	rot.z
1	0,00000	0,01098	−0,00237
4	0,00000	0,01098	0,00237
2	0,00000	−0,00000	−0,00261
3	0,00000	−0,00000	0,00261

Reações de apoio – carregamento 1

pto	reacFX	reacFY	reacMZ
2	0,00	1.095,76	0,00
3	0,00	1.095,76	0,00
Soma	0,00	2.191,52	0,00

Esforços nas barras

	Bar								
Seção	1			2			3		
	N	V	M	N	V	M	N	V	M
1	0,00	−120,41	−0,00	0,00	678,97	−1.091,97	0,00	371,29	−1.091,97
2	0,00	−143,78	−59,43	0,00	534,88	422,89	0,00	344,48	−930,94
3	0,00	−167,52	−129,46	0,00	402,35	1.592,22	0,00	318,05	−781,88
4	0,00	−191,66	−210,26	0,00	273,60	2.437,16	0,00	292,01	−644,64
5	0,00	−216,17	−302,00	0,00	144,85	2.960,22	0,00	266,35	−519,02
6	0,00	−241,07	−404,87	0,00	16,10	3.161,41	0,00	241,07	−404,87
7	0,00	−266,35	−519,02	0,00	−144,85	2.960,22	0,00	216,17	−302,00
8	0,00	−292,01	−644,64	0,00	−273,60	2.437,16	0,00	191,66	−210,26
9	0,00	−318,05	−781,88	0,00	−402,35	1.502.22	0,00	167,52	−129,46
10	0,00	−344,48	−930,94	0,00	−534,88	422,89	0,00	143,87	−59,43
11	0,00	−371,29	−1.091,97	0,00	−678,97	−1.091,97	0,00	120,41	0,00

Carga acidental

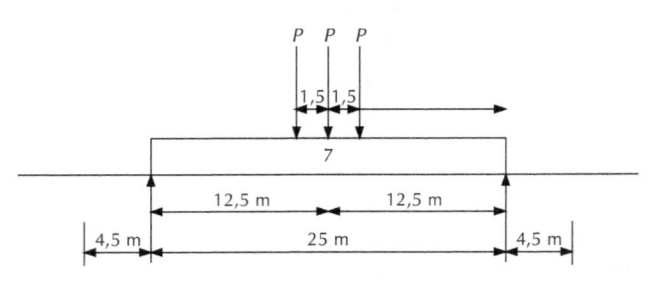

$P = 119,01$ kN

$q = 19,65$ kN/m

$I = 0,314852 \text{ m}^4$
$A = 1,1 \text{ m}^2$
fck = 30 MPa
$Ecs = 0,85 \; Eci = 26.071$ MPa = 26.071.000 kPa

Do programa de vigas ou pórticos, temos:

Rotação no apoio = 0,00324 rad

como o fator de impacto $\varphi = 1,16$

Rotação no apoio = 1,16 $\times$ 0,00324 = 0,0038 rad = 3,8 $\times$ 10^{-3} rad

Ponte carga acidental						
Coordenadas dos pontos						
pto	x	y				
1	0,000	0,000				
2	4,500	0,000				
3	29,500	0,000				
4	34,000	0,000				
Apoios						
seq	pto	cod$x$	cod$y$	cod$z$		
1	2	1,0	1,0	0,0		
2	3	0,0	1,0	0,0		
$E = 26071000 \; G = 0$						
Seções básicas						
Sec	Área	Inércia				
1	1.1000	0.31485				
Barras						
bar	ni	nf	ext	sec		
1	1	2	0	1		
2	2	3	0	1		
3	3	4	0	1		
Cargas nas barras – carregamento 2						
seq	b	tp	a/1;h	c/1	P/p/DT	q
1	2	D	0,000	1,000	−19,65	
4	2	C	0,560		−119,01	
2	2	C	0,440		−119,01	
3	2	C	0,500		−119,01	

Deslocamentos nodais – carregamento 2

pto	desl.x	desl.y	rot.z
1	0,00000	0,01459	−0,00324
4	0,00000	0,01459	0,00324
2	0,00000	−0,00000	−0,00324
3	0,00000	−0,00000	0,00324

Reações de apoio – carregamento 2

pto	reacFX	reacFY	reacMZ
2	0,00	424,14	0,00
3	0,00	424,14	0,00
soma	0,00	848,28	0,00

Esforços nas barras

Seção	Bar								
	1			2			3		
	N	V	M	N	V	M	N	V	M
1	0,00	0,00	−0,00	0,00	424,14	0,00	0,00	−0,00	0,00
2	0,00	0,00	−0,00	0,00	375,02	998,94	0,00	−0,00	0,00
3	0,00	0,00	0,00	0,00	325,89	1.875,07	0,00	−0,00	0,00
4	0,00	0,00	0,00	0,00	267,77	2.628,39	0,00	−0,00	0,00
5	0,00	0,00	0,00	0,00	227,64	3.258,90	0,00	−0,00	0,00
6	0,00	0,00	0,00	0,00	59,51	3.588,08	0,00	−0,00	0,00
7	0,00	0,00	0,00	0,00	−227,64	3.258,90	0,00	−0,00	0,00
8	0,00	0,00	0,00	0,00	−276,77	2.628,39	0,00	−0,00	0,00
9	0,00	0,00	0,00	0,00	−325,89	1.875,07	0,00	−0,00	0,00
10	0,00	0,00	0,00	0,00	−375,02	998,04	0,00	−0,00	0,00
11	0,00	0,00	0,00	0,00	−424,14	0,00	0,00	−0,00	0,00

ROTEIRO DE DIMENSIONAMENTO DE APARELHO DE APOIO DE ELASTÔMERO FRETADO

a) Tensões normais

$$\sigma_{c,\text{máx}} = \frac{N_{\text{máx}}}{(1 - 2c)(b - 2c)} < 100 \text{ kgf/cm}^2 = 1 \text{ kN/cm}^2$$

$$\sigma_{c,\text{mín}} = \frac{N_{\text{mín}}}{(2 - 2c)(b - 2c)} > 30 \text{ kgf/cm}^2 = 0,3 \text{ kN/cm}^2$$

b) Tensão de cisalhamento da força normal

Fator de forma:

$$ff = \frac{a'b'}{2t(a' + b')} \qquad Tn = 1,5\frac{\sigma_{\text{máx}}}{ff} < 30 \text{ kgf/cm}^2 = 0,3 \text{ kN/cm}^2$$

c) Recalque

Altura total do aparelho $= h = nt + (n + 1)\,\ell + 2c$

$$Dh = \frac{\sigma_{\text{máx}} \cdot (nt + 2c)}{4 \cdot G \cdot ff^2 + 3\sigma_{c,\text{máx}}} < 0,25 \cdot h$$

d) Tensão de cisalhamento das forças horizontais

$$T\ell\ell = \frac{H\ell\ell}{a' \cdot b'} < 0,5G$$

$$T\ell c = \frac{H\ell c}{2a' \cdot b'} < 0,5G$$

$$Tt\ell = \frac{Ht\ell}{a' \cdot b'} < 0,5G$$

$$Ttc = \frac{Htc}{2a' \cdot b'} < 0,5G$$

$$T\ell = T\ell\ell + T\ell c < 0,7G$$

$$Tt = Tt\ell + Ttc < 0,7G$$

e) Distorção

$$Hr = \sqrt{(H\ell\ell + 0,5 \cdot H\ell c)^2 + (Ht\ell + 0,5 \cdot Htc)^2}$$

$$Dab = \frac{n \cdot t \cdot Hr}{a' \cdot b' \cdot G}$$

$$tgA = \frac{Dab}{h} < 0,5$$

f) Tensão do cisalhamento na rotação

$$Ta = \frac{Ga'^2 \cdot (Ao + At)}{2 \cdot t \cdot h} < 1{,}5G$$

g) Tensão do cisalhamento total

$$T = Tn + T\ell + Tt + Ta < 5\,G$$

h) Esbeltez e espessura mínima

$$h < \frac{a'}{5} \text{ — esbeltez}$$

$$h > \frac{a'}{10} \text{ — espessura mínima}$$

i) Levantamento das bordas do aparelho

$$\frac{At}{n} < \frac{3 \cdot (\sigma_{c,\text{máx}} + \sigma_{c,\text{mín}}) \cdot 0{,}5 \cdot \left(\dfrac{t}{a'}\right)^2}{G \cdot ff}$$

j) Escorregamento

$$\frac{Hr}{N_{\text{mín}}} < 0{,}10 + \frac{0{,}06}{\sigma_{c,\text{mín}}}$$

k) Espessura das chapas metálicas, considerando aço o 1020 com $\sigma_e = 1.600 \text{ kgf/cm}^2 = 16 \text{ kN/cm}^2$

$$e > \frac{a'}{ff} \cdot \frac{\sigma_{c,\text{máx}}}{\sigma_e}$$

l) Deformabilidade

$$Def = \frac{nt}{G \cdot a' \cdot b'}$$

18.10 DIMENSIONAMENTO DO APARELHO DE APOIO DE ELASTÔMERO FRETADO

PILAR P_1

Cargas normais

$N_{máx} = 2.250{,}4$ kN $N_{mín} = 888$ kN

Esforços horizontais longitudinais

$H\ell\ell = 20{,}09$ kN (retração, temperatura)

$H\ell\ell = 8{,}61 + 11{,}48 = 20{,}09$ kN

$Htc = 35{,}78 + 16{,}84 = 52{,}62$ kN (frenagem, impacto diferencial acidental)

Esforços horizontais transversais

$Ht\ell = 0$

$Htc = \dfrac{81{,}6}{2} = 40{,}8/\text{pilar}$ (vento transversal)

Rotação de apoio

$Ao = 3 \times 10^{-3}$ rad (rotação residual permanente, montagem, imperfeições, obra moldada in loco)

$At = 2{,}61 \times 10^{-3} + 3{,}8 \times 10^{-3} = 6{,}41 \times 10^{-3}$ rad

$\alpha g = 2{,}61 \times 10^{-3}$ rad (permanente)

$\alpha q = 3{,}80 \times 10^{-3}$ rad (acidental)

Dimensões do aparelho

$a = 30$ cm   lado menor $a' = a - 2c = 30 - 2 \times 0{,}3 = 29{,}4$ cm

$b = 80$ cm   lado maior $b' = b - 2c = 80 - 2 \times 0{,}3 = 79{,}4$ cm

número de camadas de elastômero $n = 3$

espessura da camada de elastômero $t = 12$ mm

espessura da chapa metálica $\ell = 3$ mm

espessura do cobrimento $c = 3$ mm

módulo de elasticidade transversal $G = 10$ kgf/cm^2 = 0,1 kN/cm^2

a) Tensões normais

$$\sigma_{c,\text{máx}} = \frac{N_{\text{máx}}}{a' \cdot b'} = \frac{2.250,4}{29,4 \times 79,4} = 0,964 \text{ kN/cm}^2 = 96,4 \text{ kgf/cm}^2 < 1 \text{ kN/cm}^2$$

$$\sigma_{c,\text{mín}} = \frac{N_{\text{mín}}}{a' \cdot b'} = \frac{888}{29,4 \times 79,4} = 0,38 \text{ kN/cm}^2 = 38 \text{ kgf/cm}^2 < 0,3 \text{ kN/cm}^2$$

b) Tensão de cisalhamento da força normal

Fator de forma:

$$ff = \frac{a' \cdot b'}{2t \cdot (a' + b')} = \frac{29,4 \times 79,4}{2 \times 1,2 \times (19,4 + 79,4)} = 8,94$$

$$Tn = 1,5 \cdot \frac{\sigma_{c,\text{máx}}}{ff} = 1,5 \times \frac{0,964}{8,94} = 0,161 \text{ kN/cm}^2 = 16,1 \text{ kgf/cm}^2 < 0,3 \text{ kN/cm}^2$$

c) Recalque por compressão

$$Dh = \frac{\sigma_{c,\text{máx}} \cdot (nt + 2c)}{4 \cdot G \cdot ff^2 + 3\sigma_{c,\text{máx}}} < 0,25 \cdot h$$

$$Dh = \frac{0,964 \times (3 \times 1,2 + 3 \times 0,3)}{4 \times 0,1 \times 8,94^2 + 3 \times 0,964} = \frac{4,0488}{34,861} = 0,1161 \text{ cm}$$

$$h = nt + (n + 1) \cdot \ell + 2c = 3 \times 1,2 + (3 + 1) \times 0,3 + 2 \times 0,3 = 5,4 \text{ cm}$$

$$0,25 \cdot h = 1,275 \text{ cm}$$

d) Tensão de cisalhamento das forças horizontais

$$T\ell\ell = \frac{H\ell\ell}{a' \cdot b'} = \frac{20,09}{29,40 \times 79,40} = 0,0086 \text{ kN/cm}^2 = 0,86 \text{ kgf/cm}^2 < 0,5 \cdot G \text{ kgf/cm}^2$$

$$T\ell c = \frac{H\ell c}{2a' \cdot b'} = \frac{52,62}{2 \times 29,40 \times 79,40} = 0,01127 \text{ kN/cm}^2 = 1,13 \text{ kgf/cm}^2 < 0,5$$

$$Tt\ell = \frac{Ht\ell}{a' \cdot b'} = 0$$

$$Ttc = \frac{Htc}{2a' \cdot b'} = \frac{40,8}{2 \times 29,40 \times 79,40} = 0,0087 \text{ kN/cm}^2 = 0,87 \text{ kgf/cm}^2 < 0,5$$

$$T\ell = T\ell\ell + T\ell c = 0,0086 + 0,0113 = 0,0199 \text{ kN/cm}^2 = 1,99 \text{ kgf/cm}^2 < 0,7 \cdot G = 7 \text{ kgf.cm}^2$$

$$Tt = Tt\ell + Ttc = 0,0087 = 0,0087 \text{ kN/cm}^2 = 0,87 \text{ kgf/cm}^2 < 0,7 \cdot G$$

e) Distorção

$$Hr = \sqrt{(H\ell\ell + 0,5 \cdot H\ell c)^2 + (Ht\ell + 0,5 \cdot Htc)^2}$$

$$Hr = \sqrt{(20,09 + 0,5 \times 52,62)^2 + (0 + 0,5 \times 40,8)^2} = 50,69 \text{ kN} = 5.069 \text{ kgf}$$

$$Dab = \frac{n \cdot t \cdot Hr}{a' \cdot b' \cdot G} = \frac{3 \times 1,2 \times 50,69}{29,4 \times 79,4 \times 0,1} = 0,781$$

$$tgA = \frac{Dab}{h} = \frac{0,781}{5,4} = 0,144 < 0,5$$

f) Tensão de cisalhamento na rotação

$$Ta = \frac{G \cdot a'^2 \cdot (Ao + At)}{2 \cdot t \cdot h} = \frac{0,1 \times 29,4^2 \times (3 \times 10^{-3} + 6,41 \times 10^{-3})}{1 \times 1,2 \times 5,4} = 0,04275 \text{ kN/cm}^2$$

$$Ta = 0,04275 \text{ kN/cm}^2 = 4.275 \text{ kgf/cm}^2 < 1,5 \cdot G = 15 \text{ kgf/cm}^2$$

g) Tensão de cisalhamento total

$$T = Tn + T\ell + Tt + Ta = 0,16 + 0,0199 + 0,0087 + 0,04275 = 0,232 \text{ kN/cm}^2$$

$$T = 0,232 \text{ kN/cm}^2 = 23,2 \text{ kgf/cm}^2 < 5 \cdot G = 50 \text{ kgf/cm}^2 = 0,5 \text{ kN/cm}^2$$

h) Esbeltez e espessura mínima

$$h = 5,4 \text{ cm} < \frac{a'}{5} = \frac{29,4}{5} = 5,88 \text{ cm} \qquad \text{esbeltez}$$

$$h = 5,4 \text{ cm} > \frac{a'}{10} = \frac{29,4}{10} = 2,94 \text{ cm} \qquad \text{espessura mínima}$$

i) Levantamento das bordas do aparelho

$$\frac{At}{n} < \frac{3 \cdot (\sigma_{c,\text{máx}} + \sigma_{c,\text{mín}}) \cdot 0,5 \cdot \left(\dfrac{t}{a'}\right)^2}{G \cdot f\!f}$$

$$\frac{At}{n} = \frac{6,41}{3} \times 10^{-3} = 0,002137$$

$$\frac{3 \cdot (\sigma_{c,\text{máx}} + \sigma_{c,\text{mín}}) \cdot 0,5 \cdot \left(\dfrac{t}{a'}\right)^2}{G \cdot f\!f} = \frac{3 \times (0,964 + 0,38) \times 0,5 \times \left(\dfrac{1,2}{29,4}\right)^2}{0,1 \times 8,94} = 0,003757$$

j) Escorregamento

$$\frac{Hr}{N_{mín}} < 0,10 + \frac{0,06}{\sigma_{c,mín}}$$

$$\frac{Hr}{N_{mín}} = \frac{50,69}{888} = 0,057$$

$$0,10 + \frac{0,06}{\sigma_{c,mín}} = 0,10 + \frac{0,06}{0,38} = 0,257$$

k) Espessura das chapas metálicas, considerando o aço 1020

$$e > \frac{a'}{ff} \cdot \frac{\sigma_{c,máx}}{\sigma_e}$$

$$\frac{a'}{ff} \cdot \frac{\sigma_{c,máx}}{\sigma_e} = \frac{29,4}{8,94} \times \frac{0,964}{16} = 0,198 \text{ cm} = 1,98 \text{ mm}$$

$$e = 3 \text{ mm}$$

l) Deformabilidade

$$Def = \frac{n \cdot t}{G \cdot a' \cdot b'} = \frac{3 \times 1,2}{0,1 \times 29,4 \times 79,4} = 0,0154$$

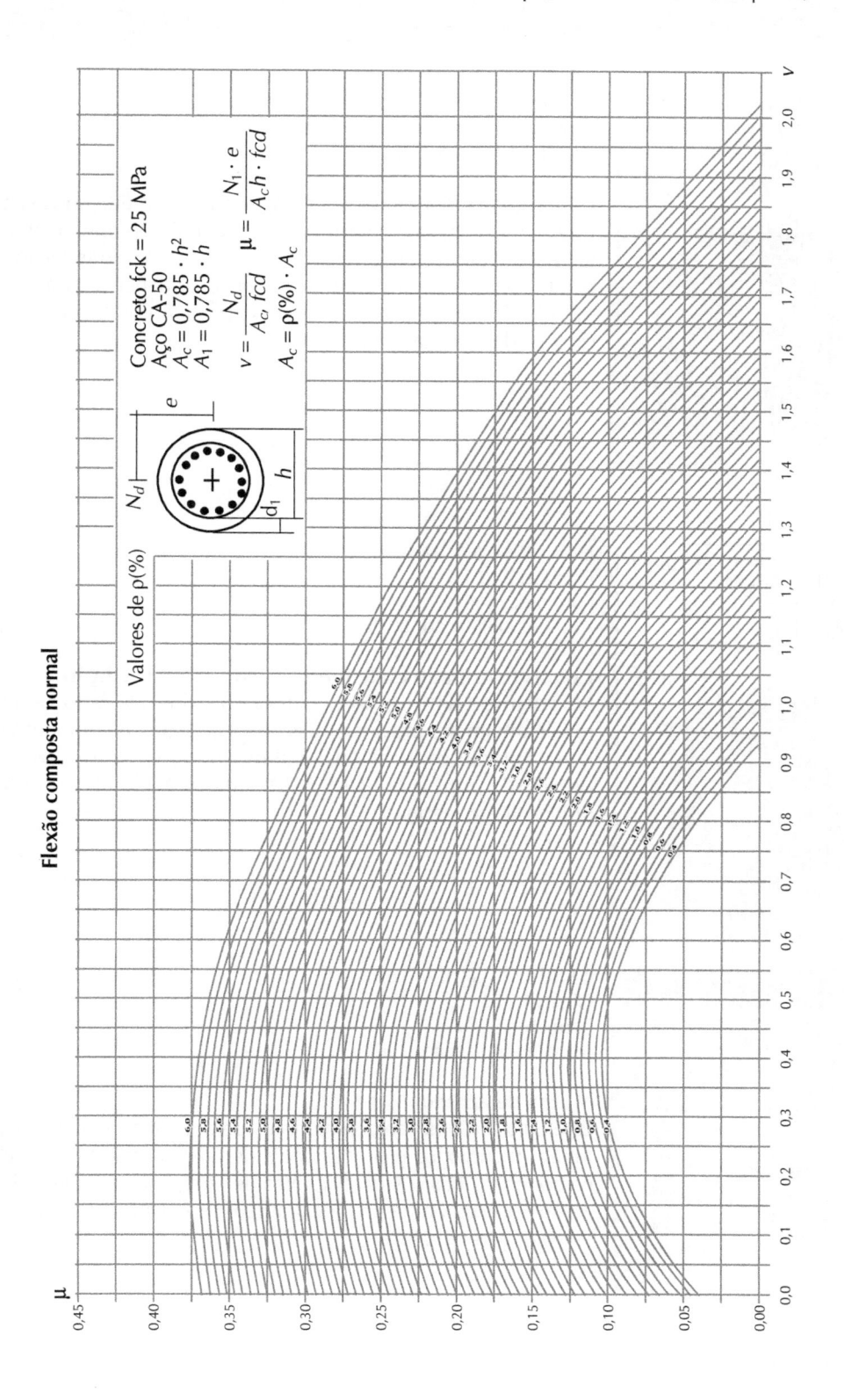

Flexão composta normal

Valores de ρ(%)

Concreto fck = 25 MPa
Aço CA-50
$A_c = 0,785 \cdot h^2$
$A_1 = 0,785 \cdot h$

$v = \dfrac{N_d}{A_c \cdot fcd}$ $\mu = \dfrac{N_1 \cdot e}{A_c h \cdot fcd}$

$A_c = \rho(\%) \cdot A_c$

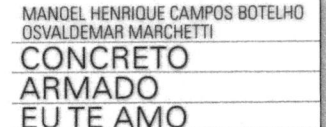

ISBN: 978-85-212-0898-3
Páginas: 536
Formato: 17 x 24
Ano de publicação: 2015

Concreto armado eu te amo – Volume 1 – 8ª edição revista

Este livro foi desenvolvido para estudantes de engenharia civil e arquitetura, tecnólogos e profissionais da construção em geral. Trata-se de um ABC explicativo, didático e prático no mundo do concreto armado e tem aplicação prática em construções de até quatro andares.

ISBN: 978-85-212-0894-5
Páginas: 340
Formato: 17 x 24
Ano de publicação: 2015

Concreto armado eu te amo – Volume 2 – 4ª edição

No volume 2 da Coleção Concreto Armado Eu te Amo, os autores detalham assuntos relativos ao projeto de concreto armado de um prédio convencional e abordam temas correlatos, tudo de acordo com a NBR 6118/2014 da ABNT e aliado a boas práticas da engenharia.

ISBN: 978-85-212-0428-2
Páginas: 152
Formato: 17 x 24
Ano de publicação: 2008

Muros de arrimo

Este livro, voltado para estudantes de engenharia civil e arquitetura, tecnólogos e profissionais de áreas correlatas, abrange os conceitos básicos de empuxos de terra, estabilidade a deslizamento e tombamento, detalhamento e cálculo de armaduras, entre outros temas.